Rumena Tsotsova

Texturbasierte Modellierung anisotroper Fließpotentiale

Texturbasierte Modellierung anisotroper Fließpotentiale

Eine Übersicht über alle bisher in dieser Schriftenreihe erschienenen Bände finden Sie am Ende des Buchs.

Texturbasierte Modellierung anisotroper Fließpotentiale

von
Rumena Tsotsova

Dissertation, Karlsruher Institut für Technologie
Fakultät für Maschinenbau
Tag der mündlichen Prüfung: 15. September 2011

Impressum

Karlsruher Institut für Technologie (KIT)
KIT Scientific Publishing
Straße am Forum 2
D-76131 Karlsruhe
www.ksp.kit.edu

KIT – Universität des Landes Baden-Württemberg und nationales
Forschungszentrum in der Helmholtz-Gemeinschaft

KIT Scientific Publishing 2012
Print on Demand

ISSN: 2192-693X
ISBN: 978-3-86644-764-6

Texturbasierte Modellierung anisotroper Fließpotentiale

Zur Erlangung des akademischen Grades

Doktor der Ingenieurwissenschaften

der Fakultät für Maschinenbau
Karlsruher Institut für Technologie (KIT)

genehmigte

Dissertation

von

Dipl.-Ing. Rumena Tsotsova

Tag der mündlichen Prüfung: 15. September 2011
Hauptreferent: Prof. Dr.-Ing. Thomas Böhlke
Korreferent: Prof. Dr. rer. nat. Bob Svendsen

Zusammenfassung

Das plastische Fließen duktiler polykristalliner Metalle ist stark durch ihre kristallographische Textur beeinflusst, so dass das Einbeziehen dieser Mikrostrukturinformation in Materialmodelle eine Voraussetzung für die korrekte Vorhersage des makroskopischen Materialverhaltens darstellt. Um ein mikromechanisch motiviertes starr-viskoplastisches Materialmodell abzuleiten, wird in dieser Arbeit eine texturbasierte Formulierung der Fließpotentiale kubischflächenzentrierter Kristalle durch eine tensorielle Fourier-Reihenentwicklung mit Texturkoeffizienten vorgeschlagen. Der Vorteil des verfolgten Ansatzes liegt darin, dass die tensorielle Fourier-Reihenentwicklung eine kompakte kontinuumsmechanische und invariante Darstellung erlaubt und sich prinzipiell auf beliebige Kristallsymmetrien übertragen lässt.

Das Fließpotential wird zunächst für den Einkristall, sowohl im Spannungs- als auch im Dehnratenraum bestimmt. Für die Berechnung der anfänglich unbekannten Materialfunktionen der Approximation wird ein Minimierungsproblem im Raum der speziellen orthogonalen Tensoren definiert und gelöst. Die isotropen Funktionen sind universell und hängen nur vom Belastungsfall, nicht aber von der Kristallorientierung ab. Alternativ wird ein algebraisches Argument zur Herleitung der Materialfunktionen entwickelt.

Die texturbasierten makroskopischen Fließpotentiale werden aus der Einkristallformulierung durch die Berechnung der elementaren Schranken 1. Ordnung unter Berücksichtigung der Orientierungsverteilungsfunktion bestimmt. Die Form des texturbasierten Spannungs- und Dehnratenpotentials und die Güte der Approximation werden durch zahlreiche Beispiele mit verschiedenen Dehnratensensitivitätsparametern und Belastungsarten für Ein- und Polykristalle demonstriert. Die texturbasierte Reuss-Schranke des Spannungspotentials wird für die Vorhersage der R-Werte, Fließspannungen und Zipfelbildung angewendet und mit experimentellen Befunden verglichen.

Summary

The plastic flow of ductile polycrystalline metals is strongly influenced by the crystallographic texture, so that the incorporation of this microstructural information into material models presents a prerequisite for the correct prediction of the macroscopic material behaviour. To derive a micromechanically motivated material modell, this study proposes a texture based formulation of primal/dual flow potentials for face centered, rigid-viscoplastic cubic crystals. The formulation is based on tensorial Fourier series approximations with texture coefficients. The outstanding advantage of this representation ansatz lies in the fact that the tensorial Fourier series allow for a compact and invariant continuum mechanical representation, and that in principle it could be assigned to other crystal symmetries, as well.

At first, the flow potential is determined for a single crystal in both the stress space and the strain-rate space. For the calculation of the primary unknown material functions in the approximation, a minimization problem over the space of special orthogonal tensors is formulated and solved. The isotropic functions are universal and depend on the loading case only, but not on the crystal orientation. An algebraic argument is developed alternatively for the affiliation of the material functions.

Based on the primary and dual single crystal formulations, first order bounds on macroscopic flow potentials are calculated under consideration of the crystallite orientation distribution function. The shape of the texture based stress, strain-rate potentials and the goodness of the approximation are demonstrated by large number of examples with different strain rate sensitivity parameters and loading cases for both the cases of single crystal and polycrystal. The texture based Reuss bound on the stress flow potential is applied for the prediction of r-values, flow stresses and earing profiles and compared with experimental results.

Danksagung

Mein größter Dank gilt Herrn Prof. Thomas Böhlke für die Möglichkeit, am Lehrstuhl für Kontinuumsmechanik nach dem Leitungswechsel weiter forschen zu können und für seine fachlichen Anregungen.

Herrn Prof. Bob Svendsen danke ich für die Übernahme des Korreferats und für das Interesse an meiner Arbeit, das sich in vielfältigen Diskussionen widergespiegelt hat.

Herrn Dr. Slav Dimitrov gilt mein Dank für die hilfreichen Diskussionen zu fachlichen Aspekten der Arbeit.

Allen Mitarbeitern und Mitarbeiterinnen des Lehrstuhls für Kontinuumsmechanik danke ich für die gute Arbeitsatmosphäre und die Unterstützung während meiner Zeit am Lehrstuhl.

Bei meinen Eltern und meiner Tante bedanke ich mich für ihre ständige Aufmunterung, die sie mir in den schwierigsten Momenten geleistet haben und ihren bedingungslosen Glauben an meinen Erfolg, trotz der großen geografischen Entfernung, die uns trennt.

Karlsruhe, Juli 2011 Rumena Tsotsova

Inhaltsverzeichnis

Symbolverzeichnis

Abkürzungen

EBSD	Electron Backscatter Diffraction
FEM	Finite-Elemente-Methode
LGS	Lineares Gleichungssystem
OVF	Orientierungsverteilungsfunktion

Bezeichnungen (allgemein)

$(\cdot)^C$	Größe mit kubischer Symmetrie (oder im Allgemeinen Kristallsymmetrie)
$(\cdot)^I$	Isotrope Größe
$(\cdot)^R$	Reuss-Schranke
$(\cdot)^S$	Größe mit Probensymmetrie
$(\cdot)^V$	Voigt-Schranke
$(\cdot)^O$	Orthotrope Größe
$(\cdot)^{TI}$	Transversal-isotrope Größe
$(\cdot)_A$	Texturbasierte Approximation
$(\cdot)_e$	Elastische Größe
$(\cdot)_p$	Plastische Größe
$\overline{(\cdot)}$	Effektive Größe
$\dot{(\cdot)}$	Zeitableitung

$$\begin{pmatrix} n \\ k \end{pmatrix} \qquad \text{Binomialkoeffizient} \tag{D.10}$$

$\tilde{(\cdot)}$	Größe bzgl. der ungestörten Platzierung
$\boldsymbol{a}, \boldsymbol{b}, \boldsymbol{c}, \ldots$	Vektoren
$\boldsymbol{A}, \boldsymbol{B}, \boldsymbol{C}, \ldots$	Tensoren 2. Stufe

$\mathbb{A}, \mathbb{B}, \mathbb{C}, \dots$	Tensoren 4. Stufe
$\mathbb{A}_{\langle\beta\rangle}, \mathbb{B}_{\langle\beta\rangle}, \mathbb{C}_{\langle\beta\rangle}, \dots$	Tensoren der Stufe β
$a, b, c, \dots$	Skalare Größen

Griechische Buchstaben

$\boldsymbol{\Delta}_{\langle 2\beta\rangle}$	Identitätstensor für irreduzible Tensoren der Stufe β		(2.30)
$\boldsymbol{\varepsilon}$	Verzerrungstensor		(3.14)
$\boldsymbol{\epsilon}_{\langle 3\rangle}$	Permutationstensor 3. Stufe		(2.2)
$\dot{\gamma}_0$	Referenzscherrate	s^{-1}	(3.58)
$\dot{\gamma}_\alpha$	Scherrate von Gleitsystem α	s^{-1}	$(3.53)_1$
Γ_{iso}	Materielle Funktion des isotropen Anteils der texturbasierten Approximation		(6.69)
$\kappa_{\beta\lambda}$	Materielle Funktionen in der texturbasierten Approximation zugehörig zu $\mathbb{V}'^{C0}_{\langle\beta\rangle} \cdot (\boldsymbol{N}'^{\otimes(\beta/2-\lambda+1)}_{\tau,D} \otimes \boldsymbol{N}'^{2'\otimes(\lambda-1)}_{\tau,D})'$		(6.69)
λ_α	Eigenwerte eines symmetrischen Tensors 2. Stufe oder 4. Stufe		(3.37)
Ω^τ	Anteil von Ψ^τ abhängig von $\boldsymbol{N}'_\tau$		(6.11)
Ω^D	Anteil von Ψ^D abhängig von $\boldsymbol{N}'_D$		(6.59)
Ψ^τ	Spannungspotential für einen Einkristall	$\mathrm{N}/(\mathrm{m}^2\mathrm{s})$	(3.70)
Ψ^D	Dehnratenpotential für einen Einkristall	$\mathrm{N}/(\mathrm{m}^2\mathrm{s})$	(3.74)
ϱ	Massendichte der Momentanplatzierung	kg/m^3	$(3.25)_1$
ϱ_0	Massendichte der Referenzplatzierung	kg/m^3	$(3.25)_2$
$\boldsymbol{\sigma}$	Cauchy'scher Spannungstensor	N/m^2	(3.22)
σ_F	Fließspannung	N/m^2	(4.38)
$\boldsymbol{\tau}$	Kirchhoff'scher Spannungstensor	N/m^2	(3.23)
τ^C	Kritische Schmidspannung	N/m^2	
τ_α	Schmidspannung des Gleitsystems α	N/m^2	(3.57)

θ	Winkel zwischen den Anisotropie- und den Belastungsachsen	$^\circ$	(4.49)
ξ	Parameter für die Parametrisierung der Eigenwerte von N_0'		(6.21)

Bezeichnungen für Gleitsysteme

$(\cdot)$	Gleitebene
$[\cdot]$	Gleitrichtung
$\langle\cdot\rangle$	Kristallographisch äquivalente Gleitrichtungen
$\{\cdot\}$	Kristallographisch äquivalente Gleitebenen

Lateinische Buchstaben

B	Linker Cauchy-Green-Tensor		(3.11)
$\mathbb{B}_{\langle\beta\rangle}^{\prime(\lambda)}$	Basistensoren der orthotropen tensoriellen Basis ($\lambda = 1, \dots, \beta/2 + 1$)		(5.57)
B_α	Basistensoren 2. Stufe (Cowin ($\alpha = 1, \dots, 6$), Lequeu ($\alpha = 1, \dots, 5$))		(2.41),(B.1)
C	Rechter Cauchy-Green-Tensor		(3.10)
$\mathbb{C}$	Steifigkeitstensor	$\mathrm{N/m^2}$	(3.27)
c	Volumenanteil		(2.32)
$\mathcal{D}$	Dissipation	$\mathrm{N/(m^2 s)}$	(3.76)
D	Symmetrischer Anteil des Geschwindigkeitsgradienten L	$\mathrm{s^{-1}}$	$(3.17)_1$
d_α	Gleitrichtung des Gleitsystems α		S. 23
E	Green-Lagrange'scher Verzerrungstensor		(3.12)
e_i	Referenzbasisvektoren ($i = 1 \dots 3$)		(2.1)
E	Elastizitätsmodul	$\mathrm{N/m^2}$	(4.16)
F	Deformationsgradient		(3.4)
$f(Q)$	Orientierungsverteilungsfunktion		(2.7)
g_i	Gitterbasisvektoren ($i = 1 \dots 3$)		(2.1)

G	Schubmodul	N/m^2	(4.8)
$\mathbb{H}$	Hill'scher Tensor		(4.47)
$\boldsymbol{H}$	Verschiebungsgradient		(3.7)
H	Napfhöhe	m	(7.27)
$\mathbb{I}^S$	Identitätstensor für symmetrische Tensoren 2. Stufe		(2.39)$_2$
$\boldsymbol{I}$	Einheitstensor 2. Stufe		(2.39)$_1$
K	Kompressionsmodul	N/m^2	(4.8)
$\boldsymbol{L}$	Geschwindigkeitsgradient	s^{-1}	(3.16)
$\boldsymbol{M}_\alpha$	Schmid'scher Tensor des Gleitsystems α		(3.53)$_2$
m	Dehnratensensitivitätsparameter		(3.58)
$\boldsymbol{N}_0'$	Diagonaltensor mit den Eigenwerten von von $\boldsymbol{N}_\tau'$ oder $\boldsymbol{N}_D'$		(6.21)
$\boldsymbol{n}_\alpha$	Normale der Gleitebene des Gleitsystems α		S. 23
$\boldsymbol{N}_\tau$	Richtung des Kirchhoff'schen Spannungstensors τ		(6.9)
$\boldsymbol{N}_D$	Richtung des Dehnratentensors $\boldsymbol{D}$		(4.76)
n_1, n_2, n_3	Eigenwerte von $\boldsymbol{N}_\tau'$ oder $\boldsymbol{N}_D'$		(6.14)
$\mathbb{P}^C_{1,2,3}$	Kubische Projektoren		(3.40)
$\mathbb{P}^I_{1,2}$	Isotrope Projektoren		(3.36)
$\boldsymbol{Q}$	Orthogonaler Tensor		(2.1)
Q	Q-Wert		(7.32)
R	R-Wert		(4.48)
R_b	Blechradius der Ronde beim Tiefziehen	m	(7.27)
R_d	Matrizenöffnungsdurchmesser beim Tiefziehen	m	(7.27)
R_p	Stempelradius beim Tiefziehen	m	(7.27)
r_p	Stempelprofilradius beim Tiefziehen	m	(7.27)
$\mathbb{S}$	Nachgiebigkeitstensor	m^2/N	(4.2)$_2$
$\boldsymbol{S}$	2. Piola-Kirchhoff'scher Tensor	N/m^2	(3.22)
$\mathbb{T}'_{\langle\beta\rangle}$	Kubischer Basistensor von Stufe β		(2.20)$_2$
t_0	Blechdicke der Ronde beim Tiefziehen	m	(7.28)
$\boldsymbol{T}$	Mandel'scher Spannungstensor	N/m^2	(3.57)

U	Rechter Strecktensor		(3.8)
$\boldsymbol{u}$	Verschiebungsvektor	m	(3.2)
V	Linker Strecktensor		(3.8)
$\boldsymbol{v}$	Geschwindigkeitsvektor	m/s	
$\mathbb{V}'_{\langle\beta\rangle}$	Texturkoeffizient von Stufe β		$(2.20)_1$
$\mathbb{V}'^{C0}_{\langle\beta\rangle}$	Texturkoeffizient von Stufe β für den Referenzkristall $(\boldsymbol{Q}=\boldsymbol{I})$		(2.33)
$\mathbb{V}'^{C}_{\langle\beta\rangle}(\boldsymbol{Q})$	Texturkoeffizient von Stufe β für einen Einkristall $(\boldsymbol{Q}\neq\boldsymbol{I})$		(2.34)
V	Volumen in der Referenzkonfiguration	m^3	$(3.6)_2$
v	Volumen in der Momentankonfiguration	m^3	$(3.6)_2$
$\bar{W}$	Massenspezifische innere Energie in Abhängigkeit von $\boldsymbol{F}$	Nm/kg	$(3.25)_1$
$\boldsymbol{W}$	Schiefsymetrischer Anteil des Geschwindigkeitsgradienten	s^{-1}	$(3.17)_2$
$\hat{W}$	Massenspezifische innere Energie in Abhängigkeit von $\boldsymbol{E}$	Nm/kg	$(3.25)_2$
W	Formänderungsenergiedichte	N/m^2	(4.4)
W^*	Komplementärenergiedichte	N/m^2	(4.6)

Bezeichnungen und Operationen von Mengen

$\emptyset$	Leere Menge	$(5.6)_2$
H	Hilbertraum	
Inv	Menge der regulären Tensoren	
Inv^+	Menge der regulären Tensoren mit positiver Determinante	
$Sym'^{\otimes\beta}$	Menge der irreduziblen Tensoren der Stufe β	
S^1	Menge der Punkte des Einheitskreises	
S^2	Menge der Punkte der Einheitssphäre	
N_0	Menge der nichtnegativen ganzen Zahlen	
N	Menge der natürlichen Zahlen	

$A \setminus B$	Differenz der Mengen A und B	(5.34)
$A \cap B$	Durchschnitt der Mengen A und B	$(5.6)_2$
$A \oplus B$	Direkte Summe der Mengen A und B	$(5.6)_1$
$A \subseteq B$	A ist echte Teilmenge von B	
E	Prä-Hilbertraum	
L^2	Menge der quadratisch integrierbaren Funktionen	(5.5)
$\{\ldots\}$	Menge von Elementen	
Lin	Menge der Tensoren 2. Stufe	
$O(3)$	Menge der dreidimensionalen orthogonalen Tensoren	
$PSym$	Menge der positiv definiten Tensoren 2. Stufe	
R	Menge der reellen Zahlen	
R^+	Menge der positiven reellen Zahlen	
$SO(3)$	Menge der dreidimensionalen eigentlich orthogonalen Tensoren	
Sym	Menge der symmetrischen Tensoren	
$x \in A$	x ist Element von A	

Römische Zahlen

$I_\tau^*,\ II_\tau^*,\ III_\tau^*$	Hauptinvarianten der Richtung des Spannungsdeviators N_τ'	
$I_D^*,\ II_D^*,\ III_D^*$	Hauptinvarianten der Richtung des deviatorischen Dehnratentensors N_D'	
I_1, I_2, I_3	Grundinvarianten eines symmetrischen Tensors 2. Stufe	
I_2', I_3'	Grundinvarianten eines irreduziblen Tensors 2. Stufe	

Tensoroperationen

$(\cdot)\square(\cdot)$	Tensorprodukt von Tensoren 2. Stufe (nicht dyadisch)	(5.48)

$(\cdot) \cdot (\cdot)$	Skalarprodukt zwischen Tensoren der Stufe β: $\mathbb{A}_{\langle\beta\rangle} \cdot \mathbb{B}_{\langle\beta\rangle} = A_{i_1...i_\beta} B_{i_1...i_\beta}$	
$(\cdot) \otimes (\cdot)$	Dyadisches Produkt zwischen Tensoren der Stufen α und β: $\mathbb{A}_{\langle\alpha\rangle} \otimes \mathbb{B}_{\langle\beta\rangle} = A_{i_1...i_\alpha} B_{j_1...j_\beta} \boldsymbol{e}_{i_1} \otimes \ldots \otimes \boldsymbol{e}_{i_\alpha} \otimes \boldsymbol{e}_{j_1} \otimes \ldots \otimes \boldsymbol{e}_{j_\beta}$	
$(\cdot)^{\otimes\beta}$	β-fache Dyade	(5.51)
$(\cdot)'$	Irreduzibler Anteil eines Tensors	(2.23)-(2.24)
$(\boldsymbol{A})^\circ$	Sphärischer Anteil von $\boldsymbol{A}$	(3.69)
$\det(\boldsymbol{A})$	Determinante eines Tensors 2. Stufe $\boldsymbol{A}$	
$\operatorname{div}(\boldsymbol{A})$	Divergenz eines Tensorfelds $\boldsymbol{A}$	(4.18)
$\boldsymbol{AB}$	Einfache Überschiebung von Tensoren 2. Stufe: $\boldsymbol{AB} = A_{ij} A_{jk} \boldsymbol{e}_i \otimes \boldsymbol{e}_k$	
$\operatorname{skw}(\boldsymbol{A})$	Schiefsymmetrischer Anteil von $\boldsymbol{A}$: $\operatorname{skw}(\boldsymbol{A}) = (\boldsymbol{A} - \boldsymbol{A}^\mathsf{T})/2$	
$\operatorname{sym}(\boldsymbol{A})$	Symmetrischer Anteil von $\boldsymbol{A}$: $\operatorname{sym}(\boldsymbol{A}) = (\boldsymbol{A} + \boldsymbol{A}^\mathsf{T})/2$	
$\operatorname{grad}(\boldsymbol{a})$	Gradient eines Vektorfelds $\boldsymbol{a}$	(4.24)
$\mathbb{C}_{\langle 2\beta\rangle}[\mathbb{A}_{\langle\beta\rangle}]$	Lineare Transformation eines Tensors der Stufe β durch einen Tensor der Stufe 2β: $\mathbb{C}_{\langle 2\beta\rangle}[\mathbb{A}_{\langle\beta\rangle}] = C_{i_1...i_\beta i_{\beta+1}...i_{2\beta}} A_{i_{\beta+1}...i_{2\beta}} \boldsymbol{e}_{i_1} \otimes \ldots \otimes \boldsymbol{e}_{i_\beta}$	
$\star$	Rayleigh-Produkt	(2.22)
$\operatorname{tr}(\boldsymbol{A})$	Spur von $\boldsymbol{A}$: $\operatorname{tr}(\boldsymbol{A}) = \boldsymbol{A} \cdot \boldsymbol{I}$	
$\|\mathbb{A}_{\langle\beta\rangle}\|$	Frobenius-Norm eines Tensors der Stufe β: $\|\mathbb{A}_{\langle\beta\rangle}\| = \sqrt{\mathbb{A}_{\langle\beta\rangle} \cdot \mathbb{A}_{\langle\beta\rangle}}$	
$\boldsymbol{A}^{-\mathsf{T}}$	Transponierter inverser Tensor 2. Stufe: $\boldsymbol{A}^{-\mathsf{T}} = (\boldsymbol{A}^{-1})^\mathsf{T}$	
$\boldsymbol{A}^{-1}$	Inverser Tensor 2. Stufe $(\boldsymbol{A}^{-1}\boldsymbol{A} = \boldsymbol{I})$	
$\mathbb{A}^{\mathsf{T_H}}$	Haupttransposition eines Tensors 4. Stufe: $\mathbb{A}^{\mathsf{T_H}} = A_{klij} \boldsymbol{e}_i \otimes \boldsymbol{e}_j \otimes \boldsymbol{e}_k \otimes \boldsymbol{e}_l$	
$\mathbb{A}^{\mathsf{T_L}}$	Linke Subtransposition eines Tensors 4. Stufe: $\mathbb{A}^{\mathsf{T_L}} = A_{jikl} \boldsymbol{e}_i \otimes \boldsymbol{e}_j \otimes \boldsymbol{e}_k \otimes \boldsymbol{e}_l$	
$\mathbb{A}^{\mathsf{T_R}}$	Rechte Subtransposition eines Tensors 4. Stufe: $\mathbb{A}^{\mathsf{T_R}} = A_{ijlk} \boldsymbol{e}_i \otimes \boldsymbol{e}_j \otimes \boldsymbol{e}_k \otimes \boldsymbol{e}_l$	
$\boldsymbol{A}^\mathsf{T}$	Transponierter Tensor 2. Stufe: $\boldsymbol{A}^\mathsf{T} = A_{ji} \boldsymbol{e}_i \otimes \boldsymbol{e}_j$	

Kapitel 1

Einleitung

Metallische Werkstoffe sind meist polykristallinen Aufbaus, d.h. Aggregate von näherungsweise einkristallinen Domänen, deren Gesamtheit durch eine Textur gekennzeichnet ist. Bei vielen polykristallinen Materialien sind die makroskopischen Eigenschaften stark abhängig von der Anordnung der Kristallorientierungen. Einerseits lässt sich die Textur durch Kristallorientierungen und deren Volumenfraktionen (kristallographische Textur), andererseits durch die Korngröße und -form der Kristalle (morphologische Textur) charakterisieren.

Die plastische Verformung der Metalle resultiert aus dem kristallographischen Gleiten, das infolge der Belastung zu einer Texturierung und damit zu einer makroskopischen mechanischen Anisotropie führt. Aus diesem Grund müssen bei der Modellierung von Umformprozessen die gesamte Bearbeitungsgeschichte und die Texturentwicklung während des plastischen Fließens berücksichtigt werden.

Für eine präzise Modellierung plastischer Verformungen von Polykristallen muss unter Umständen die Mikrostrukturinformation in das Plastizitätsmodell mit einbezogen werden. Wenn sich die Textur und damit die Anisotropieeigenschaften während des plastischen Fließens ändern, muss die Änderung der Form der Fließfläche während der Verformung berücksichtigt werden. Ein typisches Beispiel des Einflusses der Textur auf die plastische Anisotropie ist die Bildung von Zipfeln während eines Tiefziehprozesses (Abb. 1.1).

Eine Vorhersage des anisotropen Materialverhaltens lässt sich durch Finite-Elemente-basierte Kristallplastizitätsmodelle realisieren (Kumar und Dawson, 1996a; Miehe und Schotte, 2004). Diese basieren auf einer kontinuumsmechanischen Zwei-Skalen-Modellierung und auf Mikro-Makro-Übergängen. Der Nachteil einer solchen Simulation besteht im außerordentlich großen numerischen Aufwand. Eine Alternative besteht darin, außerhalb des Finite-Elemente-

Codes die makroskopische Fließfläche oder das Dissipationspotential zu bestimmen und in die Simulation einzubinden.

Abbildung 1.1: Zipfelbildung von AlMg1Mn1-Warmband mit schwacher und scharfer, kubischer Textur (*http://aluminium.matter.org.uk*)

Die meisten existierenden makroskopischen Modelle sind rein phänomenologisch und berücksichtigen keineswegs die Mikrostruktur (Hill, 1948; Barlat et al., 1997b). Ein weiterer Nachteil rein phänomenologischer Modelle besteht darin, dass die makroskopischen mechanischen Experimente nicht alle Materialeigenschaften durch Standardversuche erfassen können, z.B. die Materialparameter in der Dickenrichtung dünner Bleche. Dagegen können heutzutage mikroskopische Messungen von Kristalleinzelorientierungen mittels Rückstreuelektronenbeugung effektiv durchgeführt werden. Aus diesem Grund besteht die Möglichkeit und die Notwendigkeit, quasi-phänomenologische Modelle zu entwickeln, die die plastische Anisotropie aufgrund von mikroskopischen Messungen abbilden können. Solche quasi-phänomenologische Ansätze, bestimmt anhand der Orientierungsverteilungsfunktion, wurden ansatzweise von Arminjon und Bacroix (1990) und Van Houtte et al. (2009) entwickelt.

Ziel dieser Arbeit ist die Formulierung texturbasierter Fließpotentiale als tensorielle Fourier-Reihenentwicklung. Der Schwerpunkt liegt auf dem Einfluss der kristallographischen Textur bzw. der Orientierungsverteilungsfunktion auf das makroskopische Materialverhalten. Als Ausgangspunkt werden die Spannungs- und Dehnratenpotentiale für starr-viskoplastische, kubischflächenzentrierte Einkristalle von Hutchinson (1976) durch tensorielle Fourier-Reihen approximiert. Die Formulierung für Einkristalle erlaubt die Bestimmung einer einfachen Abschätzung der makroskopischen Schranken der Fließpotentiale 1. Ordnung durch die Berücksichtigung der Orientierungsverteilungsfunktion und durch die einfachen Homogenisierungsmethoden. Das makroskopische Materialverhalten wird hier entweder unter der Annahme eines homogenen Spannungs- oder eines homogenen Dehnratenfelds vorhergesagt, was der Berechnung elementarer Schranken entspricht.

Diese Arbeit ist wie folgt gegliedert. Die Grundlagen der mathematischen Beschreibung der Orientierungsverteilungsfunktion für kubische Kristalle werden in Kapitel 2 eingeführt. In Kapitel 3 werden die Materialgleichungen der Einkristalle zusammengefasst. Ein Überblick über die Homogenisierungsmethoden, rein phänomenologische, quasi-phänomenologische und Finite-Elemente basierte Modelle wird in Kapitel 4 gegeben. In Kapitel 5 werden Grundlagen der Gruppentheorie und der Darstellung von Funktionen durch tensorielle Fourier-Reihen eingeführt und ein spezieller Darstellungssatz diskutiert. Die Formulierung einer texturbasierten Approximation für das Spannungs- und Dehnratenpotential starr-viskoplastischer, kubisch-flächenzentrierter Metalle wird in Kapitel 6 ausführlich beschrieben. Die Qualität der texturbasierten Approximation wird durch numerische Beispiele für Ein- und Polykristalle unter verschiedenen Belastungsfällen und für verschiedene Dehnratensensitivitätsparameter sowohl im Spannungs- als auch im Dehnratenraum demonstriert. Wichtige Anwendungen des Modells sind durch die Berechnung von R-Werten (Lankfort-Koeffizienten), Fließspannungen und Zipfelprofilen gegeben. Da die abgeleiteten Fließpotentiale im Allgemeinen nicht konvex sind, wird in Kapitel 8 ein Verfahren zum Konvexifizieren vorgeschlagen. Schlussfolgerungen werden in Kapitel 9 zusammengefasst.

Kapitel 2

Mathematische Beschreibung der Orientierungsverteilungsfunktion

2.1 Parametrisierung des orthogonalen Tensors

Eine polykristalline Struktur wird im einfachsten Fall durch die Orientierung und Volumenanteile der einzelnen Kristallite gleicher Orientierung (kristallographische Textur) und durch die Größe sowie die Form der Körner (morphologische Textur) beschrieben. Für die statistische Darstellung der Häufigkeitsverteilung der Kristallite bezüglich ihrer kristallographischen Orientierung werden meist Orientierungsverteilungsfunktionen (OVF) (Ein-Punkt-Korrelationsfunktionen) verwendet, die morphologische Aspekte vernachlässigen. Für die Berücksichtigung der morphologischen Textur dienen n-Punkt-Korrelationsfunktionen (mit $n \geq 2$).

Diese Arbeit wird dem Einfluss der kristallographischen Textur auf die mechanischen Eigenschaften anisotroper Polykristalle gewidmet und beschränkt sich daher lediglich auf die Betrachtung der Orientierungsverteilungsfunktion $f(\boldsymbol{Q})$, die die Wahrscheinlichkeit einzelner Kristallorientierungen angibt. Am Ende dieses Kapitels wird kurz auf die Formulierung der n-Punkt-Korrelationsfunktionen eingegangen.

Die Beschreibung einer Kristallorientierung erfolgt durch einen orthogonalen Tensor $\boldsymbol{Q} \in SO(3)$, der eine raumfeste Referenzbasis der Probe $\{\boldsymbol{e}_i\}$ in die kristallographische Gitterbasis $\{\boldsymbol{g}_i\}$ abbildet

$$\boldsymbol{g}_i = \boldsymbol{Q}\boldsymbol{e}_i. \tag{2.1}$$

Da kubische Einkristalle betrachtet werden, kann $\boldsymbol{e}_i$ ohne Beschränkung der Allgemeinheit als Orthonormalbasis eingeführt werden. Die mathematische Beschreibung des orthogonalen Tensors $\boldsymbol{Q}$ kann beispielsweise durch drei Euler'sche Winkel $\{\varphi_1, \Phi, \varphi_2\}$ (Roe, 1965; Bunge, 1969), einen Drehwinkel und eine normierte Rotationsachse $\{\vartheta, \boldsymbol{n}\}$ (Šilhavý, 1997) oder durch Quaternion (Becker und Panchanadeeswaran, 1989) erfolgen. Alle Darstellungen sind zueinander äquivalent.

Eine Parametrisierung durch eine normierte Rotationsachse $\boldsymbol{n}$ und einen Winkel bzgl. dieser Achse $\vartheta \in [0, \pi]$

$$\boldsymbol{Q} = \boldsymbol{n} \otimes \boldsymbol{n} + \cos(\vartheta)\,(\boldsymbol{I} - \boldsymbol{n} \otimes \boldsymbol{n}) - \sin(\vartheta)\boldsymbol{\epsilon}_{\langle 3 \rangle}[\boldsymbol{n}] \tag{2.2}$$

wird in Abhängigkeit von dem Ricci-Tensor $\boldsymbol{\epsilon}_{\langle 3 \rangle} = \epsilon_{ijk}\boldsymbol{e}_i \otimes \boldsymbol{e}_j \otimes \boldsymbol{e}_k$ mit Komponenten

$$\epsilon_{ijk} = \begin{cases} +1, & ijk = 123, 231, 312, \\ -1, & ijk = 132, 213, 321, \\ 0, & \text{sonst} \end{cases} \tag{2.3}$$

festgelegt. Laut der Darstellung nach Euler wird der orthogonale Tensor $\boldsymbol{Q}$ durch drei nachfolgende Rotationen definiert: eine Drehung um die 3. Achse des Referenzkoordinatensystems, eine nachfolgende Drehung um die sich neu erstellte 1. Achse und eine Drehung um die neue 3. Achse

$$
\begin{aligned}
Q_{ij} &= \begin{bmatrix} \cos(\varphi_2) & \sin(\varphi_2) & 0 \\ -\sin(\varphi_2) & \cos(\varphi_2) & 0 \\ 0 & 0 & 1 \end{bmatrix} \begin{bmatrix} 1 & 0 & 0 \\ 0 & \cos(\Phi) & \sin(\Phi) \\ 0 & -\sin(\Phi) & \cos(\Phi) \end{bmatrix} \begin{bmatrix} \cos(\varphi_1) & \sin(\varphi_1) & 0 \\ -\sin(\varphi_1) & \cos(\varphi_1) & 0 \\ 0 & 0 & 1 \end{bmatrix} \\[2mm]
&= \begin{bmatrix} \cos(\varphi_1)\cos(\varphi_2) - \sin(\varphi_1)\cos(\Phi)\sin(\varphi_2) & \sin(\varphi_1)\cos(\varphi_2) + \cos(\varphi_1)\cos(\Phi)\sin(\varphi_2) & \sin(\Phi)\sin(\varphi_2) \\ -\cos(\varphi_1)\sin(\varphi_2) - \sin(\varphi_1)\cos(\Phi)\cos(\varphi_2) & -\sin(\varphi_1)\sin(\varphi_2) + \cos(\varphi_1)\cos(\Phi)\cos(\varphi_2) & \sin(\Phi)\cos(\varphi_2) \\ \sin(\varphi_1)\sin(\Phi) & -\cos(\varphi_1)\sin(\Phi) & \cos(\Phi) \end{bmatrix}.
\end{aligned} \tag{2.4}
$$

Die drei Eulerwinkel haben die folgenden Definitionsbereiche

$$\varphi_1 \in [0, 2\pi), \qquad \Phi \in [0, \pi], \qquad \varphi_2 \in [0, 2\pi). \tag{2.5}$$

Diese werden im Falle einer kubischen Symmetrie auf

$$\varphi_1 \in [0, 2\pi), \qquad \Phi \in [0, \pi/2], \qquad \varphi_2 \in [0, \pi/2] \tag{2.6}$$

reduziert. Ein Nachteil der Darstellung mit Hilfe von Eulerwinkeln besteht darin, dass sie nicht eindeutig ist. Für einen Winkel Φ gleich null, kann nicht mehr zwischen den anderen zwei Winkeln unterschieden werden. Im Folgenden wird aber dennoch diese Darstellung verwendet, da sie weiten Einsatz in der Texturanalyse gefunden hat.

2.2 Darstellung der kristallographischen OVF durch Fourier-Reihen

Definition und Eigenschaften der OVF. Die OVF enthält statistische Informationen über den Volumenanteil $\mathrm{d}V/V$ der Kristallorientierung $\boldsymbol{Q}$ (Bunge, 1965)

$$\frac{\mathrm{d}V}{V}(\boldsymbol{Q}) = f(\boldsymbol{Q})\,\mathrm{d}Q. \tag{2.7}$$

$\mathrm{d}Q$ ist das Volumenelement in $SO(3)$, das eine invariante Integration gewährleistet (Gel'fand et al., 1963)

$$\int_{SO(3)} f(\boldsymbol{Q})\,\mathrm{d}Q = \int_{SO(3)} f(\boldsymbol{Q}\boldsymbol{Q}_0)\,\mathrm{d}Q, \qquad \forall \boldsymbol{Q}_0 \in SO(3). \tag{2.8}$$

Durch die Euler'schen Winkel mit Definitionsbereichen (2.5) wird $\mathrm{d}Q$ wie folgt formuliert (Bunge, 1965)

$$\mathrm{d}Q = \frac{\sin\Phi}{8\pi^2}\,\mathrm{d}\varphi_1\,\mathrm{d}\Phi\,\mathrm{d}\varphi_2. \tag{2.9}$$

Es gilt $\int_{SO(3)}\mathrm{d}Q = 1$. $f(\boldsymbol{Q})$ ist normiert und erfüllt die Bedingung der Nichtnegativität

$$\int_{SO(3)} f(\boldsymbol{Q})\,\mathrm{d}Q = 1, \qquad f(\boldsymbol{Q}) \geq 0, \quad \forall \boldsymbol{Q} \in SO(3). \tag{2.10}$$

Für eine regellose Orientierung der Kristalle (graue Textur) ist die OVF konstant

$$f(\boldsymbol{Q}) = 1. \tag{2.11}$$

Die OVF besitzt sowohl die Kristallsymmetrie

$$f(\boldsymbol{Q}) = f(\boldsymbol{Q}\boldsymbol{H}^C), \qquad \forall \boldsymbol{H}^C \in \mathcal{S}^C \subseteq SO(3) \tag{2.12}$$

als auch die Probensymmetrie

$$f(\boldsymbol{Q}) = f(\boldsymbol{H}^S\boldsymbol{Q}), \qquad \forall \boldsymbol{H}^S \in \mathcal{S}^S \subseteq SO(3), \tag{2.13}$$

die die Mikrostruktur kennzeichnet. Die Symmetriegruppen des Kristallgitters und der Probe werden in (2.12) und (2.13) durch $\mathcal{S}^C$ und $\mathcal{S}^S$ bezeichnet. Im Folgenden wird der hochgestellte Buchstabe C im engeren Sinne für die Bezeichnung der kubischen Kristallsymmetrie verwendet.

Für eine kubische Kristallsymmetrie besteht die Symmetriegruppe $\mathcal{S}^C$ aus insgesamt 24 Symmetrietransformationen $\boldsymbol{H}^C$, gegeben hier durch eine Rotationsachse bzgl. $\{\boldsymbol{g}_i\}$ und einen Drehwinkel nach (2.2) (vgl. Böhlke und Bertram (2001b)):

- eine Rotation durch $\boldsymbol{H}^C = \boldsymbol{I}$,

- sechs Rotationen bzgl. der Flächendiagonalen $\left(\boldsymbol{g}_i \pm \boldsymbol{g}_j\right)/\sqrt{2}$ mit $\vartheta = \pi$ ($i < j$; $i,j = 1\ldots 3$),

- acht Rotationen bzgl. der vier Raumdiagonalen $\left(\boldsymbol{g}_1 \pm \boldsymbol{g}_2 \pm \boldsymbol{g}_3\right)/\sqrt{3}$ mit $\vartheta = 2\pi k/3$ ($k = 1, 2$),

- neun Rotationen bzgl. der Gitterachsen $\boldsymbol{g}_i$ ($i = 1\ldots 3$) mit $\vartheta = \pi k/2$ ($k = 1\ldots 3$).

Wird durch $\psi(\boldsymbol{Q}(\boldsymbol{x}))$ eine mechanische Eigenschaft des Werkstoffs bezeichnet, die in jedem Punkt nur von der Kristallorientierung abhängig ist, dann lässt sich ihr Volumenmittelwert durch $f(\boldsymbol{Q})$ wie folgt bestimmen

$$\bar{\psi} = \langle \psi \rangle = \frac{1}{V} \int_V \psi(\boldsymbol{Q}(\boldsymbol{x}))\, \mathrm{d}V = \int_{SO(3)} f(\boldsymbol{Q})\psi(\boldsymbol{Q})\, \mathrm{d}Q. \tag{2.14}$$

Skalare Fourier-Reihen. Falls angenommen werden kann, dass die OVF quadratisch integrierbar ist, dann kann $f(\boldsymbol{Q})$ durch eine Fourier-Reihe dargestellt werden.

Eine Darstellung der kristallographischen Textur wurde von Wiglin (1960) durch verallgemeinerte Kugelflächenfunktionen $T_l^{mn}(\boldsymbol{Q})$ vorgeschlagen, die ein orthonormiertes Funktionssystem bilden

$$f(\boldsymbol{Q}) = \sum_{l=0}^{\infty} \sum_{m=-l}^{+l} \sum_{n=-l}^{+l} C_l^{mn} T_l^{mn}(\boldsymbol{Q}). \tag{2.15}$$

Die Formulierung durch die Eulerwinkel für $T_l^{mn}(\boldsymbol{Q})$ erfolgt durch verallgemeinerte Legendre-Funktionen $P_l^{mn}(\Phi)$

$$T_l^{mn}(\boldsymbol{Q}) = e^{im\varphi_2} P_l^{mn}(\Phi) e^{in\varphi_1}. \tag{2.16}$$

Die Koeffizienten der Reihenentwicklung C_l^{mn} werden aus Messungen von Polfiguren bestimmt. Diese Reihenentwicklung wurde für beliebige Funktionen

$f(\boldsymbol{Q})$ entwickelt, die keine Symmetriebedingungen erfüllen. Eine Berücksichtigung der Proben- und der Kristallsymmetrie führt dazu, dass einige Texturkoeffizienten gleich null oder abhängig voneinander sind.

Um die Anzahl der Koeffizienten zu reduzieren, schlägt Bunge (1965) die Anwendung von symmetrischen verallgemeinerten Kugelflächenfunktionen $\ddot{T}_l^{\mu\nu}(\boldsymbol{Q})$ vor, die bzgl. der Kristall- ($\mathcal{S}^C$) und der Probensymmetriegruppen ($\mathcal{S}^S$) invariant sind. Diese modifizierte Reihenentwicklung besteht aus linear unabhängigen Funktionen

$$f(\boldsymbol{Q}) = \sum_{l=0}^{\infty} \sum_{\mu=1}^{M(l)} \sum_{\nu=1}^{N(l)} C_l^{\mu\nu} \ddot{T}_l^{\mu\nu}(\boldsymbol{Q}). \tag{2.17}$$

Die oberen Grenzen $M(l)$ und $N(l)$ hängen von der Kristall- und der Probensymmetrie ab. Die Fourier-Koeffizienten der Reihe $C_l^{\mu\nu}$ beschreiben die kristallographische Textur und sind Funktionen von $\ddot{T}_l^{\mu\nu}(\boldsymbol{Q})$. Für eine bekannte OVF können die Texturkoeffizienten $C_l^{\mu\nu}$ durch einen Volumenmittelwert über die Menge aller gemessenen Orientierungen berechnet werden

$$C_l^{\mu\nu} = (2l + 1) \int\limits_{SO(3)} f(\boldsymbol{Q}) \ddot{T}_l^{\mu\nu}(\boldsymbol{Q})\, \mathrm{d}Q. \tag{2.18}$$

Eine Übersicht von Orientierungsverteilungsfunktionen, die durch harmonische Funktionen definiert sind, wird in Mason und Schuh (2009) gegeben (für hypersphärische harmonische Reihen siehe auch Mason und Schuh (2008)).

Tensorielle Fourier-Reihen. Die meisten Größen, die zur Beschreibung physikalischer und mechanischer Materialeigenschaften verwendet werden, haben tensoriellen Charakter (Geary und Onat, 1974). Aus diesem Grund ist in der Kontinuumsmechanik die Anwendung einer tensoriellen Orientierungsverteilungsfunktion vorteilhaft. Eine tensorielle Fourier-Reihendarstellung für kubische Kristalle wurde von Adams et al. (1992) vorgeschlagen. Für tensorielle Orientierungsverteilungsfunktionen mit beliebigen Kristall- und Probensymmetrien sei auf die Artikel von Zheng und Zou (2001) und Zheng und Fu (2001) verwiesen.

Nach Adams et al. (1992) und Guidi et al. (1992) enthält die Fourier-Reihenentwicklung der OVF für kubische Kristalle Glieder von irreduziblen

Tensoren der Stufe β mit

$$f(\boldsymbol{Q}) = 1 + \sum_i^\infty f_{\beta_i}(\boldsymbol{Q}), \tag{2.19}$$

$$\{\beta_i\} = \{4,\, 6,\, 8,\, 9,\, 10,\, 12_1,\, 12_2,\, 13,\, 14,\, 15,\, 16_1,\, 16_2,\, 17,\, 18_1,\, 18_2, \ldots\}\,.$$

Jedes Glied setzt sich aus dem Skalarprodukt eines durch die Orientierung $\boldsymbol{Q}$ gedrehten kubischen Referenzbasistensors $\mathbb{T}'_{\langle \beta_i \rangle}$ und eines Texturkoeffizienten $\mathbb{V}'_{\langle \beta_i \rangle}$ zusammen

$$f_{\beta_i} = \mathbb{V}'_{\langle \beta_i \rangle} \cdot \mathbb{F}'_{\langle \beta_i \rangle}(\boldsymbol{Q}), \quad \mathbb{F}'_{\langle \beta_i \rangle}(\boldsymbol{Q}) = \boldsymbol{Q} \star \mathbb{T}'_{\langle \beta_i \rangle}. \tag{2.20}$$

Da die Darstellung der kubischen irreduziblen Tensoren nicht für jede Tensorstufe eindeutig ist, wird diese Tatsache durch den tiefgestellten Index i von β angedeutet. Bei den führenden Tensoren mit einer eindeutigen irreduziblen Darstellung, z.B. von Stufe 4, 6, 8, 9 usw., wird der Index weggelassen. Dagegen existieren drei kubische Basistensoren 12. Stufe, von denen nur zwei Tensoren ($\mathbb{T}'_{\langle 12_i \rangle}$, $i = 1, 2$) voneinander linear unabhängig sind (vgl. Gleichung (2.19)).

Das Zeichen $(\star)$ in (2.20)$_2$ bezeichnet das Rayleigh-Produkt, das für einen Tensor beliebiger Stufe β

$$\mathbb{A}_{\langle \beta \rangle} = A_{i_1 i_2 \ldots i_\beta} \boldsymbol{e}_{i_1} \otimes \boldsymbol{e}_{i_2} \otimes \ldots \otimes \boldsymbol{e}_{i_\beta} \tag{2.21}$$

durch

$$\boldsymbol{Q} \star \mathbb{A}_{\langle \beta \rangle} = A_{i_1 i_2 \ldots i_\beta} \left(\boldsymbol{Q}\boldsymbol{e}_{i_1}\right) \otimes \left(\boldsymbol{Q}\boldsymbol{e}_{i_2}\right) \otimes \ldots \otimes \left(\boldsymbol{Q}\boldsymbol{e}_{i_\beta}\right) \tag{2.22}$$

definiert ist. Irreduzible Tensoren werden durch $(')$ bezeichnet. Diese sind spurfrei bzgl. aller Indexpaare und vollständig symmetrisch

$$A'_{ll\ldots i_{\beta-1} i_\beta} = A'_{i_1 i_2 ll \ldots i_{\beta-1} i_\beta} = \ldots = A'_{i_1 i_2 \ldots ll} = 0, \tag{2.23}$$

$$A'_{i_1 i_2 \ldots i_{\beta-1} i_\beta} = A'_{i_1 i_2 \ldots i_\beta i_{\beta-1}} = A'_{i_4 i_3 \ldots i_\beta i_{\beta-1}} = \ldots \tag{2.24}$$

Die letzten Eigenschaften (2.23)-(2.24) reduzieren in signifikanter Weise die Anzahl der unabhängigen Tensorkomponenten irreduzibler Tensoren (siehe Anhang C, Tabelle C.1). Die Anzahl der unabhängigen Komponenten ist im allgemeinen Fall für einen irreduziblen Tensor der Stufe β durch

$$\dim\left(\mathbb{A}'_{\langle \beta \rangle}\right) = 2\beta + 1 \tag{2.25}$$

gegeben. Für die Bestimmung des irreduziblen Anteils von Tensoren wird auf Spencer (1970) verwiesen.

Die Referenztensoren $\mathbb{T}'_{\langle\beta_i\rangle}$ in (2.20) werden im Folgenden ohne Beschränkung der Allgemeinheit mit Hilfe der Dimension des Raumes irreduzibler Tensoren der Stufe β_i normiert

$$\|\mathbb{T}'_{\langle\beta_i\rangle}\| = 2\beta_i + 1. \tag{2.26}$$

Da nur kubische Einkristalle betrachtet werden, besitzen sie eine kubische Symmetrie

$$\mathbb{T}'_{\langle\beta_i\rangle} = \boldsymbol{H}^C \star \mathbb{T}'_{\langle\beta_i\rangle}, \qquad \forall \boldsymbol{H}^C \in \mathcal{S}^C \subseteq SO(3). \tag{2.27}$$

Dagegen sind die Texturkoeffizienten durch die Probensymmetrie charakterisiert

$$\mathbb{V}'_{\langle\beta_i\rangle} = \boldsymbol{H}^S \star \mathbb{V}'_{\langle\beta_i\rangle}, \qquad \forall \boldsymbol{H}^S \in \mathcal{S}^S \subseteq SO(3). \tag{2.28}$$

Die Referenzbasistensoren bzw. die Texturkoeffizienten bilden ein Orthonormalbasissystem und erfüllen die „schwache" Orthogonalitätsbedingung (Adams et al., 1992; Böhlke, 2005)

$$\int\limits_{SO(3)} \frac{\mathbb{F}'_{\langle\beta_i\rangle}(\boldsymbol{Q})}{2\beta_i + 1} \otimes \frac{\mathbb{F}'_{\langle\gamma_j\rangle}(\boldsymbol{Q})}{2\gamma_j + 1} \, \mathrm{d}Q = \begin{cases} = \mathbb{O}, & \forall \beta_i \neq \gamma_j, \ \forall i, j, \\ \neq \mathbb{O}, & \forall \beta_i = \gamma_j, \ \forall i, j. \end{cases} \tag{2.29}$$

Irreduzible kubische Basistensoren verschiedener Stufen sind orthogonal zueinander (vgl. auch Kapitel 5), was im Allgemeinen für kubische Basistensoren gleicher Tensorstufe nicht gilt. Für die kubischen Basistensoren, die eine eindeutige Darstellung besitzen, gilt

$$\int\limits_{SO(3)} \frac{\mathbb{F}'_{\langle\beta\rangle}(\boldsymbol{Q})}{2\beta + 1} \otimes \frac{\mathbb{F}'_{\langle\beta\rangle}(\boldsymbol{Q})}{2\beta + 1} \, \mathrm{d}Q = \frac{\boldsymbol{\Delta}_{\langle 2\beta\rangle}}{2\beta + 1}, \qquad \beta = 4,\, 6,\, 8,\, 9,\, 10,\, 13,\, 14,\ldots \tag{2.30}$$

mit dem Identitätstensor $\boldsymbol{\Delta}_{\langle 2\beta\rangle}$ für irreduzible Tensoren der Stufe β. Die Berechnung von $\boldsymbol{\Delta}_{\langle 2\beta\rangle}$ wird im Anhang A für beliebige Tensorstufen gegeben (vgl. z.B. Hess und Köhler (1980); Ehrentraut und Muschik (1998)).

Die Texturkoeffizienten $\mathbb{V}'_{\langle\beta\rangle}$ der Tensorstufen, die nur mit einem kubischen Basistensor $\mathbb{T}'_{\langle\beta\rangle}$ identifiziert werden, lassen sich mit Hilfe der Bedingungen (2.29) und (2.30) wie in (2.18) darstellen

$$\mathbb{V}'_{\langle\beta\rangle} = \frac{1}{2\beta + 1} \int\limits_{SO(3)} f(\boldsymbol{Q})\mathbb{F}'_{\langle\beta\rangle}(\boldsymbol{Q}) \, \mathrm{d}Q, \qquad \beta = 4,\, 6,\, 8,\, 9,\, 10,\, 13,\, 14,\ldots \tag{2.31}$$

Da die kubischen Basistensoren $\mathbb{T}'_{\langle\beta_i\rangle}$ der Stufen $\beta_i = 12,\, 16,\ldots$ im Allgemeinen nicht orthogonal sind, gilt die Gleichung (2.31) für die zugehörigen Texturkoeffizienten $\mathbb{V}'_{\langle\beta_i\rangle}$ nicht. Für die Berechnung von Texturkoeffizienten beliebiger Tensorstufen siehe Guidi et al. (1992).

Ist eine Menge von N diskreten Orientierungen $\boldsymbol{Q}_\gamma$ mit den Volumenanteilen c_γ bekannt, dann lässt sich Formel (2.31) wie folgt vereinfachen

$$\mathbb{V}'_{\langle\beta\rangle} \approx \frac{1}{2\beta+1} \sum_{\gamma=1}^{N} c_\gamma \boldsymbol{Q}_\gamma \star \mathbb{T}'_{\langle\beta\rangle}. \tag{2.32}$$

Im Falle eines Referenzkristalls mit der Orientierung gleich dem Identitätstensor $\boldsymbol{Q} = \boldsymbol{I}$ werden die Texturkoeffizienten $\mathbb{V}'_{\langle\beta\rangle}$ durch $\mathbb{V}'^{C0}_{\langle\beta\rangle}$ bezeichnet und sind proportional zu den Referenzbasistensoren

$$\mathbb{V}'^{C0}_{\langle\beta\rangle} = \frac{1}{2\beta+1} \mathbb{T}'_{\langle\beta\rangle}, \tag{2.33}$$

so dass $\|\mathbb{V}'^{C0}_{\langle\beta\rangle}\| = 1$ gilt. Liegt eine Orientierung des betrachteten Monokristalls $(\boldsymbol{Q} \neq \boldsymbol{I})$ vor, dann wird der Texturkoeffizient durch das Rayleigh-Produkt bestimmt

$$\mathbb{V}'^{C}_{\langle\beta\rangle}(\boldsymbol{Q}) = \boldsymbol{Q} \star \mathbb{V}'^{C0}_{\langle\beta\rangle} = \frac{1}{2\beta+1} \mathbb{F}'_{\langle\beta\rangle}(\boldsymbol{Q}). \tag{2.34}$$

Ein Maß für die Anisotropie der Textur stellt die Frobenius-Norm des Texturkoeffizienten dar

$$\|\mathbb{V}'_{\langle\beta\rangle}\| \in [0,1]. \tag{2.35}$$

Die obere Grenze entspricht dem Texturkoeffizienten eines Einkristalls

$$\|\mathbb{V}'^{C}_{\langle\beta\rangle}(\boldsymbol{Q})\| = 1, \tag{2.36}$$

wie aus (2.33) und (2.34) ersichtlich ist. Dagegen ist der Texturkoeffizient beliebiger Stufe β_i gleich null, wenn eine sogenannte graue Textur (isotrope Orientierungsverteilung) vorliegt

$$\mathbb{V}'_{\langle\beta_i\rangle} = \int_{SO(3)} \mathbb{V}'^{C}_{\langle\beta_i\rangle}(\boldsymbol{Q}) \, dQ = \mathbb{O}, \qquad \|\mathbb{V}'_{\langle\beta_i\rangle}\|_{\text{isotrop}} = 0, \qquad \forall \beta_i. \tag{2.37}$$

Für die Konstruktion von irreduziblen Tensoren mit kubischer Symmetrie wird auf die Arbeiten von Adams et al. (1992) und Guidi et al. (1992) verwiesen. Das Problem der Bestimmung der OVF in Abhängigkeit der führenden Texturkoeffizienten, bei Erfüllung der Bedingungen (2.10)$_{1,2}$, wurde von Böhlke (2005) unter Verwendung der Methode der maximalen Entropie gelöst und später für die Bestimmung der Texturentwicklung in Böhlke (2006) verwendet.

Nach Böhlke und Bertram (2001b) hat ein kubischer irreduzibler Referenzbasistensor 4. Stufe die folgende Darstellung

$$\mathbb{V}'^{C0}_{\langle 4\rangle} = \frac{1}{9} \mathbb{T}'_{\langle 4\rangle} = \frac{\sqrt{30}}{30} \left(5\mathbb{D}_0 - \boldsymbol{I} \otimes \boldsymbol{I} - 2\mathbb{I}^S\right). \tag{2.38}$$

I bezeichnet den isotropen Einheitstensor 2. Stufe und $\mathbb{I}^S$ den isotropen Identitätstensor 4. Stufe für symmetrische Tensoren 2. Stufe

$$I = e_i \otimes e_i, \qquad \mathbb{I}^S = \frac{1}{2} e_i \otimes e_j \otimes (e_i \otimes e_j + e_j \otimes e_i). \tag{2.39}$$

Der anisotrope Tensor 4. Stufe des Referenzkristalls $\mathbb{D}_0$ bzw. eines gedrehten Monokristalls $\mathbb{D}(Q)$ wird durch das dyadische Produkt der Referenzbasisvektoren oder der anisotropen Gittervektoren gegeben

$$\mathbb{D}_0 = \sum_{i=1}^{3} e_i \otimes e_i \otimes e_i \otimes e_i, \qquad \mathbb{D}(Q) = Q \star \mathbb{D}_0 = \sum_{i=1}^{3} g_i \otimes g_i \otimes g_i \otimes g_i. \tag{2.40}$$

Unter Verwendung der von Federov (1968) und Mehrabadi und Cowin (1990) vorgeschlagenen, sechsdimensionalen orthonormalen Basis $\{B_\alpha\}$ ($\alpha = 1, \ldots, 6$) für symmetrische Tensoren 2. Stufe

$$B_1 = e_1 \otimes e_1, \qquad B_4 = \frac{\sqrt{2}}{2} (e_2 \otimes e_3 + e_3 \otimes e_2),$$

$$B_2 = e_2 \otimes e_2, \qquad B_5 = \frac{\sqrt{2}}{2} (e_1 \otimes e_3 + e_3 \otimes e_1),$$

$$B_3 = e_3 \otimes e_3, \qquad B_6 = \frac{\sqrt{2}}{2} (e_1 \otimes e_2 + e_2 \otimes e_1) \tag{2.41}$$

kann $\mathbb{V}'^{C0}_{\langle 4 \rangle}$ wie folgt geschrieben werden

$$\mathbb{V}'^{C0}_{\langle 4 \rangle} = \frac{\sqrt{30}}{30} \begin{bmatrix} 2 & -1 & -1 & 0 & 0 & 0 \\ -1 & 2 & -1 & 0 & 0 & 0 \\ -1 & -1 & 2 & 0 & 0 & 0 \\ 0 & 0 & 0 & -2 & 0 & 0 \\ 0 & 0 & 0 & 0 & -2 & 0 \\ 0 & 0 & 0 & 0 & 0 & -2 \end{bmatrix} B_\alpha \otimes B_\beta. \tag{2.42}$$

Damit ist der Texturkoeffizient 4. Stufe nach Ausdruck (2.31) wie folgt gegeben

$$\mathbb{V}'_{\langle 4 \rangle} = \frac{\sqrt{30}}{30} \left(5 \int_{SO(3)} f(Q) \mathbb{D}(Q) \, \mathrm{d}Q - I \otimes I - 2\mathbb{I}^S \right). \tag{2.43}$$

Anhang C stellt die wichtigsten Komponenten der kubischen Texturkoeffizienten $\mathbb{V}'^{C0}_{\langle 4 \rangle}$, $\mathbb{V}'^{C0}_{\langle 6 \rangle}$ und $\mathbb{V}'^{C0}_{\langle 8 \rangle}$ dar. Alle Texturkoeffizienten höherer Stufe lassen sich durch elementare algebraische Operationen bestimmen.

2.3 Beschreibung weiterer Mikrostruktureigenschaften (n-Punkt-Korrelationsfunktionen)

Für eine genauere mathematische Beschreibung der Mikrostruktur sind Korrelationen zwischen den einzelnen Orientierungen notwendig, die nicht durch die kristallographische Orientierungsverteilungsfunktion $f(Q)$ beschrieben werden. Diese werden durch die n-Punkt-Korrelationsfunktionen definiert (Adams et al., 1987; Etingof und Adams, 1993). Eine Übersicht über die Korrelationsfunktionen ist in Torquato (2002) gegeben.

Betrachtet werden (n+1)-Orientierungen mit vorgegebenen Abständen Δx_i im polykristallinen Ensemble. Die (n+1)-Punkt-Korrelationsfunktion beschreibt den Erwartungswert eines statistisch homogenen Körpers, dass der Punkt x innerhalb eines Kristallites mit einer Orientierung im Bereich zwischen Q_0 und $Q_0 + dQ_0$ liegt und die Punkte x_i $(i = 1 \ldots n)$ innerhalb Kristalliten mit Orientierungen zwischen Q_i und $Q_i + dQ_i$ liegen, wobei für die Punktabstände $\Delta x_i = x_i - x$ gilt.

Eine Bestimmung der Orientierungsverteilungsfunktion und der Zwei-Punkt-Korrelationsfunktion ist heutzutage mit Hilfe der Röntgenbeugung (x-ray diffraction) und der Rückstreuelektronenbeugung (Electron Backscatter Diffraction, EBSD) Stand der Technik (Adams und Olson, 1998; Schwartz et al., 2009).

Kapitel 3

Stoffgleichungen von Einkristallen auf der Mikroebene

3.1 Kinematische Größen

Bewegung. Für die Betrachtung des Bewegungs- und Deformationsverhaltens eines homogenen Körpers $\mathscr{B}$ wird dieser als eine Menge von Punkten oder Partikeln definiert, die in einem dreidimensionalen Euklidischen Raum eingebettet sind. Die Lage der Partikel zum Zeitpunkt $t = 0$ wird Anfangsplatzierung /-konfiguration genannt. Die Anfangslage eines Partikels kann somit durch den Ortsvektor X bzgl. der Orthonormalbasis $\{\mathcal{O}, e_1, e_2, e_3\}$ eindeutig identifiziert werden (Abb. 3.1). Zur Zeit t, die der Momentanplatzierung /-konfiguration entspricht, wird die Lage desselben Partikels durch den Ortsvektor x gegeben.

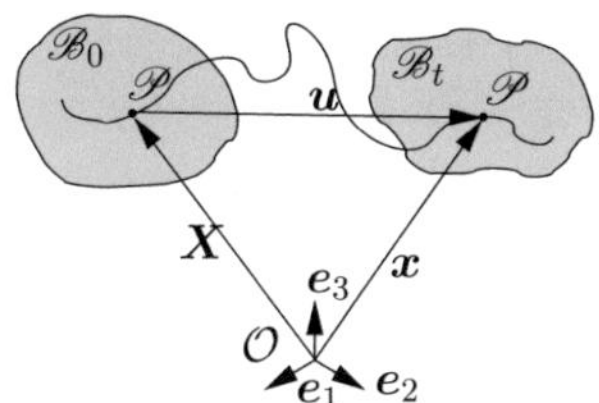

Abbildung 3.1: Bewegungsverhalten eines materiellen Punktes

Das Bewegungsverhalten des Partikels lässt sich durch eine Folge von Platzierungen darstellen. Die Abbildung der Anfangsplatzierung in die Momentanplatzierung kann durch eine invertierbare, stetige und zweimal stetig differenzierbare Funktion χ realisiert werden. Damit ist die Lage der Momentanplatzierung durch die Punkttransformation χ in Abhängigkeit von X und t durch

$$x = \chi(X, t) \tag{3.1}$$

gegeben. Der Verschiebungsvektor des Punktes ist dann

$$u(X, t) = \chi(X, t) - X. \tag{3.2}$$

Euler'sche und Lagrange'sche Darstellung. Die Definitionen von Feldgrößen können entweder auf die Anfangs- oder auf die Momentanplatzierung bezogen werden. Die Darstellung einer mechanischen oder physikalischen Größe in Abhängigkeit von der Anfangslage X und der Zeit t wird Lagrange'sche oder materielle Darstellung genannt. Werden dagegen die Feldgrößen als Funktion der Momentanplatzierung x zum Zeitpunkt t angegeben, wird die Darstellung Euler'sche oder räumliche Darstellung genannt. Nach der Euler'schen Formulierung wird der Verschiebungsvektor durch die Inverse der Punkttransformationsfunktion wie folgt gegeben

$$u_E(x, t) = x - \chi^{-1}(x, t). \tag{3.3}$$

Für die Unterscheidung zwischen den beiden Formulierungen wird die Euler'sche Darstellung mit dem Index E gekennzeichnet.

Deformationsgradient. Für die lokale Beschreibung des Deformationsprozesses wird der Deformationsgradient

$$F = \frac{\partial \chi(X, t)}{\partial X}, \quad F \in Inv^+ \tag{3.4}$$

definiert. Inv^+ beschreibt hierbei die Menge der invertierbaren Tensoren mit einer positiven Determinante. Für $F \in Inv^+$ ist die Bewegung *regulär* und die Abbildung der Tangentenvektoren der Anfangsplatzierung dX auf diejenigen der Momentanplatzierung dx

$$dx = F\, dX \tag{3.5}$$

eindeutig definiert. Analog zu den Linienelementen lassen sich auch die Transformationen der Oberflächen- und Volumenelemente durch F herleiten

$$da = J F^{-\top}\, dA, \qquad dv = J\, dV, \tag{3.6}$$

wobei für die Determinante von F die Bezeichnung $J = \det(F)$ eingeführt wird. Wie die Ortsvektoren X und x werden die Oberflächen- und Volumenelemente in der Anfangsplatzierung mit Großbuchstaben und in der Momentanplatzierung mit Kleinbuchstaben gekennzeichnet.

Der Verschiebungsgradient H eines materiellen Partikels wird mit Hilfe von (3.2) und (3.4) beschrieben

$$H = \frac{\partial u(X,t)}{\partial X} = F - I. \tag{3.7}$$

Es gilt $du = H\,dX$.

Polare Zerlegung. Aufgrund der Invertierbarkeit gilt für den Deformationsgradienten die polare Zerlegung für Tensoren 2. Stufe (Truesdell und Noll, 1965)

$$F = RU = VR, \qquad U, V \in PSym, \quad R \in SO(3) \tag{3.8}$$

mit dem eigentlich orthogonalen Tensor R und dem positiv definiten, symmetrischen rechten Strecktensor U und linken Strecktensor V (Abb. 3.2). Die Zerlegung ist eindeutig und hat die folgende Interpretation: Der Deformationsprozess der infinitesimalen Umgebung eines materiellen Punktes lässt sich multiplikativ in eine Streckung U und eine anschließende Drehung R oder in eine Drehung R und eine anschließende Streckung V zerlegen.

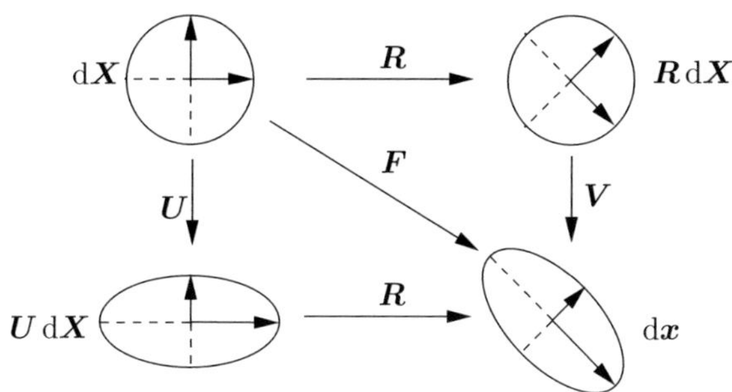

Abbildung 3.2: Polare Zerlegung

Wird die polare Zerlegung in $(3.6)_2$ eingesetzt, ist es ersichtlich, dass nur die Strecktensoren einen Einfluss auf die Volumenänderung haben

$$\det(F) = \det(U) = \det(V). \tag{3.9}$$

Durch die polare Zerlegung lassen sich der rechte Cauchy-Green-Tensor

$$C = F^{\mathsf{T}}F = U^{\mathsf{T}}U = U^2 \in PSym \tag{3.10}$$

und der linke Cauchy-Green-Tensor

$$B = FF^\mathsf{T} = VV^\mathsf{T} = V^2 \in PSym \tag{3.11}$$

nur in Abhängigkeit von den Strecktensoren definieren.

Verzerrungsmaß. In der geometrisch-nichtlinearen, finiten Plastizität können verschiedene Verzerrungsmaße in Abhängigkeit vom Strecktensor U definiert werden, z.B. der Green-Lagrange'sche Verzerrungstensor

$$E = \frac{1}{2}\left(U^2 - I\right). \tag{3.12}$$

Unter der Annahme kleiner Verformungen ($\|H\| \ll 1$) stimmt die Bezugsplatzierung mit der Momentanplatzierung näherungsweise überein ($x(X,t) \approx X$). In diesem Fall kann der Green'sche Verzerrungstensor durch den Ansatz

$$x(X, t, \alpha) = X + \alpha u, \qquad \alpha \in R \tag{3.13}$$

für $\alpha \to 0$ linearisiert werden. Daraus folgt der Verzerrungstensor ε, der in der geometrisch-linearen Theorie verwendet wird

$$\left.\frac{\mathrm{d}E(x(X, t, \alpha))}{\mathrm{d}\alpha}\right|_{\alpha \to 0} = \frac{1}{2}\left(H^\mathsf{T} + H\right) = \varepsilon. \tag{3.14}$$

Geschwindigkeitsgradient. Die Geschwindigkeit eines materiellen Punktes wird durch die materielle Zeitableitung

$$v(X, t) = \dot{x} = \frac{\partial \chi(X, t)}{\partial t} \tag{3.15}$$

definiert. Damit gilt für den räumlichen Geschwindigkeitsgradienten

$$L = \frac{\partial v(x, t)}{\partial x}. \tag{3.16}$$

Der symmetrische und der schiefsymmetrische Anteil von L werden durch D (Verzerrungsgeschwindigkeitstensor) und W (materieller Spintensor) bezeichnet

$$D = \mathrm{sym}(L), \quad W = \mathrm{skw}(L). \tag{3.17}$$

Der Zusammenhang zwischen dem Geschwindigkeits- und dem Deformationsgradienten ist durch

$$L = \dot{F}F^{-1} \tag{3.18}$$

gegeben.

Multiplikative Zerlegung von F. Für die Beschreibung des elasto-plastischen Materialverhaltens haben Green und Naghdi (1965) eine additive Zerlegung des Green'schen Verzerrungstensors in einen elastischen und einen plastischen Anteil vorgeschlagen

$$E = E_e + E_p. \tag{3.19}$$

Diese gilt nur in der infinitesimalen Verzerrungstheorie. Im Allgemeinen wird in der geometrisch-nichtlinearen, finiten Plastizität die multiplikative Zerlegung des Deformationsgradienten nach Lee (1969) verwendet

$$F = F_e F_p. \tag{3.20}$$

Die Inverse von F_p wird im Folgenden durch $P = F_p^{-1}$ bezeichnet. Daraus folgt für den elastischen Anteil der Ausdruck

$$F_e = F F_p^{-1} = FP. \tag{3.21}$$

Die multiplikative Zerlegung wird in der Regel postuliert. Ihre Gültigkeit lässt sich jedoch durch das Konzept der materiellen Isomorphismen (Bertram, 1992; Svendsen, 1998; Bertram, 2005) für elastoplastische Materialien ableiten. Die Idee der multiplikativen Zerlegung kann durch das Gitterkonzept von Krawietz (1986) für Materialien mit einer Gitterstruktur veranschaulicht werden.

3.2 Elastisches Gesetz

Geometrisch-nichtlineare Elastizität. Bei einem elastischen Materialverhalten hängen die momentanen Spannungen eines materiellen Punktes nur von den momentanen Deformationen des Punktes ab. Das elastische Gesetz kann im Allgemeinen für den geometrisch- und physikalisch-nichtlinearen Fall entweder als Funktion der generalisierten Spannungstensoren von den generalisierten Verzerrungsmaßen oder als Funktion der Cauchy'schen Spannung von dem Deformationsgradienten formuliert werden. Für die Definition in Abhängigkeit von den generalisierten Spannungstensoren wird hier der 2. Piola-Kirchhoff'sche Spannungstensor

$$S = JF^{-1}\sigma F^{-\mathsf{T}} = F^{-1}\tau F^{-\mathsf{T}}, \qquad S \in Sym \tag{3.22}$$

verwendet. Dieser ist zu dem Green'schen Verzerrungstensor E leistungskonjugiert. τ bezeichnet den Kirchhoff'schen Spannungstensor

$$\tau = J\sigma. \tag{3.23}$$

Das elastische Materialverhalten eines homogenen Körpers kann z.B. durch zwei verschiedene Funktionen für $\boldsymbol{\sigma}$ und $\boldsymbol{S}$ ausgedrückt werden

$$\boldsymbol{\sigma} = \boldsymbol{p}(\boldsymbol{F}), \qquad \boldsymbol{S} = \boldsymbol{h}(\boldsymbol{E}). \tag{3.24}$$

Für hyperelastische Materialien, d.h. wenn eine Formänderungsenergiedichte existiert und keine Zwangsbedingungen vorliegen, wird gefordert, dass die Spannungsleistung gleich der zeitlichen Änderungsrate der Formänderungsenergiedichte ist

$$\dot{\bar{W}}(\boldsymbol{F}) = \frac{1}{\varrho}\boldsymbol{\sigma} \cdot \boldsymbol{D}, \qquad \dot{\hat{W}}(\boldsymbol{E}) = \frac{1}{\varrho_0}\boldsymbol{S} \cdot \dot{\boldsymbol{E}}. \tag{3.25}$$

ϱ_0 und ϱ bezeichnen die Dichte in der Referenz- und in der Momentanplatzierung. Daraus folgt für $\boldsymbol{\sigma}$ und $\boldsymbol{S}$

$$\boldsymbol{\sigma} = \varrho\frac{\partial \bar{W}(\boldsymbol{F})}{\partial \boldsymbol{F}}\boldsymbol{F}^{\mathsf{T}}, \qquad \boldsymbol{S} = \varrho_0\frac{\partial \hat{W}(\boldsymbol{E})}{\partial \boldsymbol{E}}. \tag{3.26}$$

Für Metalle kann ein physikalisch lineares elastisches Materialverhalten angenommen werden. Die lineare Abbildung von dem Green'schen Tensor $\boldsymbol{E}$ auf $\boldsymbol{S}$ durch den Steifigkeitstensor $\mathbb{C}$ (St. Venant-Kirchhoff'sches Gesetz)

$$\boldsymbol{S} = \boldsymbol{h}(\boldsymbol{E}) = \mathbb{C}[\boldsymbol{E}] \tag{3.27}$$

gilt für eine spannungsfreie Anfangsplatzierung, kleine Verzerrungen aber große Rotationen.

Geometrisch-lineare Elastizität. Im Falle von infinitesimalen Verzerrungen (geometrisch-lineare Theorie) erhält man für die allgemeine Form des elastischen Gesetzes eines homogenen Körpers

$$\boldsymbol{\sigma} = \boldsymbol{h}(\boldsymbol{\varepsilon}). \tag{3.28}$$

Liegt ein hyperelastisches Material vor, dann ist die Spannungsleistung

$$\dot{W}(\boldsymbol{\varepsilon}) = \boldsymbol{\sigma} \cdot \dot{\boldsymbol{\varepsilon}} = \frac{\partial W(\boldsymbol{\varepsilon})}{\partial \boldsymbol{\varepsilon}} \cdot \dot{\boldsymbol{\varepsilon}}, \qquad \boldsymbol{\sigma} = \frac{\partial W(\boldsymbol{\varepsilon})}{\partial \boldsymbol{\varepsilon}}. \tag{3.29}$$

Für den Sonderfall einer linearen Spannungs-Dehnungs-Relation gilt das Hooke'sche Gesetz

$$\boldsymbol{\sigma} = \mathbb{C}\left[\boldsymbol{\varepsilon}\right]. \tag{3.30}$$

Materielle Symmetrie. Für elastische Werkstoffe gilt im Allgemeinen für die materielle Symmetrie

$$h(\varepsilon) = \boldsymbol{H} h\left(\boldsymbol{H}^{\mathsf{T}} \varepsilon \boldsymbol{H}\right) \boldsymbol{H}^{\mathsf{T}}, \qquad \forall \varepsilon \in Sym, \forall \boldsymbol{H} \in \mathcal{S} \subseteq Orth. \tag{3.31}$$

Existiert eine Formänderungsenergiedichte, dann können die Symmetrietransformationen durch W definiert werden

$$W(\varepsilon) = W(\boldsymbol{H}^{\mathsf{T}} \varepsilon \boldsymbol{H}), \qquad \forall \varepsilon \in Sym, \forall \boldsymbol{H} \in \mathcal{S} \subseteq Orth. \tag{3.32}$$

Ein elastisch isotropes Materialverhalten wird so definiert, dass die Spannung invariant hinsichtlich aller möglichen Drehungen bleibt

$$\boldsymbol{\sigma}(\varepsilon) = \boldsymbol{Q} h\left(\boldsymbol{Q}^{\mathsf{T}} \varepsilon \boldsymbol{Q}\right) \boldsymbol{Q}^{\mathsf{T}}, \qquad \forall \varepsilon \in Sym, \forall \boldsymbol{Q} \in Orth. \tag{3.33}$$

Für die lineare Spannungs-Dehnungs-Relation ist der Steifigkeitstensor $\mathbb{C}$ durch die Symmetrietransformationen $\boldsymbol{H}$ des Materials charakterisiert

$$\mathbb{C} = \boldsymbol{H} \star \mathbb{C}, \qquad \forall \boldsymbol{H} \in \mathcal{S} \subseteq Orth. \tag{3.34}$$

Für isotrope Werkstoffe ist der Steifigkeitstensor invariant bzgl. beliebiger Rotationen

$$\mathbb{C} = \boldsymbol{Q} \star \mathbb{C}, \qquad \forall \boldsymbol{Q} \in Orth. \tag{3.35}$$

und besitzt zwei voneinander unabhängige Eigenwerte ($\lambda_\alpha, \alpha = 1, 2$). Eine Darstellung des isotropen Steifigkeitstensors ist durch die isotropen Projektoren

$$\mathbb{P}_1^I = \frac{1}{3} \boldsymbol{I} \otimes \boldsymbol{I}, \quad \mathbb{P}_2^I = \mathbb{I}^S - \mathbb{P}_1^I \tag{3.36}$$

wie folgt gegeben

$$\mathbb{C} = \sum_{\alpha=1}^{2} \lambda_\alpha \mathbb{P}_\alpha^I. \tag{3.37}$$

Bei einer kubischen Symmetrie von $\mathbb{C}$ (vgl. die Elemente der kubischen Symmetriegruppe mit $\det(\boldsymbol{H}^C) = 1$ in Unterkapitel 2.2 auf S. 8)

$$\mathbb{C} = \boldsymbol{H}^C \star \mathbb{C}, \qquad \forall \boldsymbol{H}^C \in \mathcal{S}^C \subseteq Orth \tag{3.38}$$

ist die Projektordarstellung

$$\mathbb{C} = \sum_{\alpha=1}^{3} \lambda_\alpha \mathbb{P}_\alpha^C. \tag{3.39}$$

von drei voneinander verschiedenen Eigenwerten $\lambda_\alpha, \alpha = 1, 2, 3$ bzw. drei kubischen Projektoren

$$\mathbb{P}_1^C = \mathbb{P}_1^I, \qquad \mathbb{P}_2^C = \mathbb{D} - \mathbb{P}_1^C, \qquad \mathbb{P}_3^C = \mathbb{I}^S - \mathbb{P}_1^C - \mathbb{P}_2^C \tag{3.40}$$

abhängig (für $\mathbb{D}$ siehe (2.40)).

Die Projektordarstellung ist eindeutig und erfüllt im Allgemeinen die folgenden Bedingungen mit $\alpha = 1, \ldots, \beta$ ($2 \leq \beta \leq 6$) gleich der Anzahl der voneinander verschiedenen Eigenwerte (Halmos, 1958; Rychlewski und Zhang, 1989):

- Idempotenz

$$\mathbb{P}_\alpha \mathbb{P}_\alpha = \mathbb{P}_\alpha, \qquad \forall \alpha, \tag{3.41}$$

- Biorthogonalität

$$\mathbb{P}_\alpha \mathbb{P}_\gamma = \mathbb{O}, \qquad \alpha \neq \gamma, \tag{3.42}$$

- Vollständigkeit

$$\sum_{\alpha=1}^{\beta} \mathbb{P}_\alpha = \mathbb{I}^S. \tag{3.43}$$

Die Multiplikation zwischen den Tensoren 4. Stufe ist wie folgt definiert

$$\mathbb{A}\mathbb{B} = A_{ijkl} B_{klmn} \boldsymbol{e}_i \otimes \boldsymbol{e}_j \otimes \boldsymbol{e}_m \otimes \boldsymbol{e}_n. \tag{3.44}$$

3.3 Elasto-viskoplastische Fließregel

Aufbau des Einkristalls. Es wird angenommen, dass das plastische Fließen kristalliner Werkstoffe durch Abgleiten von Atomebenen (Versetzungsbewegungen) entsteht. Aus diesem Grund sind die Kristallgittertypen und die zugehörigen Atomanordnungen der Elementarzellen im Folgenden spezifiziert.

Eine kristalline Struktur wird dadurch charakterisiert, dass sie aus sich periodisch wiederholenden Atomanordnungen aufgebaut ist. Der kleinste Baustein wird Elementarzelle genannt. Die Geometrie der Elementarzelle wird durch ihre Atomabstände (Gitterkonstanten) und die Winkel zwischen den Achsen beschrieben. Für die mathematische Beschreibung wird zu der Einheitszelle ein Gitterkoordinatensystem mit den Gitter-Basisvektoren $\{\boldsymbol{g}_i\}$ zugeordnet. Bei kubischen Kristallen ist die Basis orthonormal und es gibt nur eine Gitterkonstante. Man unterscheidet je nach der Atomanordnung zwischen kubisch-primitiven (z.B. NaCl), kubisch-raumzentrierten (z.B. α-Fe, Cr, Mo, W, Abb. 3.3 links) und kubisch-flächenzentrierten (z.B. γ-Fe, Al, Cu, Pb, Ni, Au, Ag, Abb. 3.3 rechts) Gittern. Die kubisch-primitiven Gitter werden hier nicht betrachtet, da sie für die Metalle nicht relevant sind.

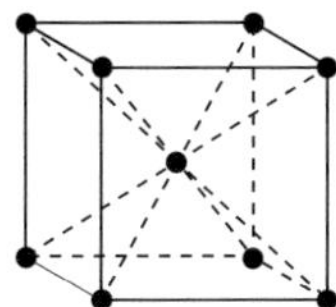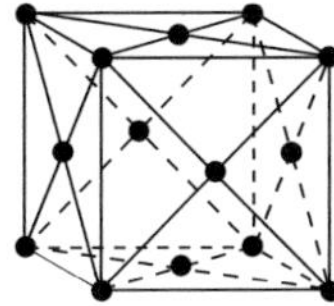

Abbildung 3.3: Kubisch-raumzentrierte (links) und kubisch-flächenzentrierte Elementarzelle (rechts)

Gleitsysteme. Das plastische Gleiten findet in den Gleitsystemen der Kristalle statt. Ein Gleitsystem α besteht aus einer Gleitebene mit der Normale $\tilde{n}_\alpha$ und einer Gleitrichtung $\tilde{d}_\alpha$. Die Gleitebenen sind die Ebenen mit der größeren Packungsdichte von Atomen.

In einem kubisch-raumzentrierten Gitter befinden sich die Atome im Zentrum und in den Eckpunkten der Elementarzelle. Es gibt insgesamt 48 Gleitsysteme und diese werden in drei Typen unterteilt

$$12 : \{110\}\,\langle 111\rangle, \quad 12 : \{112\}\,\langle 111\rangle, \quad 24 : \{123\}\,\langle 111\rangle. \tag{3.45}$$

Die geschweiften Klammern $\{\cdot\}$ entsprechen den kristallographisch äquivalenten Gleitebenen und die eckigen Klammern $\langle\cdot\rangle$ den kristallographisch äquivalenten Gleitrichtungen.

In einem kubisch-flächenzentrierten Gitter sind die Atome in den Eckpunkten und in den Mittelpunkten der Seitenflächen platziert. Durch diese Anordnung wird eine größere Packungsdichte im Vergleich zu den kubisch-raumzentrierten Kristallen erreicht. In den kubisch-flächenzentrierten Gittern existieren insgesamt zwölf Gleitsysteme der Form

$$12 : \{111\}\,\langle 110\rangle. \tag{3.46}$$

Tabelle 3.1 stellt ausführlich alle zwölf Gleitsysteme nach Jordan und Walker (1992) dar, deren Oktaederebenen in Abb. 3.4 veranschaulicht sind. Die negativen Vektorkomponenten der Gleitrichtungen und Gleitebenennormalen

Gleit-system α	Gleitebenen-normale $\sqrt{3}\tilde{\boldsymbol{n}}_\alpha$	Gleit-richtung $\sqrt{2}\tilde{\boldsymbol{d}}_\alpha$	Gleit-system α	Gleitebenen-normale $\sqrt{3}\tilde{\boldsymbol{n}}_\alpha$	Gleit-richtung $\sqrt{2}\tilde{\boldsymbol{d}}_\alpha$
1		$[1,0,\bar{1}]$	7		$[\bar{1},0,\bar{1}]$
2	$[1,1,1]$	$[\bar{1},1,0]$	8	$[\bar{1},\bar{1},1]$	$[1,\bar{1},0]$
3		$[0,\bar{1},1]$	9		$[0,1,1]$
4		$[0,1,\bar{1}]$	10		$[0,\bar{1},\bar{1}]$
5	$[\bar{1},1,1]$	$[\bar{1},\bar{1},0]$	11	$[1,\bar{1},1]$	$[1,1,0]$
6		$[1,0,1]$	12		$[\bar{1},0,1]$

Tabelle 3.1: Gleitsysteme für kubisch-flächenzentrierte Kristalle

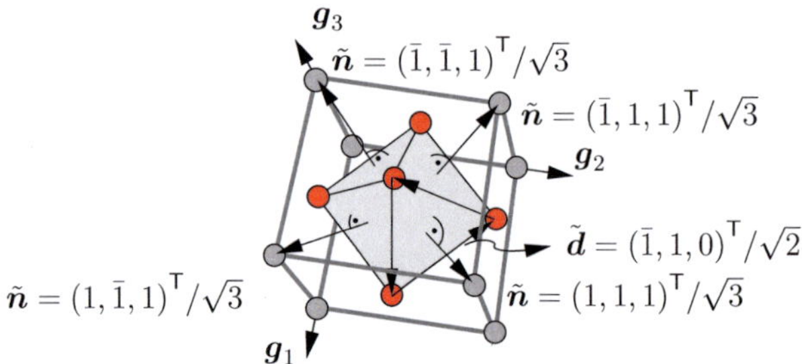

Abbildung 3.4: Oktaederebenen in kubisch-flächenzentrierten Kristallen

werden durch einen Querstrich ($\bar{1} = -1$) bezeichnet. Im Folgenden werden kubisch-flächenzentrierte Gleitsysteme betrachtet.

Plastisches Fließen. Experimentelle Befunde zeigen, dass die plastischen Verformungen infolge von Gleitprozessen inkompressibel sind, d.h. $\boldsymbol{F}_p$ ist eigentlich unimodular

$$\det(\boldsymbol{F}_p) = 1 \quad \Rightarrow \det(\boldsymbol{U}_p) = 1. \tag{3.47}$$

Damit können Volumenänderungen nur im elastischen Fall auftreten und das plastische Verhalten ist nur mit Gestaltänderungen verbunden. Die konstitutiven Gleichungen der nichtlinearen Elasto-Viskoplastizität basieren auf der multiplikativen Zerlegung des Deformationsgradienten in (3.20), veranschaulicht in Abb. 3.5. Die Größen, die auf die ungestörte Platzierung bezogen sind, wie z.B. $\boldsymbol{F}_e = \tilde{\boldsymbol{F}}$, werden durch eine Tilde bezeichnet.

Betrachtet wird ein infinitesimales Element eines kubisch-flächenzentrierten

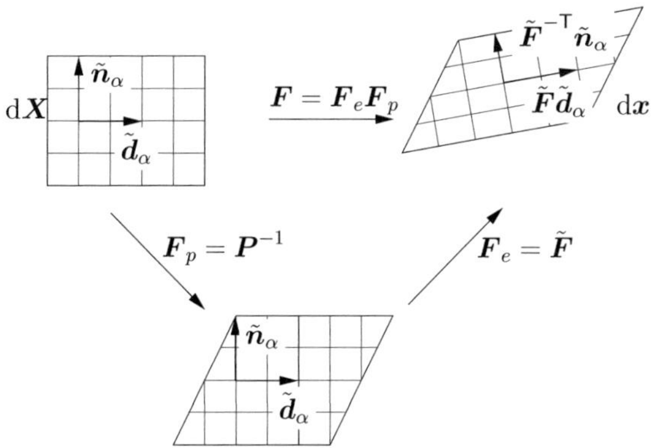

Abbildung 3.5: Multiplikative Zerlegung von $\boldsymbol{F}$

Kristallgitters. Infolge des plastischen Deformationsgradienten $\boldsymbol{F}_p$ fließt das Material durch das Gitter, wobei die Orientierung und die Lage der Gleitsysteme des Kristalls per Konvention invariant bzgl. der Wirkung von $\boldsymbol{F}_p$ bleiben

$$\tilde{\boldsymbol{n}}_\alpha = \boldsymbol{F}_p^{-\mathsf{T}}\mathring{\boldsymbol{n}}_\alpha, \qquad \tilde{\boldsymbol{d}}_\alpha = \boldsymbol{F}_p\mathring{\boldsymbol{d}}_\alpha. \tag{3.48}$$

Das inelastische Gleiten hat in der multiplikativen Zerlegung keinen Einfluss auf das elastische Materialverhalten. Die elastische Deformation $\tilde{\boldsymbol{F}}$ bewirkt eine Streckung und Rotation des Kristallgitters, wobei gleichzeitig das Material und das Gitter verformt werden. Die Normalen $\tilde{\boldsymbol{n}}_\alpha$ der Gleitebenen und die Gleitrichtungen $\tilde{\boldsymbol{d}}_\alpha$ der ungestörten Bezugsplatzierung werden durch $\tilde{\boldsymbol{F}}$ wie folgt

$$\boldsymbol{n}_\alpha = \tilde{\boldsymbol{F}}^{-\mathsf{T}}\tilde{\boldsymbol{n}}_\alpha, \qquad \boldsymbol{d}_\alpha = \tilde{\boldsymbol{F}}\tilde{\boldsymbol{d}}_\alpha \tag{3.49}$$

transformiert. Die elastisch verformten Gleitrichtungen $\boldsymbol{d}_\alpha$ und Normalen der Gleitebenen $\boldsymbol{n}_\alpha$ sind nicht mehr normiert, bleiben aber senkrecht zueinander orientiert

$$\boldsymbol{n}_\alpha \cdot \boldsymbol{d}_\alpha = \tilde{\boldsymbol{n}}_\alpha \cdot \tilde{\boldsymbol{d}}_\alpha = 0. \tag{3.50}$$

Als Folge der multiplikativen Zerlegung lässt sich der Geschwindigkeitsgradient als Summe eines elastischen und eines plastischen Anteils darstellen

$$\boldsymbol{L} = \boldsymbol{L}_e + \boldsymbol{L}_p = \dot{\tilde{\boldsymbol{F}}}\tilde{\boldsymbol{F}}^{-1} + \tilde{\boldsymbol{F}}\dot{\boldsymbol{F}}_p\boldsymbol{F}_p^{-1}\tilde{\boldsymbol{F}}^{-1}. \tag{3.51}$$

In der obigen Formulierung zeigt der Euler'sche plastische Geschwindigkeitsgradient $\boldsymbol{L}_p$ eine Abhängigkeit von der Deformationsgeschichte bzw. vom elastischen Deformationsgradienten. Der elastische und plastische Anteil von L kann wieder in einen symmetrischen und in einen schiefsymmetrischen Anteil unterteilt werden

$$L_e = D_e + W_e, \qquad L_p = D_p + W_p. \tag{3.52}$$

Im Falle eines elasto-viskoplastischen Materialverhaltens wird der plastische Geschwindigkeitsgradient mit Hilfe der Scherraten für die einzelnen Gleitsysteme beschrieben. Bzgl. der ungestörten Konfiguration lautet der plastische Geschwindigkeitsgradient $\tilde{L}_p$

$$\tilde{L}_p = \dot{F}_p F_p^{-1} = \sum_{\alpha=1}^{12} \dot{\gamma}_\alpha \tilde{M}_\alpha = \sum_{\alpha=1}^{12} \dot{\gamma}_\alpha \tilde{d}_\alpha \otimes \tilde{n}_\alpha, \qquad \tilde{M}_\alpha = \tilde{d}_\alpha \otimes \tilde{n}_\alpha. \tag{3.53}$$

Der Tensor $\tilde{M}_\alpha$ wird als Schmid'scher Tensor bezeichnet. Daraus folgt der Ausdruck für die plastische Verzerrungsrate $\tilde{D}_p$ und für den plastischen Spin $\tilde{W}_p$ in der ungestörten Platzierung

$$\tilde{D}_p = \frac{1}{2} \sum_{\alpha=1}^{12} \dot{\gamma}_\alpha \left(\tilde{d}_\alpha \otimes \tilde{n}_\alpha + \tilde{n}_\alpha \otimes \tilde{d}_\alpha \right), \tag{3.54}$$

$$\tilde{W}_p = \frac{1}{2} \sum_{\alpha=1}^{12} \dot{\gamma}_\alpha \left(\tilde{d}_\alpha \otimes \tilde{n}_\alpha - \tilde{n}_\alpha \otimes \tilde{d}_\alpha \right). \tag{3.55}$$

Der Ausdruck für L_p in der Momentankonfiguration folgt aus (3.49)

$$L_p = \tilde{F} \dot{F}_p F_p^{-1} \tilde{F}^{-1} = \sum_{\alpha=1}^{12} \dot{\gamma}_\alpha \tilde{F} \tilde{M}_\alpha \tilde{F}^{-1}. \tag{3.56}$$

Die Projektion des Kirchhoff'schen Spannungsdeviators in jedem einzelnen Gleitsystem wird Schmid'sche Spannung genannt

$$\tau_\alpha = \tau' \cdot \tilde{F} \tilde{M}_\alpha \tilde{F}^{-1} = \tilde{F}^{\mathsf{T}} \tau' \tilde{F}^{-\mathsf{T}} \cdot \tilde{M}_\alpha = T \cdot \tilde{M}_\alpha. \tag{3.57}$$

Die Größe $T = \tilde{C} \tilde{S} = \tilde{F}^{\mathsf{T}} \tau \tilde{F}^{-\mathsf{T}}$ mit $\tilde{C} = \tilde{F}^{\mathsf{T}} \tilde{F}$ und $\tilde{S} = \tilde{F}^{-1} \tau \tilde{F}^{-\mathsf{T}}$ wird als Mandel'scher Spannungstensor bezeichnet.

Fließregel. Es wird angenommen, dass ein Gleitsystem dann aktiviert wird, wenn der Betrag der Differenz der Schmid-Spannung τ_α und der kinematischen Rückspannung τ_α^B einen kritischen Wert τ_α^C überschreitet (vgl. Méric et al. (1994))

$$\dot{\gamma}_\alpha = \dot{\gamma}_0 \mathrm{sgn}\left(\tau_\alpha - \tau_\alpha^B \right) \left\langle \frac{\left| \tau_\alpha - \tau_\alpha^B \right| - \tau_\alpha^C}{\tau_\alpha^D} \right\rangle^m. \tag{3.58}$$

Die eckigen Klammern bezeichnen die Macaulay'schen Klammern, gegeben durch

$$\langle x \rangle = \begin{cases} x, & x > 0, \\ 0, & x \leq 0. \end{cases} \tag{3.59}$$

τ_α^D bezeichnet die Bezugsspannung. $\dot{\gamma}_0$ stellt die Referenzscherrate dar. Die Geschwindigkeitsabhängigkeit wird durch den Ratensensitivitätsparameter m eingeführt. Der Parameter m ist im Allgemeinen temperaturabhängig. Nach den experimentellen Befunden von Les et al. (1999) nimmt dieser für $99,9\%$-reines Aluminium bei Raumtemperatur Werte zwischen 50 und 200 an. Im Hochtemperaturbereich ist der Wert für m kleiner. Es gilt näherungsweise $m \propto 1/T$ mit der Bezeichnung T für die absolute Temperatur.

Gemäß dem Ansatz von Hutchinson (1976), der auch durch Peirce et al. (1982), Asaro und Needleman (1985) und Harren et al. (1989) Anwendung findet, wird ein Gleitsystem aktiviert, wenn τ_α verschieden null ist

$$\dot{\gamma}_\alpha = \dot{\gamma}_0 \mathrm{sgn}\left(\tau_\alpha\right) \left| \frac{\tau_\alpha}{\tau_\alpha^C} \right|^m. \tag{3.60}$$

Für $m = 1$ liegt ein linear viskoses Materialverhalten vor und im Grenzfall für $m \to \infty$ wird eine Ratenunabhängigkeit angenähert. Durch die Fließregeln (3.58) und (3.60) können die aktiven Gleitsysteme eindeutig bestimmt werden.

3.4 Starr-viskoplastische Fließregel

Im starr-viskoplastischen Fall setzt sich die Verformung eines materiellen Volumenelements aus der Superposition einfacher Scherungen in den einzelnen Gleitsystemen und der Starrkörperrotation des Einkristalls zusammen. Der elastische linke Cauchy-Green-Tensor bzw. die elastische Streckung sind näherungsweise gleich der Identität ($\tilde{C} = \tilde{U}^2 \approx I$), so dass bei einem starren Materialverhalten nur Starrkörperrotationen auftreten. Damit gilt $\tilde{F} \approx Q$ mit $Q \in SO(3)$. Somit ist der Geschwindigkeitsgradient (vgl. (3.51)) unter den obigen Annahmen näherungsweise gleich

$$L = \dot{Q}Q^\mathsf{T} + Q\dot{F}_p F_p^{-1} Q^\mathsf{T}. \tag{3.61}$$

Für den symmetrischen und schiefsymmetrischen Anteil von L folgt näherungsweise

$$D = Q\mathrm{sym}(\dot{F}_p F_p^{-1})Q^\mathsf{T}, \tag{3.62}$$

$$W = \dot{Q}Q^\mathsf{T} + Q\mathrm{skw}(\dot{F}_p F_p^{-1})Q^\mathsf{T}. \tag{3.63}$$

Wird für die Fließregel das Stoffgesetz von Hutchinson (3.60) eingesetzt, erhält man zwei gekoppelte konstitutive Gleichungen

$$0 = D' - Q\left(\sum_\alpha^{12} \dot{\gamma}_0 \mathrm{sgn}\,(\tau_\alpha)\left|\frac{\tau_\alpha}{\tau_\alpha^C}\right|^m \mathrm{sym}(\tilde{M}_\alpha)\right)Q^\mathsf{T}, \tag{3.64}$$

$$\dot{Q}Q^\mathsf{T} = W - Q\left(\sum_\alpha^{12} \dot{\gamma}_0 \mathrm{sgn}\,(\tau_\alpha)\left|\frac{\tau_\alpha}{\tau_\alpha^C}\right|^m \mathrm{skw}(\tilde{M}_\alpha)\right)Q^\mathsf{T} \tag{3.65}$$

mit den Schmid'schen Spannungen

$$\tau_\alpha = (Q^\mathsf{T}\tau'Q)\cdot\tilde{M}_\alpha = \tau'\cdot(Q\tilde{M}_\alpha Q^\mathsf{T}). \tag{3.66}$$

Zu beachten ist, dass der Schmid'sche Tensor spurfrei ist

$$\mathrm{tr}(\tilde{M}_\alpha) = \tilde{d}_\alpha\cdot\tilde{n}_\alpha = 0, \tag{3.67}$$

so dass der symmetrische Anteil des Geschwindigkeitsgradienten D auch ein Deviator sein muss. Der sphärische Anteil D° von D ist wegen der Inkompressibilitätsbedingung $J = 1$ gleich null

$$\mathrm{tr}(D) = \mathrm{tr}(L) = \dot{J}J^{-1} = 0. \tag{3.68}$$

Der sphärische Anteil eines Tensors 2. Stufe ist wie folgt definiert

$$A^\circ = \frac{1}{3}\mathrm{tr}(A)I, \qquad A \in Lin. \tag{3.69}$$

Aus Gleichung (3.64) lässt sich der deviatorische Anteil des Kirchhoff'schen Spannungstensors τ' berechnen, wenn D' und Q bekannt sind. Die zweite konstitutive Gleichung (3.65) ergibt direkt den Euler'schen Gitterspin $\dot{Q}Q^\mathsf{T}$ für vorgegebenes W und τ'. Für gegebenes D' und W repräsentieren (3.64) und (3.65) ein implizites Gleichungssystem zur Bestimmung von τ' und $\dot{Q}Q^\mathsf{T}$, das z.B. durch ein gedämpftes Newton-Verfahren für die Bestimmung von τ' aus (3.64) und durch eine explizite exponentielle Abbildungsmethode (Weber und

Anand, 1990; Miehe, 1996; Simo und Hughes, 1997) für die Bestimmung von Q aus (3.65) iterativ gelöst werden kann.

Für den starr-viskoplastischen Fall ist es möglich, ein konvexes Spannungspotential für den Einkristall einzuführen (Hutchinson, 1976)

$$\Psi^\tau\left(Q^\mathsf{T}\tau'Q, \tau_\alpha^C\right) = \frac{1}{m+1} \sum_\alpha^{12} \dot{\gamma}_0 \tau_\alpha^C \left|\frac{\left(Q^\mathsf{T}\tau'Q\right)\cdot\tilde{M}_\alpha}{\tau_\alpha^C}\right|^{m+1}, \qquad (3.70)$$

dessen partielle Ableitung den symmetrischen Anteil des Geschwindigkeitsgradienten nach (3.64) ergibt

$$D' = \frac{\partial\Psi^\tau\left(Q^\mathsf{T}\tau'Q, \tau_\alpha^C\right)}{\partial\tau'} = \sum_\alpha^{12} \dot{\gamma}_0 \mathrm{sgn}\left(\tau_\alpha\right) \left|\frac{\tau_\alpha}{\tau_\alpha^C}\right|^m \mathrm{sym}(Q\tilde{M}_\alpha Q^\mathsf{T}). \qquad (3.71)$$

Das Spannungspotential ist eine positiv homogene Funktion vom Grade $m + 1$, d.h. es gilt

$$\Psi^\tau\left(\lambda Q^\mathsf{T}\tau'Q, \tau_\alpha^C\right) = \lambda^{m+1}\Psi^\tau\left(Q^\mathsf{T}\tau'Q, \tau_\alpha^C\right), \qquad \forall\lambda > 0. \qquad (3.72)$$

Das zugehörige Dualpotential, konvex konjugiert zu (3.70) ist abhängig von D', positiv homogen vom Grade $(m+1)/m$ (vgl. Corrolary 15.3.1 in Rockafellar (1970))

$$\Psi^D\left(\lambda Q^\mathsf{T}D'Q, \tau_\alpha^C\right) = \lambda^{\frac{m+1}{m}}\Psi^D\left(Q^\mathsf{T}D'Q, \tau_\alpha^C\right), \qquad \forall\lambda > 0. \qquad (3.73)$$

Seine erste Ableitung ergibt den Spannungsdeviator

$$\tau' = \frac{\partial\Psi^D\left(Q^\mathsf{T}D'Q, \tau_\alpha^C\right)}{\partial D'}. \qquad (3.74)$$

Das Dehnratenpotential $\Psi^D\left(Q^\mathsf{T}D'Q, \tau_\alpha^C\right)$ kann durch die Legendre-Fenchel-Transformation von $\Psi^\tau\left(Q^\mathsf{T}\tau'Q, \tau_\alpha^C\right)$ bestimmt werden

$$\Psi^D\left(Q^\mathsf{T}D'Q, \tau_\alpha^C\right) = \sup_{\tau'}\left(\tau'\cdot D' - \Psi^\tau\left(Q^\mathsf{T}\tau'Q, \tau_\alpha^C\right)\right). \qquad (3.75)$$

Die Spannungs- und Dehnratenpotentiale besitzen eine einfache Propotionalitätsrelation zu der Dissipation $\mathcal{D}$ des Einkristalls

$$\mathcal{D} = \tau'\cdot D' = (m+1)\Psi^\tau\left(Q^\mathsf{T}\tau'Q, \tau_\alpha^C\right) = \frac{m+1}{m}\Psi^D\left(Q^\mathsf{T}D'Q, \tau_\alpha^C\right). \qquad (3.76)$$

Diese folgt direkt aus dem Euler'schen Satz für positiv homogene Funktionen unter der Berücksichtigung von (3.71) und (3.74). Nach dem Euler'schen Satz gilt im Allgemeinen für eine positiv homogene Funktion $f(\boldsymbol{x}) : R^n \to R$ vom Grade m ($f(\lambda\boldsymbol{x}) = \lambda^m f(\boldsymbol{x})$, $\lambda > 0$)

$$\frac{\partial f(\boldsymbol{x})}{\partial \boldsymbol{x}} \cdot \boldsymbol{x} = m f(\boldsymbol{x}). \tag{3.77}$$

Eine allgemeine mathematische Darstellung von $\Psi^D\left(\boldsymbol{Q}^\mathsf{T} \boldsymbol{D}' \boldsymbol{Q}, \tau_\alpha^C\right)$ kann aus dem Spannungspotential ((3.70) und (3.76)) und dem Potenzgesetz (3.60) als Funktion der Scherraten wie folgt definiert werden

$$\Psi^D\left(\boldsymbol{Q}^\mathsf{T} \boldsymbol{D}' \boldsymbol{Q}, \tau_\alpha^C\right) = \frac{m}{m+1} \sum_\alpha^{12} \dot{\gamma}_0 \tau_\alpha^C \left|\frac{\dot{\gamma}_\alpha}{\dot{\gamma}_0}\right|^{\frac{m+1}{m}}. \tag{3.78}$$

3.5 Verfestigungsregel

Die experimentellen Ergebnisse von Mecking (2001) zeigen, dass sich einphasige kubisch-flächenzentrierte Polykristalle in guter Näherung isotrop nach dem Voce-Gesetz verfestigen. Da diese Arbeit einem homogenen Materialverhalten gewidmet ist, wird hier vereinfachend eine Verfestigung außer Betracht gelassen. Die Berücksichtigung einer isotropen Verfestigung ist für die Herleitung texturbasierter Fließpotentiale nicht von signifikanter Bedeutung.

3.6 Beispiele von Texturen infolge verschiedener Belastungsarten

Im Folgenden werden ausgewählte Texturen für kubisch-flächenzentrierte Kristalle dargestellt, berechnet anhand des starr-viskoplastischen Taylor-Modells durch das implizite Gleichungssystem (3.64)-(3.65). Da das Taylor-Modell nur diskrete Orientierungen betrachtet, werden die Texturbeispiele ohne Beschränkung der Allgemeinheit bereits hier kurz dargestellt.

Die Beispiele stellen die Ergebnisse eines einachsigen Zug- und Druckversuchs und einer ebenen Kompression (Walzversuch) dar. Für alle Kristalle wird ein homogener Geschwindigkeitsgradient $\boldsymbol{L}$ (vgl. (3.16)) normiert durch $\|\boldsymbol{L}\| = \dot{\gamma}_0$ vorgegeben:

- Zugversuch

$$\boldsymbol{L}^{\mathrm{Zug}} = \dot{\gamma}_0 \begin{bmatrix} \frac{\sqrt{6}}{3} & 0 & 0 \\ 0 & -\frac{\sqrt{6}}{6} & 0 \\ 0 & 0 & -\frac{\sqrt{6}}{6} \end{bmatrix} \boldsymbol{e}_i \otimes \boldsymbol{e}_j, \tag{3.79}$$

- Druckversuch

$$\boldsymbol{L}^{\text{Druck}} = \dot{\gamma}_0 \begin{bmatrix} \frac{\sqrt{6}}{6} & 0 & 0 \\ 0 & \frac{\sqrt{6}}{6} & 0 \\ 0 & 0 & -\frac{\sqrt{6}}{3} \end{bmatrix} \boldsymbol{e}_i \otimes \boldsymbol{e}_j, \qquad (3.80)$$

- Walzversuch

$$\boldsymbol{L}^{\text{Walzen}} = \dot{\gamma}_0 \begin{bmatrix} \frac{\sqrt{2}}{2} & 0 & 0 \\ 0 & 0 & 0 \\ 0 & 0 & -\frac{\sqrt{2}}{2} \end{bmatrix} \boldsymbol{e}_i \otimes \boldsymbol{e}_j. \qquad (3.81)$$

Es wird angenommen, dass die kritische Schubspannung äquivalent für alle zwölf Gleitsysteme durch

$$\tau_\alpha^C = \tau^C = 20\,\text{MPa}, \qquad \forall \alpha = 1, \dots, 12 \qquad (3.82)$$

gegeben ist. Die Referenzscherrate beträgt $\dot{\gamma}_0 = 0,001\ \text{s}^{-1}$. Die Texturen werden für verschiedene Dehnratensensitivitätsparameter m dargestellt. Eine Verfestigung wird außer Betracht gelassen.

Polfiguren. Für die Darstellung der Orientierungen kubischer Einkristalle werden zweidimensionale stereographische Projektionen verwendet. Für kubische Kristalle wird die Elementarzelle in der Mitte einer Einheitssphäre positioniert. Bestimmt wird der Schnittpunkt der Flächennormalen, Raumdiagonalen oder Flächendiagonalen des Würfels mit der nördlichen Hemisphäre. Die Durchstoßpunkte werden dann mit dem Südpol der Sphäre verbunden und auf die Äquatorebene projiziert. Die Menge der Projektionen aller Kristallorientierungen einer Textur resultiert in Polfiguren. Werden als Projektionspunkte die Durchstoßpunkte der Normalen der Seitenflächen der Elementarzelle (Richtungen $\langle 100 \rangle$) verwendet, dann entstehen $\langle 100 \rangle$-Polfiguren. Eine stereographische Projektion der $\langle 111 \rangle$-Richtungen ergibt die $\langle 111 \rangle$-Polfiguren.

Die Polfiguren besitzen den Vorteil, dass sie winkel- und kreistreu sind, d.h. die Winkel zwischen zwei Linien auf der Einheitssphäre bleiben gleich in der Projektion und ein Kreis auf der Sphäre wird als Kreis in der Äquatorebene abgebildet.

Anfangsorientierung. Ausgegangen wird von einem isotropen Material. Betrachtet werden 1000 Anfangskristallorientierungen von kubisch-flächenzentrierten Kristallen (siehe Abb. 3.6(a)). Verwendet wird die folgende karthesische Darstellung der Eulerwinkel (Böhlke, 2001)

$$x_1 = \frac{\sqrt{2}}{4\pi}\varphi_1, \qquad x_2 = \frac{\sqrt{2}}{4\pi}\varphi_2, \qquad x_3 = -\cos\Phi \tag{3.83}$$

mit den Definitionsbereichen

$$x_{1,2} \in \left[0, \sqrt{2}/2\right], \qquad x_3 \in [-1,1]. \tag{3.84}$$

Die kartesischen Koordinaten werden durch Zufallszahlen mit einer uniformen Verteilung eingegeben. Mit der nichtlinearen Transformation $(3.83)_3$ folgt eine näherungsweise uniforme Verteilung auf $SO(3)$. Die Anwendung einer Teilungsstrategie beim Generieren der Anfangsorientierung wie in Böhlke (2001) ist nicht notwendig, da die Anzahl der betrachteten Kristalle groß genug ist. Die Frobenius-Norm des Texturkoeffizienten 4. Stufe der Anfangsorientierung ist gleich $\|\mathbb{V}'_{\langle 4\rangle}\| \approx 0,024$.

Zugtextur. Der Zugversuch ist ein Standardversuch für die experimentelle Bestimmung von Werkstoffparametern. Bei einem einachsigen Zugversuch entstehen bei isotropen Ausgangstexturen Polfiguren, die axialsymmetrisch bzgl. der Zugrichtung sind (siehe Abb. 3.6-3.8). Dabei ist nur eine Projektionsrichtung ausreichend, um die Vorzugsorientierungen der Kristalle zu bestimmen. Infolge der Zugbelastung entsteht eine axialsymmetrische Orientierung der Kristalle bzgl. der Zugrichtung. Aus den hier vorgegebenen Polfiguren ist ersichtlich, dass die Kristalle mit ihrer $\langle 111\rangle$- oder $\langle 100\rangle$-Richtung in Richtung der Zugachse orientiert werden.

Drucktextur. Im Gegensatz zum Zugversuch hat der Druckversuch Vorteile, da die Messfläche größer ist und die Versuche bei größerer Deformation durchgeführt werden können. Nachteilig ist die Reibung zwischen der Probe und dem Werkzeug. Die Reibung verursacht eine inhomogene Spannungsverteilung und überhöhte Kaltverfestigung. Da der Versuch axialsymmetrisch ist, ist auch die entstehende Textur bei anfänglich isotroper Verteilung axialsymmetrisch bzgl. der Druckachse (Abb. 3.7-3.9). Es gibt nur eine Vorzugsorientierung. Die $\langle 101\rangle$-Kristallachse orientiert sich in Richtung der Druckachse. Die Vorzugsorientierungen der Kristalle beim Zug- und Druckversuch wurden bereits von Taylor (1938) dokumentiert.

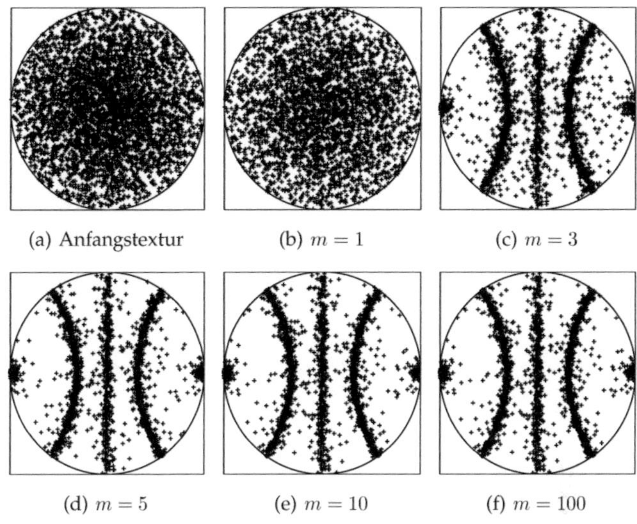

(a) Anfangstextur   (b) $m = 1$ (c) $m = 3$

(d) $m = 5$ (e) $m = 10$ (f) $m = 100$

Abbildung 3.6: $\langle 100 \rangle$-Polfiguren einer Zugtextur für verschiedene Werte von m

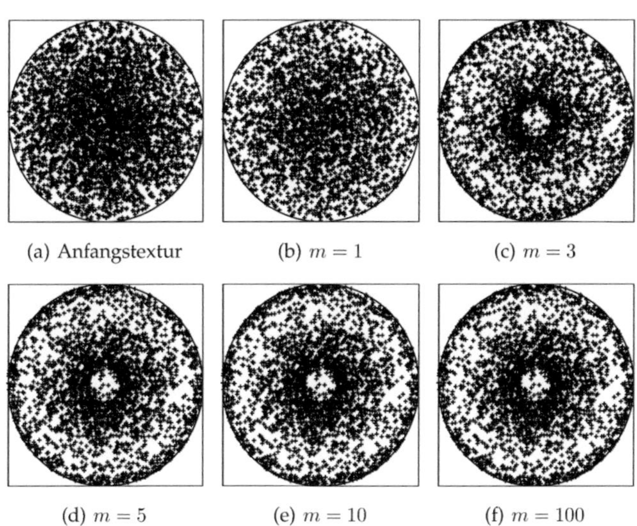

(a) Anfangstextur   (b) $m = 1$ (c) $m = 3$

(d) $m = 5$ (e) $m = 10$ (f) $m = 100$

Abbildung 3.7: $\langle 100 \rangle$-Polfiguren einer Drucktextur für verschiedene Werte von m

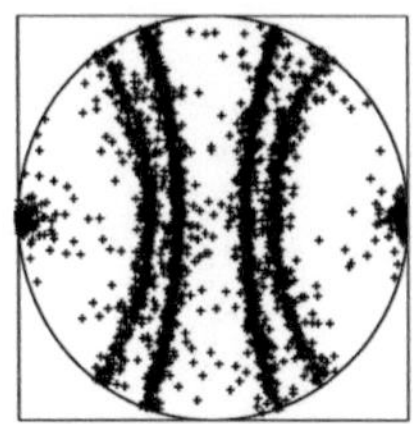

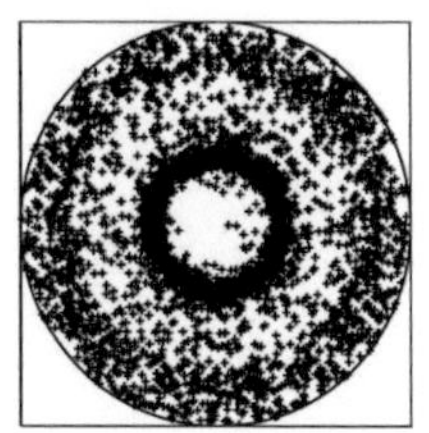

Abbildung 3.8: $\langle 111 \rangle$-Polfigur der Zugtextur in Abb. 3.6(f) mit $m = 100$

Abbildung 3.9: $\langle 111 \rangle$-Polfigur der Drucktextur in Abb. 3.7(f) für $m = 100$

Walztextur. Bei einer ebenen Kompression wird für die Projektionsebene die Walzebene verwendet (Abb. 3.10-3.11). Die Textur für kubisch-flächenzentrierte Kristalle kann durch die sog. Texturkomponenten mit der Bezeichnung $\{hkl\} \langle uvw \rangle$ beschrieben werden (Tabelle 3.2). Durch $\{hkl\}$ werden die Normalen der kristallographisch äquivalenten Ebenen der Kristalle parallel zu der Walzebene und durch $\langle uvw \rangle$ die kristallographisch äquivalenten Richtungen parallel zur Walzrichtung bezeichnet. Die idealen Vorzugsorientierungen infolge eines Walzversuchs, die am stärksten ausgeprägt sind, sind die $\{112\} \langle 11\bar{1} \rangle$ und die $\{110\} \langle \bar{1}12 \rangle$-Orientierung. Die erste ist typisch für einfache Metalle und wird als Kupfer-Orientierung bezeichnet. Die zweite ist typisch für Legierungen und wird Messing-Orientierung genannt. Das verwendete Taylor-Modell kann quantitativ gut die Orientierung für reine Metalle durch $\{4\,4\,11\} \langle 11\,11\,\bar{8} \rangle$ vorherbestimmen, die ähnlich zur Kupfer-Orientierung ist. Die Vorzugsorientierung für Legierungen kann jedoch nicht vorausgesagt werden.

Name	Indizes	Bunge $\{\varphi_1, \Phi, \varphi_2\}$, [°]
Kupfer	$\{112\} \langle 11\bar{1} \rangle$	90, 35, 45
S	$\{123\} \langle 63\bar{4} \rangle$	59, 37, 63
Messing	$\{110\} \langle \bar{1}12 \rangle$	35, 45, 0
Taylor	$\{4\,4\,11\} \langle 11\,11\,\bar{8} \rangle$	90, 27, 45
Goss	$\{1\,1\,0\} \langle 0\,0\,1 \rangle$	0, 45, 0

Tabelle 3.2: Komponenten einer Walztextur: Indizes und Eulerwinkel (Auszug aus Rollett und Wright (1998))

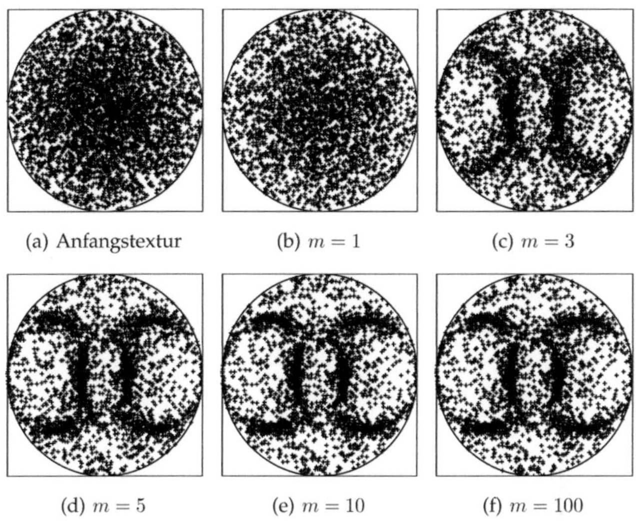

(a) Anfangstextur   (b) $m = 1$ (c) $m = 3$

(d) $m = 5$ (e) $m = 10$ (f) $m = 100$

Abbildung 3.10: $\langle 100 \rangle$-Polfiguren einer Walztextur für verschiedene Werte von m

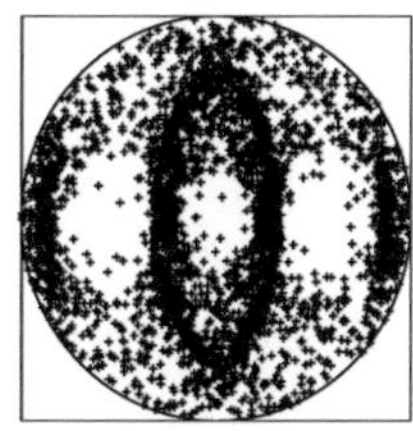

Abbildung 3.11: $\langle 111 \rangle$-Polfigur der Walztextur in Abb. 3.10(f) mit $m = 100$

Kapitel 4

Stoffgleichungen der Makroebene

4.1 Homogenisierungsmethoden

Obwohl die meisten Werkstoffe makroskopisch betrachtet homogen erscheinen, kann durch eine nähere mikroskopische Betrachtung nachgewiesen werden, dass diese inhomogen sind. Als homogen wird ein Material bezeichnet, dessen Materialeigenschaften ortsunabhängig sind. Die mikroskopischen Inhomogenitäten beeinflussen das makroskopische Materialverhalten, wobei der Übergang von einer heterogenen Mikrostruktur zu einer homogenen Makrostruktur durch geeignete Mittelungsverfahren durchgeführt werden kann. Die Bestimmung der effektiven (makroskopischen) Eigenschaften wird als Homogenisierung bezeichnet. Man unterscheidet zwischen den Abschätzungsverfahren, die nur eine Abschätzung der makroskopischen Eigenschaften anbieten, wobei deren Qualität nur schwer bewertbar ist sowie zwischen den Schrankenmethoden. Die Schrankenmethoden geben, basierend auf Variationsprinzipien, einen exakten Bereich an (obere und untere Schranke), in dem die effektive Energie oder Dissipation eines heterogenen Materials liegen kann. Da die elementaren Schranken im Rahmen dieser Arbeit im Fokus stehen, werden im Folgenden Schrankenmethoden für elastische und viskoplastische Materialien erläutert.

4.1.1 Elastisches Materialverhalten

Elementare Schranken. Für inhomogene Materialien ohne Risse und Poren können die effektiven Verzerrungen $\bar{\varepsilon}$ und Spannungen $\bar{\sigma}$ durch die Volumenmittelwerte der inhomogenen lokalen Mikroverzerrungen $\varepsilon(x)$ und Mikrospannungen $\sigma(x)$ bestimmt werden

$$\bar{\sigma} = \frac{1}{V} \int_V \sigma(x)\, \mathrm{d}V, \qquad \bar{\varepsilon} = \frac{1}{V} \int_V \varepsilon(x)\, \mathrm{d}V. \tag{4.1}$$

Ein uniformer Körper liegt z.B. vor, wenn dieser aus dem gleichen homogenen Material mit ortsabhängigen Orientierungen der Materialachsen besteht. Im Weiteren wird angenommen, dass die elastischen Eigenschaften der einzelnen Kristalle homogen sind und nur von der Kristallorientierung abhängen. Damit können der Steifigkeits- und der Nachgiebigkeitstensor jedes Einkristalls mit Hilfe des Steifigkeits- und des Nachgiebigkeitstensors ($\mathbb{C}_0$ und $\mathbb{S}_0$) eines Referenzkristalls und einer Kristallorientierung $\boldsymbol{Q}$ angegeben werden

$$\mathbb{C}(\boldsymbol{Q}) = \boldsymbol{Q} \star \mathbb{C}_0, \qquad \mathbb{S}(\boldsymbol{Q}) = \boldsymbol{Q} \star \mathbb{S}_0. \tag{4.2}$$

Die Schranken von Reuss (1929) und Voigt (1910) stellen die einfachste Berechnungsmöglichkeit der effektiven Materialeigenschaften dar. Diese wurden ursprünglich im Falle eines makroskopisch linear-elastischen Werkstoffverhaltens für den Steifigkeits- und Nachgiebigkeitstensor aufgestellt.

Der Steifigkeitstensor $\mathbb{C}^V$ nach Voigt ist der arithmetische Volumenmittelwert $\langle\mathbb{C}(\boldsymbol{Q})\rangle$ der lokalen Steifigkeitstensoren $\mathbb{C}(\boldsymbol{Q})$ der einzelnen Kristallite

$$\mathbb{C}^V = \langle\mathbb{C}(\boldsymbol{Q})\rangle = \int\limits_{SO(3)} f(\boldsymbol{Q})\mathbb{C}(\boldsymbol{Q})\,\mathrm{d}Q. \tag{4.3}$$

Der Voigt-Mittelwert $\mathbb{C}^V$ ist für inhomogene Materialien verschieden vom effektiven Steifigkeitstensor $\bar{\mathbb{C}}$. Voigt bestimmt durch den arithmetischen Mittelwert $\mathbb{C}^V$ und unter der Annahme eines homogenen Verzerrungsfelds $\varepsilon = \bar{\varepsilon}$ eine exakte obere Schranke für die elastische Formänderungsenergiedichte des Polykristalls (Hill (1952), Nemat-Nasser und Hori (1993))

$$\bar{W}(\bar{\varepsilon}) = \frac{1}{2}\bar{\varepsilon} \cdot \bar{\mathbb{C}}\,[\bar{\varepsilon}] \leq \frac{1}{2}\bar{\varepsilon} \cdot \mathbb{C}^V\,[\bar{\varepsilon}], \qquad \forall\bar{\varepsilon}. \tag{4.4}$$

Der harmonische Volumenmittelwert der lokalen Steifigkeitstensoren mit $\mathbb{C}^{-1}(\boldsymbol{Q}) = \mathbb{S}(\boldsymbol{Q})$ liefert den makroskopischen Nachgiebigkeitstensor nach Reuss

$$\mathbb{S}^R = \langle\mathbb{S}(\boldsymbol{Q})\rangle = \int\limits_{SO(3)} f(\boldsymbol{Q})\mathbb{S}(\boldsymbol{Q})\,\mathrm{d}Q. \tag{4.5}$$

Im Allgemeinen gilt $\mathbb{S}^R \neq \mathbb{C}^{V^{-1}}$. Die Sachs-Annahme eines homogenen Spannungsfelds $\sigma = \bar{\sigma}$ im gesamten Aggregat impliziert eine obere Schranke für die elastische, volumenspezifische Komplementärenergie (Hill (1952), Nemat-Nasser und Hori (1993))

$$\bar{W}^*(\bar{\sigma}) = \frac{1}{2}\bar{\sigma} \cdot \bar{\mathbb{S}}\,[\bar{\sigma}] \leq \frac{1}{2}\bar{\sigma} \cdot \bar{\mathbb{S}}^R\,[\bar{\sigma}], \qquad \forall\bar{\sigma}. \tag{4.6}$$

Für einphasige kubische Polykristalle können die einfachen Schranken in einem isotropen und einem anisotropen Anteil mit dem Texturkoeffizienten 4. Stufe $\mathbb{V}'_{\langle 4 \rangle}$ aus (2.43) zerlegt werden (Böhlke und Bertram, 2001a; Böhlke et al., 2010)

$$\mathbb{C}^V = \mathbb{C}^{VI} + \zeta^V \mathbb{V}'_{\langle 4 \rangle}, \qquad \mathbb{S}^R = \mathbb{S}^{RI} + \zeta^R \mathbb{V}'_{\langle 4 \rangle}. \tag{4.7}$$

Die isotropen Anteile

$$\mathbb{C}^{VI} = 3K^V \mathbb{P}_1^I + 2G^V \mathbb{P}_2^I, \qquad \mathbb{S}^{RI} = \frac{1}{3K^R}\mathbb{P}_1^I + \frac{1}{2G^R}\mathbb{P}_2^I \tag{4.8}$$

können in Abhängigkeit von den isotropen Projektoren (vgl. Gleichungen (3.36)) dargestellt werden. K und G bezeichnen den Kompressions- und den Schubmodul. Werden die Eigenwerte des kubischen Steifigkeitstensors $\mathbb{C}^V$ durch λ_α, $\alpha = 1, 2, 3$ bezeichnet, dann gilt für $\mathbb{C}^V$ die folgende Projektordarstellung nach (3.39)

$$\mathbb{C}^V = \lambda_1 \mathbb{P}_1^C + \lambda_2 \mathbb{P}_2^C + \lambda_3 \mathbb{P}_3^C. \tag{4.9}$$

Die Kompressionsmoduln resultieren aus der Projektion des Steifigkeitstensors bzw. des Nachgiebigkeitstensors auf den ersten Projektor

$$3K^V = \mathbb{C}^{VI} \cdot \frac{\mathbb{P}_1^I}{\left\| \mathbb{P}_1^I \right\|^2} = \mathbb{C}^V \cdot \frac{\mathbb{P}_1^C}{\left\| \mathbb{P}_1^C \right\|^2} = \lambda_1, \tag{4.10}$$

$$\frac{1}{3K^R} = \mathbb{S}^{RI} \cdot \frac{\mathbb{P}_1^I}{\left\| \mathbb{P}_1^I \right\|^2} = \mathbb{S}^R \cdot \frac{\mathbb{P}_1^C}{\left\| \mathbb{P}_1^C \right\|^2} = \frac{1}{\lambda_1}. \tag{4.11}$$

Die Schubmoduln G^V und G^R können ebenso durch die Projektoren berechnet und durch die Eigenwerte λ_α dargestellt werden

$$2G^V = \mathbb{C}^{VI} \cdot \frac{\mathbb{P}_2^I}{\left\| \mathbb{P}_2^I \right\|^2} = \frac{2}{5}\lambda_2 + \frac{3}{5}\lambda_3, \qquad \frac{1}{2G^R} = \mathbb{S}^{RI} \cdot \frac{\mathbb{P}_2^I}{\left\| \mathbb{P}_2^I \right\|^2} = \frac{2}{5}\frac{1}{\lambda_2} + \frac{3}{5}\frac{1}{\lambda_3}. \tag{4.12}$$

Das gleiche gilt für die Koeffizienten ζ^V und ζ^R in (4.7)

$$\zeta^V = \sqrt{\frac{6}{5}}\left(\lambda_2 - \lambda_3\right), \qquad \zeta^R = \sqrt{\frac{6}{5}}\left(\lambda_2^{-1} - \lambda_3^{-1}\right). \tag{4.13}$$

Die Voigt- und die Reuss-Schranke haben trotz ihrer Defizite bei starkem Phasenkontrast infolge der Annahmen des homogenen Spannungs- oder Verzerrungsfelds eine breite Anwendung gefunden. Die Vorteile liegen in der einfachen Berechnung und in den qualitativen Aussagen zu den elastischen Eigenschaften.

Schranken 2. Ordnung. Die Schranken 1. Ordnung lassen sich durch das Variationsprinzip von Hashin und Shtrikman (1962a) für heterogene, anisotrope Werkstoffe verbessern (Willis (1977)). Diese Verbesserung erfolgt durch Berücksichtigung der Zwei-Punkt-Korrelationsfunktion. Im Variationsprinzip wird der Steifigkeitstensor mit dem Steifigkeitstensor eines homogenen, isotropen Bezugsmaterials verglichen. Die Art der Schranke (obere oder untere) bei einem linearen Materialverhalten hängt von der Auswahl des Vergleichsmediums ab bzw. davon, ob das mikroskopische Differenzpotential konkav oder konvex ist.

Gemäß (4.10)-(4.11) stimmen die elementaren Schranken für den Kompressionsmodul für Aggregate kubischer Einkristalle überein ($K = K^R = K^V$). Die Bestimmung von engeren Schranken für den Schubmodul nach dem Hashin-Shtrikman-Variationsprinzip liefert (Hashin und Shtrikman (1962b); Böhlke et al. (2010))

$$2G^{HS+} = \bar{\lambda}_2^{HS+} = \lambda_3 + 2\left(\frac{5}{\lambda_2 - \lambda_3} + 6\frac{\lambda_1 + 3\lambda_3}{5\lambda_3\left(\lambda_1 + 2\lambda_3\right)}\right)^{-1}, \tag{4.14}$$

$$2G^{HS-} = \bar{\lambda}_2^{HS-} = \lambda_2 + 3\left(\frac{5}{\lambda_3 - \lambda_2} + 4\frac{\lambda_1 + 3\lambda_2}{5\lambda_2\left(\lambda_1 + 2\lambda_2\right)}\right)^{-1}. \tag{4.15}$$

Mit Hilfe der Schranken für den Schubmodul kann der effektive Elastizitätsmodul für isotrope Materialien mit K und $G = G^{HS\pm}$

$$E = \frac{9KG}{3K + G} \tag{4.16}$$

abgeschätzt werden.

4.1.2 Elasto-viskoplastisches Materialverhalten

Für das elasto-viskoplastische Materialverhalten existieren in der Literatur keine Schrankenmethoden, da die Schranken nur für rein elastisches oder rein viskoplastisches Material definiert werden können.

4.1.3 Starr-viskoplastisches Materialverhalten

Elementare Schranken. Obwohl die elementaren Schranken von Voigt und Reuss für ein elastisches Werkstoffverhalten entwickelt wurden, sind sie auch auf starr-viskoplastische Polykristalle anwendbar. Elementare Schranken für Polykristalle können z.B. mit Hilfe des Hutchinson'schen Spannungs- und Dehnratenpotenials für Einkristalle berechnet werden. Siehe (3.70) und (3.75).

Betrachtet wird zunächst ein divergenzfreies und symmetrisches Testspannungsfeld $\check{\tau}$ mit homogenen Neumann-Randbedingungen (Böhlke und Bertram, 2003)

$$\mathcal{B}_\tau = \left\{ \check{\tau} : \check{\tau}(\boldsymbol{x})\boldsymbol{n} = \bar{\tau}\boldsymbol{n} \; \forall \boldsymbol{x} \in \partial v; \quad \operatorname{div}(\check{\tau}/J) = \boldsymbol{0}; \quad \check{\tau} = \check{\tau}^{\mathsf{T}} \right\}. \tag{4.17}$$

Der Divergenzoperator eines Tensorfelds $\boldsymbol{A}(\boldsymbol{x})$ ist durch

$$\operatorname{div}(\boldsymbol{A}(\boldsymbol{x})) = \frac{\partial A_{ij}(\boldsymbol{x})}{\partial x_j}\boldsymbol{e}_i \tag{4.18}$$

definiert. Das Funktional, das aus dem Volumenmittelwert des starr-viskoplastischen Spannungspotentials für dieses Testfeld resultiert, ist

$$\mathcal{F}_\tau(\check{\tau}', \bar{\tau}') = \langle \Psi^\tau(\boldsymbol{Q}^{\mathsf{T}}\check{\tau}'\boldsymbol{Q}, \tau^C) \rangle. \tag{4.19}$$

Aus allen möglichen Testfeldern $\check{\tau}'$ minimieren diejenigen τ' das obige Funktional, die mit einem kompatiblen Dehnratenfeld verbunden sind $(\delta\mathcal{F}_\tau(\tau', \bar{\tau}') = 0, \delta^2\mathcal{F}_\tau(\tau', \bar{\tau}') \geq 0)$

$$\mathcal{F}_\tau(\tau', \bar{\tau}') \leq \mathcal{F}_\tau(\check{\tau}', \bar{\tau}'). \tag{4.20}$$

Der Volumenmittelwert des Spannungspotentials für das reelle Spannungsfeld τ' ergibt die größte untere Schranke für das Testfunktional

$$\bar{\Psi}^\tau(\bar{\tau}') = \inf_{\check{\tau}' \in \mathcal{B}_\tau} \langle \Psi^\tau(\boldsymbol{Q}^{\mathsf{T}}\check{\tau}'\boldsymbol{Q}, \tau^C) \rangle \tag{4.21}$$

und stellt das effektive Potential für die makroskopischen Verzerrungsraten dar

$$\bar{\boldsymbol{D}}' = \frac{\partial \bar{\Psi}^\tau(\bar{\tau}')}{\partial \bar{\tau}'}. \tag{4.22}$$

Analog dazu kann eine Menge von Testdehnratenfeldern $\check{\boldsymbol{D}}$ definiert werden, für die gilt (Böhlke, 2004)

$$\mathcal{B}_D = \left\{ \check{\boldsymbol{D}} : \check{\boldsymbol{v}}(\boldsymbol{x}) = \bar{\boldsymbol{D}}\boldsymbol{x} \; \forall \boldsymbol{x} \in \partial v; \quad \check{\boldsymbol{D}} = \operatorname{sym}(\operatorname{grad}(\check{\boldsymbol{v}}(\boldsymbol{x}))) \right\}. \tag{4.23}$$

Für den Gradienten eines Vektorfelds $\boldsymbol{a}(\boldsymbol{x})$ gilt

$$\operatorname{grad}(\boldsymbol{a}(\boldsymbol{x})) = \frac{\partial a_i(\boldsymbol{x})}{\partial x_j}\boldsymbol{e}_i \otimes \boldsymbol{e}_j. \tag{4.24}$$

Mit diesen Testfeldern lautet das gemittelte Funktional des Dehnratenpotentials

$$\mathcal{F}_D(\check{\boldsymbol{D}}', \bar{\boldsymbol{D}}') = \langle \Psi^D(\boldsymbol{Q}^\mathsf{T}\check{\boldsymbol{D}}'\boldsymbol{Q}, \tau^C)\rangle. \tag{4.25}$$

Aus allen möglichen Testfeldern $\check{\boldsymbol{D}}$ minimieren nur diejenigen $\boldsymbol{D}$ das Funktional $\mathcal{F}_D$, die auch ein symmetrisches und divergenzfreies Spannungsfeld zur Folge haben ($\delta\mathcal{F}_D(\boldsymbol{D}', \bar{\boldsymbol{D}}') = 0$, $\delta^2\mathcal{F}_D(\boldsymbol{D}', \bar{\boldsymbol{D}}') \geq 0$)

$$\mathcal{F}_D(\boldsymbol{D}', \bar{\boldsymbol{D}}') \leq \mathcal{F}_D(\check{\boldsymbol{D}}', \bar{\boldsymbol{D}}'). \tag{4.26}$$

Der Orientierungsmittelwert von Ψ^D, berechnet mit dem reellen Dehnratenfeld $\boldsymbol{D}'$, stellt die größte untere Schranke aller Orientierungsmittelwerte von Ψ^D mit den zulässigen Testfeldern dar

$$\bar{\Psi}^D(\bar{\boldsymbol{D}}') = \inf_{\check{\boldsymbol{D}}' \in \mathcal{B}_D} \langle \Psi^D(\boldsymbol{Q}^\mathsf{T}\check{\boldsymbol{D}}'\boldsymbol{Q}, \tau^C)\rangle. \tag{4.27}$$

Durch das effektive Potential $\bar{\Psi}^D(\bar{\boldsymbol{D}}')$ lässt sich das makroskopische, deviatorische Spannungsfeld bestimmen

$$\bar{\boldsymbol{\tau}}' = \frac{\partial\bar{\Psi}^D(\bar{\boldsymbol{D}}')}{\partial\bar{\boldsymbol{D}}'}. \tag{4.28}$$

Da die Herleitung des makroskopischen Spannungs- und Dehnratenpotentials auf verschiedenen Annahmen beruht, sind diese Potentiale im Allgemeinen nicht dual. Für die Relationen zwischen den beiden gilt die Ungleichung (Willis, 1989; Ponte Castañeda, 1992)

$$\bar{\Psi}^D(\bar{\boldsymbol{D}}') \geq \sup_{\bar{\boldsymbol{\tau}}'} \left(\bar{\boldsymbol{\tau}}' \cdot \bar{\boldsymbol{D}}' - \bar{\Psi}^\tau(\bar{\boldsymbol{\tau}}') \right). \tag{4.29}$$

Wird das makroskopische Dehnratenpotential für starr-viskoplastische Polykristalle nach der Taylor'schen Annahme $\boldsymbol{D}' = \bar{\boldsymbol{D}}'$ bestimmt, dann ergibt der arithmetische Mittelwert nach (4.27) eine obere Schranke für das makroskopische Dehnratenpotential (Böhlke, 2004)

$$\bar{\Psi}^D(\bar{\boldsymbol{D}}') \leq \bar{\Psi}^V(\bar{\boldsymbol{D}}') = \int_{SO(3)} f(\boldsymbol{Q})\Psi^D(\boldsymbol{Q}^\mathsf{T}\bar{\boldsymbol{D}}'\boldsymbol{Q}, \tau^C)\,\mathrm{d}Q. \tag{4.30}$$

Die Voigt-Schranke prognostiziert den folgenden makroskopischen Spannungsdeviator

$$\bar{\boldsymbol{\tau}}'^V = \frac{\partial\bar{\Psi}^V(\bar{\boldsymbol{D}}')}{\partial\bar{\boldsymbol{D}}'}. \tag{4.31}$$

Nach (4.21) entspricht das makroskopische Spannungspotential laut der Sachs-Annahme ($\bar{\tau}' = \tau'$) der oberen Schranke (Reuss-Schranke) des effektiven Spannungspotentials (Böhlke und Bertram, 2003)

$$\bar{\Psi}^\tau(\bar{\tau}') \leq \bar{\Psi}^R(\bar{\tau}') = \int_{SO(3)} f(\boldsymbol{Q})\Psi^\tau(\boldsymbol{Q}^\mathsf{T}\bar{\tau}'\boldsymbol{Q}, \tau^C)\,\mathrm{d}Q \qquad (4.32)$$

und liefert den folgenden makroskopischen Verzerrungsratentensor

$$\bar{\boldsymbol{D}}'^R = \frac{\partial\bar{\Psi}^R(\bar{\tau}')}{\partial\bar{\tau}'}. \qquad (4.33)$$

Die unteren Schranken der effektiven Spannungs- und Dehnratenpotentiale lassen sich anhand der Legendre-Fenchel Transformationen bestimmen

$$\bar{\Psi}^\tau(\bar{\tau}') \geq \bar{\Psi}^{V*}(\bar{\tau}') \;=\; \sup_{\bar{\boldsymbol{D}}'}(\bar{\tau}' \cdot \bar{\boldsymbol{D}}' - \bar{\Psi}^V(\bar{\boldsymbol{D}}')), \qquad (4.34)$$

$$\bar{\Psi}^D(\bar{\boldsymbol{D}}') \geq \bar{\Psi}^{R*}(\bar{\boldsymbol{D}}') \;=\; \sup_{\bar{\tau}'}(\bar{\tau}' \cdot \bar{\boldsymbol{D}}' - \bar{\Psi}^R(\bar{\tau}')). \qquad (4.35)$$

Schranken 2. Ordnung. Eine Generalisierung des Hashin-Shtrikman-Variationsprinzips wurde von Willis (1983) und Talbot und Willis (1985) für nichtlineare Materialien entwickelt. Diese ermöglicht die Verbesserung der elementaren Schranken durch die Berücksichtigung der Zwei-Punkt-Korrelationsfunktion. Dabei wird als Vergleichsmedium ein lineares isotropes Medium verwendet. In Ponte Castañeda (1992) und Talbot und Willis (1992) wird dagegen als Vergleichsmedium ein lineares Vergleichs-Komposit eingeführt. Die Art der Schranke bei einem nichtlinearen Materialverhalten, beispielsweise beschrieben durch ein Potenzgesetz, hängt davon ab, ob der Zuwachs des Differenzpotentials schwächer oder stärker als affin ist. Im Allgemeinen kann mit einem linearen Vergleichsmedium nur die obere oder nur die untere Schranke bestimmt werden, da das lineare Vergleichsmaterial entweder steifer oder weicher als das betrachtete Material sein kann. Verbesserte Schranken wurden von Talbot und Willis (1994) basierend auf einem nichtlinearen Vergleichsmaterial vorgeschlagen.

Eine Anwendung von Talbot und Willis (1985) wurde für die Bestimmung der Schranken des effektiven Spannungspotentials beim Kriechen starr-viskoplastischer, kubischer Polykristalle mit grauer Textur von Dendievel et al. (1991) durchgeführt. Eine Erweiterung des Variationsprinzips von Ponte Castañeda (1992) für ein lokales, anisotropes Materialverhalten wurde auch für

makroskopisch isotrope kubisch-flächenzentrierte, starr-viskoplastische Polykristalle in DeBotton und Ponte Castañeda (1995) verwendet. Die berechneten
Schranken sind zumindest für relativ große Dehnratensensitivitätsparameter
restriktiver als die Schranken von Dendievel et al. (1991). Für eine ausführliche
Übersicht der Schranken 2. Ordnung siehe Ponte Castañeda und Suquet (1998).

4.2 Finite-Elemente-basierte polykristalline Modelle

Eine Alternative zur Abschätzung der viskoplastischen Eigenschaften bieten
Polykristallmodelle an, die auf der Kristallplastizität und der Finite-Elemente-
Methode basieren. Es gibt zwei mögliche Vorgehensweisen für FE-basierte
kristallplastische Simulationen. In der ersten Variante werden die einzelnen
Kristalle durch Finite-Elemente diskretisiert und die Gleichgewichtsbedingungen auf der Gefügeebene ausgewertet, wobei in der Regel oft nur ein Volumen-
bereich der Mikroebene betrachtet wird. Dieses Volumen muss repräsentativ
für den makroskopischen Körper sein (repräsentatives Volumenelement), so
dass die Ergebnisse der Homogenisierungstechniken, unabhängig von der Be-
lastungsart, den effektiven Materialeigenschaften entsprechen. Dadurch besteht
die Möglichkeit, die lokale Deformation und den Einfluss der Korngeometrie zu
untersuchen.

Die zweite Möglichkeit besteht darin, das makroskopische Bauteil mit finiten
Elementen zu diskretisieren, wobei das Polykristallmodell in den Integrationspunkten zur Spannungsberechnung verwendet wird. Das mikroskopische Materialverhalten in den Integrationspunkten kann durch ein diskretisiertes, repräsentatives Volumenelement bestimmt werden. Wegen des großen numerischen
Aufwands FE-basierter zweiskaliger Modelle werden vereinfachte Annahmen
für die Mikro-Makro-Übergänge eingeführt. Für die Homogenisierung des
mikroskopischen Materialverhaltens werden oft anstatt eines repräsentativen
Volumenelements Schrankenmethoden oder Abschätzungsverfahren verwendet. Die einfachsten Modelle basieren auf der Taylor- oder der Sachs-Annahme.

Taylor-Modell. Aufgrund von mikroskopischen Untersuchungen hat Taylor
(1938) angenommen, dass sich alle Körner im Aggregat unter der Wirkung einer
Zugbelastung näherungsweise gleich verformen. Die Annahme eines homogenen Dehnratenfelds von Taylor $\bar{D}' = D'$ erfüllt die geometrische Kompatibilität
an den Korngrenzen, die statischen Gleichgewichtsbedingungen werden jedoch

verletzt. Vorteilhaft ist die Tatsache, dass das Modell gleichzeitiges Aktivieren von mehreren Gleitsystemen erlaubt und deswegen erfolgreich für kubisch-flächenzentrierte Kristalle anwendbar ist. Da das Taylor-Modell die Texturentwicklung kubisch-flächenzentrierter Materialien qualitativ gut beschreibt, hat dieses einen breiten Einsatz in Anwendungen gefunden.

Eine Verbesserung des klassischen Taylor-Modells stellt das relaxierte Taylor-Modell dar, wobei einzelne Scherkomponenten des Geschwindigkeitsgradienten relaxiert werden (Van Houtte, 1982, 1987). Die zugehörigen Spannungskomponenten werden zu null gesetzt. Die relaxierten Scherkomponenten liegen in der Walzebene und sind parallel zu der Walz- und Querrichtung. Alle anderen Komponenten des Geschwindigkeitsgradienten bleiben homogen und gleichen denjenigen des Polykristalls. Bei der Berechnung der relaxierten Komponenten werden die Wechselwirkungen zwischen den Kristallen vernachlässigt (Ein-Punkt-Modell).

Das LAMEL-Modell ist ein Zwei-Punkt-Modell, das gleichzeitig zwei flach gewalzte Kristalle betrachtet (Van Houtte et al., 1999). Die Wechselwirkung der beiden Kristalle wird nur in ihrer Berührungsebene berücksichtigt, die parallel zu der Walzrichtung orientiert ist. Bei dem allgemeineren ALAMEL-Modell (Van Houtte et al., 2005) dagegen entfällt die letzte Beschränkung, so dass dieses Modell für verschiedene Deformationsmoden und nicht nur für die ebene Kompression geeignet ist. Ein Vergleich des klassischen, des relaxierten und des LAMEL-Modells mit einer FE-Analyse sowie mit experimentellen Daten wurde von Van Houtte et al. (2002) durchgeführt. Hierbei wurde festgestellt, dass das LAMEL-Modell bessere Ergebnisse als das relaxierte und das klassische Taylor-Modell für die Texturkomponenten und den Deformationsgradienten liefert.

Sachs-Modell. Im Gegensatz zum Taylor-Modell wird von Sachs (1928) angenommen, dass eine konstante wirksame Schubspannung in den einzelnen Kristallen herrscht. Unter einer Zugbelastung wird in jedem Kristall je ein Gleitsystem aktiviert. Die Annahme des homogenen Spannungsfelds erfüllt trivial das statische Gleichgewicht aber das Verschiebungs- bzw. Geschwindigkeitsfeld ist an den Rändern nicht kompatibel.

Selbstkonsistente Modelle. Eine Alternative zu Taylor und Sachs bzgl. des Erfüllens der Gleichgewichts- und der Kompatibilitätsbedingungen stellen die selbstkonsistenten Modelle (Einbettungsverfahren) dar (Molinari et al. (1987); Lebensohn und Canova (1997)). Die einzelnen Körner werden als Inhomogenitäten einer unendlich ausgedehnten homogenen Matrix betrachtet. Das Materialverhalten der Matrix resultiert aus den Beiträgen des gewichteten Einflusses jeder einzelnen Inhomogenität. Diese Modelle erlauben sowohl ein inhomogenes Spannungsfeld als auch ein inhomogenes Verzerrungsfeld, die miteinander durch den Eschelby'schen Ansatz (1957) für kugelförmige oder ellipsoidale Einschlüsse verbunden sind. Die ersten selbst-konsistenten Modelle wurden von Kröner (1961) für elastische Matrix mit elasto-plastischen Einschlüssen, von Hill (1965) für elasto-plastische Werkstoffe und von Hutchinson (1976) für starr-viskoplastische Materialien definiert.

FE-Modelle. Zum ersten Mal wurde die Kristallplastizität mittels der FEM von Peirce et al. (1982) für den ratenunabhängigen Fall von Einkristallen im Zugversuch implementiert. Das Modell wurde für den ratenabhängigen Fall für die Texturentwicklung und das Verfestigungsverhalten von einphasigen kubisch-flächenzentrierten Polykristallen von Asaro und Needleman (1985) erweitert. Verwendet wird die Taylor-Annahme für das polykristalline Modell. Ein Vergleich der FE-Berechnung mit experimentellen Daten für die Texturentwicklung von Kupfer für typische Belastungsfälle ist in Bronkhorst et al. (1992) dokumentiert. Kalidindi et al. (1992) entwickelte eine implizite Zeitintegration aufgrund von Peirce et al. (1982) und wandte diese für die Texturentwicklung von Kupfer mit homogenen und inhomogenen Randbedingungen an. Auf Kalidindi's Modell beruhen auch die Berechnungen von kubisch-flächenzentrierten Kristallen von Anand (2004), wobei einem finiten Element ein Kristall entspricht. Die FE-Simulationen mit repräsentativen Volumenelementen werden oft als virtuelles Materiallabor für die Bestimmung von Materialparametern verwendet (Kraska et al., 2009).

Der Berechnung der Texturentwicklung in kubisch-flächenzentrierten Polykristallen widmet sich auch die Arbeit von Miehe et al. (1999), in der die Berechnung auf Zweiskalen-FE-Modellen basiert. Jeder Integrationspunkt der makroskopischen Finite-Elemente ist mit einer Finite-Elemente-Berechnung eines repräsentativen Volumenelements des mikroskopischen Modells gekoppelt. In Miehe und Schotte (2004) wird eine kristallplastische Schalenformulierung für die Zipfelvorhersage von Ein- und Polykristallen angewendet. Ein robuster und schneller Algorithmus für die Vorhersage der Kristallorientierung und der Texturentwicklung wird in Miehe und Rosato (2007) für kubisch-flächenzentrierte und für kubisch-raumzentrierte starr-viskoplastische Kristalle in Miehe et al. (2010) vorgeschlagen. Ein weiteres Zweiskalen-FE-Modell ist von Kumar und Dawson (1996a,b) entwickelt worden, bei dem das mikroskopische FE-Modell für die Diskretisierung der partiellen Differentialgleichungen der OVF auf den Rodrigues-Raum verwendet wird. Die Mikro-Makro-Kopplung basiert auf der Taylor-Annahme. In Kumar und Dawson (2009) wird die Texturentwicklung im Rodrigues-Raum für die ebene Kompression sowie die reine, einfache Schubbelastung vorhergesagt.

Da die Finite-Elemente-basierte Homogenisierung eine sehr große Anzahl von Kristallorientierungen erfordert, wird häufig die diskrete Orientierungsverteilungsfunktion für die Simulation des Umformprozesses durch wenige Texturkomponenten mit speziellen Verteilungseigenschaften (z.B. v. Mises-Fisher etc.) ersetzt. Diese Thematik wird z.B. von der Gruppe von D. Raabe untersucht (Zhao et al., 2001; Raabe et al., 2002; Roters et al., 2005; Tikhovskiy et al., 2007). Ein Vergleich des klassischen Taylor-Modells basierend auf Dirac-Delta-Verteilungen und einem Komponenten-Modell mit einer v. Mises-Fisher-Verteilung wurde von Böhlke et al. (2005, 2006) durchgeführt. Um den numerischen Aufwand zu reduzieren, kann anstatt von Texturkomponenten auch eine reduzierte Anzahl von Kristallorientierungen verwendet werden (Rousselier und Leclercq, 2006). Rousselier et al. (2009) verwenden nur acht Körner für die Tiefziehsimulation stark texturierten Aluminiums.

Ein ausführlicher Überblick der Mikro-Makro-Übergänge und der Finite-Elemente-basierten Homogenisierung geben die Artikel von Habraken (2004) und Roters et al. (2010) an.

4.3 Anisotrope phänomenologische Modelle

Trotz des Einflusses der Mikrostruktur auf die plastische Anisotropie, sind die meisten kontinuumsmechanischen Modelle rein phänomenologischer Natur und basieren lediglich auf makroskopischen experimentellen Befunden. Mikromechanische Information fließt nicht in die Materialmodelle ein.

Für die Simulation von Umformprozessen im industriellen Kontext werden heutzutage ausschließlich phänomenologische Ansätze verwendet (siehe z.B. Lange et al. (2010)). Wegen ihrer einfachen mathematischen Struktur und effektiven numerischen Umsetzbarkeit werden phänomenologische Fließkriterien häufig in FE-Programme implementiert, obwohl sie Einschränkungen in der Materialmodellierung unterliegen.

Die Modellierung des inelastischen Materialverhaltens basiert auf dem Prinzip der maximalen plastischen Dissipation. Diese besagt für nichtverfestigende Werkstoffe, dass der tatsächliche Spannungszustand $\boldsymbol{\sigma}$ für einen vorgegebenen plastischen Dehnratentensor $\dot{\boldsymbol{\varepsilon}}^p$ die dissipierte plastische Arbeit maximiert (vgl. Betten (1993))

$$\mathcal{D}(\dot{\boldsymbol{\varepsilon}}^p) = \sup_{\boldsymbol{\sigma} \in \mathcal{E}} (\boldsymbol{\sigma} \cdot \dot{\boldsymbol{\varepsilon}}^p) . \tag{4.36}$$

Für ein normal-dissipatives Material mit elastischem Gebiet $\mathcal{E}$ liegen die zulässigen Spannungszustände $\boldsymbol{\sigma}$ innerhalb oder am Rand des elastischen Gebiets. Das elastische Gebiet wird durch die Fließfunktion $\varphi(\boldsymbol{\sigma}, \sigma_F)$ und die Fließspannung σ_F beschrieben

$$\mathcal{E} = \{\boldsymbol{\sigma} \mid \varphi(\boldsymbol{\sigma}, \sigma_F) = \varphi^*(\boldsymbol{\sigma}) - \sigma_F \leq 0\} . \tag{4.37}$$

Die Fließbedingung lautet in allgemeiner Form

$$\varphi(\boldsymbol{\sigma}, \sigma_F) = 0. \tag{4.38}$$

Eine negative Fließfunktion $\varphi(\boldsymbol{\sigma}, \sigma_F) < 0$ entspricht einer elastischen Beanspruchung. Eine positive $\varphi(\boldsymbol{\sigma}, \sigma_F) > 0$ ist dagegen unzulässig. Alle Spannungszustände, die die Fließbedingung (4.38) erfüllen, bilden einen konvexen Fließkörper (Fließfläche) im Spannungsraum. Die Funktion $\varphi^*(\boldsymbol{\sigma})$ wird so definiert, dass sie nichtnegativ, konvex und homogen vom 1. Grad ist und dass noch $\varphi^*(0) = 0$ gilt.

Das Prinzip der maximalen Dissipation (4.36) kann nach Miehe (2002) für ratenabhängige Materialien z.B. durch eine quadratische Penalty-Methode unter Berücksichtigung der Nebenbedingung (4.37) umformuliert werden

$$\psi(\dot{\boldsymbol{\varepsilon}}^p) = \sup_{\boldsymbol{\sigma}} \left(\boldsymbol{\sigma} \cdot \dot{\boldsymbol{\varepsilon}}^p - \frac{1}{2\eta} \langle \varphi^*(\boldsymbol{\sigma}) - \sigma_F \rangle^2 \right), \qquad \eta \geq 0. \tag{4.39}$$

Die Funktion $\psi(\dot{\boldsymbol{\varepsilon}}^p)$ ist eine Dissipationsfunktion, auch Dehnratenpotential genannt. Diese ist nichtnegativ und konvex und erfüllt die Bedingung $\psi(\dot{\boldsymbol{\varepsilon}}^p) = 0$. Der Penalty-Parameter $\eta \to 0$ hat den physikalischen Sinn eines Viskositätsparameters für das Material. Die Funktion der Spannung

$$\phi(\boldsymbol{\sigma}) = \frac{1}{2\eta} \langle \varphi^*(\boldsymbol{\sigma}) - \sigma_F \rangle^2 \tag{4.40}$$

ist die duale Funktion von $\psi(\dot{\varepsilon}^p)$ und wird als Spannungspotential bezeichnet. Beide Dissipationsfunktionen sind zueinander Legendre-Fenchel-konjugiert

$$\psi(\dot{\varepsilon}^p) = \sup_{\boldsymbol{\sigma}} \left(\boldsymbol{\sigma} \cdot \dot{\varepsilon}^p - \phi(\boldsymbol{\sigma}) \right). \tag{4.41}$$

Für die Ableitung des Spannungspotentials $\phi(\boldsymbol{\sigma})$ bzw. für die Richtung des plastischen Flusses gilt nach der Dualitätsbedingung (4.41)

$$\dot{\varepsilon}^p = \frac{\partial \phi(\boldsymbol{\sigma})}{\partial \boldsymbol{\sigma}} \tag{4.42}$$

bzw. nach (4.40)

$$\dot{\varepsilon}^p = \lambda \frac{\partial \varphi^*(\boldsymbol{\sigma})}{\partial \boldsymbol{\sigma}} = \lambda \frac{\partial \varphi(\boldsymbol{\sigma}, \sigma_F)}{\partial \boldsymbol{\sigma}}, \qquad \lambda = \frac{1}{\eta} \langle \varphi(\boldsymbol{\sigma}) - \sigma_F \rangle \geq 0. \tag{4.43}$$

Für den ratenunabhängigen Fall, wenn $\eta \to 0$ gilt, kann das Optimierungsproblem (4.36) mit der Nebenbedingung (4.37) nach der Lagrange'schen Multiplikatormethode mit dem Lagrange'schen Multiplikator λ gelöst werden (Miehe, 2002)

$$\psi(\dot{\varepsilon}^p) = \sup_{\boldsymbol{\sigma}} \left(\boldsymbol{\sigma} \cdot \dot{\varepsilon}^p - \lambda \left(\varphi^*(\boldsymbol{\sigma}) - \sigma_F \right) \right), \qquad \lambda \geq 0. \tag{4.44}$$

Der plastische Multiplikator λ folgt aus den Karush-Kuhn-Tucker Bedingungen. In diesem Fall ist das Spannungspotential durch

$$\phi(\boldsymbol{\sigma}) = \lambda \left(\varphi^*(\boldsymbol{\sigma}) - \sigma_F \right) \tag{4.45}$$

definiert. Für eine allgemeinere, thermodynamisch konsistente Betrachtung der Dissipation und der Dissipationspotentiale in Abhängigkeit von den inneren Variablen und inneren Kräften wird auf die Arbeit von Miehe (2002) verwiesen. Zu beachten ist, dass quadratische Fließpotentiale das anisotrope Materialverhalten realer (visko)plastischer Werkstoffe nicht korrekt abbilden können. Vgl. z.B. die Diskussion der Vor- und Nachteile des Hill'schen Fließkriteriums in (4.46).

Bei einem elasto-plastischen Materialverhalten in der assoziierten Plastizität ist das plastische Fließpotential im Spannungsraum äquivalent zu der Fließfunktion. Die Fließfunktionen und -potentiale werden meist im deviatorischen Spannungsraum definiert, wobei davon ausgegangen wird, dass der hydrostatische Druck bei den Metallen keinen Einfluss auf das plastische Fließen hat.

Im Folgenden wird ein kurzer Überblick über die wichtigsten anisotropen makroskopischen Fließfunktionen gegeben. Ansätze für texturbasierte Fließpotentiale werden in Unterkapitel 4.4 dokumentiert. Umfassende Literaturübersichten sind in den Arbeiten von Hosford (1993), Banabic et al. (2000) und Habraken (2004) zu finden.

Quadratische Fließkriterien. Eine quadratische anisotrope Fließfunktion wurde von v. Mises (1928) für den allgemeinen triklinen Fall mit 21 freien Anisotropieparametern vorgeschlagen. Hill (1948) spezialisiert die v. Mises'sche Fließfunktion für den orthotropen Fall.

Für inkompressible Werkstoffe wird diese durch

$$\varphi(\boldsymbol{\sigma}',\,\sigma_F) = \sqrt{\boldsymbol{\sigma}' \cdot \mathbb{H}\left[\boldsymbol{\sigma}'\right]} - \sqrt{\frac{2}{3}}\sigma_F \tag{4.46}$$

gegeben. Wegen der Symmetrie des Spannungstensors und der Anwendung einer quadratischen Form besitzt der Tensor $\mathbb{H}$ im Allgemeinen 21 unabhängige Komponenten. Für eine orthotrope Symmetrie reduziert sich diese Anzahl auf neun Parameter. Durch die Betrachtung der Inkompressibilitätsbedingung erhält man eine Darstellung abhängig nur von den sechs Anisotropieparametern F, G, H, L, M und N. Der spurfreie, positiv definite Hill'sche Tensor 4. Stufe in Cowin-Notation (vgl. (2.41)) lautet damit

$$\mathbb{H} = \begin{bmatrix} G+H & -H & -G & 0 & 0 & 0 \\ -H & F+H & -F & 0 & 0 & 0 \\ -G & -F & G+F & 0 & 0 & 0 \\ 0 & 0 & 0 & L & 0 & 0 \\ 0 & 0 & 0 & 0 & M & 0 \\ 0 & 0 & 0 & 0 & 0 & N \end{bmatrix} \boldsymbol{B}_\alpha \otimes \boldsymbol{B}_\beta. \tag{4.47}$$

Die Spannungen sind bzgl. der Anisotropieachsen definiert. Die Hill-Parameter können durch Messungen der R-Werte und der Zugfließspannungen bestimmt werden, d.h. allein aus einachsigen Versuchen.

Die Anisotropiekoeffizienten (R-Werte, Lankford-Parameter) haben sich als Maß der Anisotropie von Walzblechen etabliert (Lankford et al., 1950). Diese werden in einachsigen Zugversuchen an Flachproben experimentell bestimmt, wobei der Winkel zwischen der Walzrichtung und der Zugrichtung variiert wird (Abb. 4.1). Die R-Werte stellen den Quotienten zwischen den plastischen

Dehnungen in Breitenrichtung („w": width) und Dickenrichtung („t": thickness) der Probe dar

$$R = \frac{\varepsilon_{\mathrm{w}}^{p}}{\varepsilon_{\mathrm{t}}^{p}}. \tag{4.48}$$

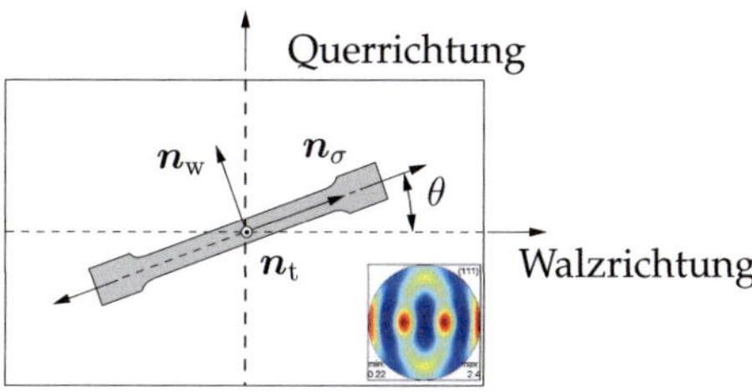

Abbildung 4.1: Experimentelle Bestimmung von R-Werten

In dieser Formulierung wird R von der Größe der plastischen Dehnung beeinflusst (Stout und Kocks, 1998). Daher ist eine Definition in Abhängigkeit nicht von der Dehnung, sondern von der Dehnrate empfehlenswert. Wird der Winkel zwischen den Anisotropie- und Belastungsachsen durch θ bezeichnet, dann ist die Zugspannung durch

$$\boldsymbol{\sigma}(\theta) = \sigma \boldsymbol{n}_{\sigma}(\theta) \otimes \boldsymbol{n}_{\sigma}(\theta) \tag{4.49}$$

und der richtungsabhängige R-Wert durch

$$R(\theta) = \frac{\boldsymbol{D} \cdot (\boldsymbol{n}_{\mathrm{w}}(\theta) \otimes \boldsymbol{n}_{\mathrm{w}}(\theta))}{\boldsymbol{D} \cdot (\boldsymbol{n}_{\mathrm{t}}(\theta) \otimes \boldsymbol{n}_{\mathrm{t}}(\theta))} \tag{4.50}$$

gegeben (siehe Abb. 4.1). Die Einheitsvektoren $\boldsymbol{n}_{\sigma}(\theta)$, $\boldsymbol{n}_{\mathrm{w}}(\theta)$ und $\boldsymbol{n}_{\mathrm{t}}(\theta)$ bezeichnen die Zugrichtung, die Breitenrichtung der Probe, senkrecht zu $\boldsymbol{n}_{\sigma}(\theta)$ und die Richtung senkrecht zu der Blechebene

$$\begin{aligned}
\boldsymbol{n}_{\sigma}(\theta) &= \cos(\theta)\boldsymbol{e}_1 + \sin(\theta)\boldsymbol{e}_2, & (4.51)\\
\boldsymbol{n}_{\mathrm{w}}(\theta) &= -\sin(\theta)\boldsymbol{e}_1 + \cos(\theta)\boldsymbol{e}_2, & (4.52)\\
\boldsymbol{n}_{\mathrm{t}}(\theta) &= \boldsymbol{e}_3. & (4.53)
\end{aligned}$$

Die R-Werte nehmen Werte zwischen null im Falle keiner Breitenänderung und unendlich bei unveränderter Probendicke an.

Nach der Hill'schen Fließfunktion können die zu der Fließfläche zugehörige Zugspannung σ und die R-Werte in Abhängigkeit vom Winkel θ wie folgt definiert werden

$$\sigma(\theta) = \sqrt{\frac{2}{3}} \frac{\sigma_F}{\sqrt{(\boldsymbol{n}_\sigma(\theta) \otimes \boldsymbol{n}_\sigma(\theta)) \cdot \mathbb{H}[\boldsymbol{n}_\sigma(\theta) \otimes \boldsymbol{n}_\sigma(\theta)]}}, \tag{4.54}$$

$$R(\theta) = \frac{(\boldsymbol{n}_\sigma(\theta) \otimes \boldsymbol{n}_\sigma(\theta)) \cdot \mathbb{H}[\boldsymbol{n}_w(\theta) \otimes \boldsymbol{n}_w(\theta)]}{(\boldsymbol{n}_\sigma(\theta) \otimes \boldsymbol{n}_\sigma(\theta)) \cdot \mathbb{H}[\boldsymbol{n}_t(\theta) \otimes \boldsymbol{n}_t(\theta)]}. \tag{4.55}$$

Der Hill'sche Ansatz hat den Nachteil, dass dieser das anomale Verhalten von Aluminium 1. und 2. Ordnung nicht richtig abbilden kann (Banabic et al., 2000). Für einige Aluminiumlegierungen kann ein mittlerer R-Wert $\bar{R}$ kleiner eins bei einer biaxialen Fließspannung σ_B größer als der unidirektionalen Fließspannung σ_U beobachtet werden (Anomales Verhalten 1. Ordnung, Woodthorpe und Pearce (1970))

$$\bar{R} = \frac{R(0°) + 2R(45°) + R(90°)}{4} < 1, \qquad \sigma_B > \sigma_U. \tag{4.56}$$

Dagegen gilt nach dem Hill'schen Kriterium für eine normale Anisotropie $(R(0°) = R(90°) = \bar{R}$ und $\sigma(0°) = \sigma(90°) = \sigma_U)$

$$\sigma_B = \sigma_U \sqrt{\frac{1 + \bar{R}}{2}}. \tag{4.57}$$

Die Relation (4.57) impliziert für $\bar{R} \gtrless 1$ die Ungleichung $\sigma_B \gtrless \sigma_U$.

Obwohl für dünne Aluminium-Bleche mit kleinen R-Werten große Fließspannungen beobachtet werden (anomales Verhalten 2. Ordnung)

$$\frac{R(0°)}{R(90°)} > 1, \qquad \frac{\sigma(0°)}{\sigma(90°)} < 1, \tag{4.58}$$

impliziert das quadratische Hill-Kriterium für den ebenen Spannungszustand

$$\frac{\sigma(0°)}{\sigma(90°)} = \sqrt{\frac{R(0°)(1 + R(90°))}{R(90°)(1 + R(0°))}}, \tag{4.59}$$

d.h. für $R(0°) > R(90°)$ gilt immer $\sigma(0°) > \sigma(90°)$ und umgekehrt.

Ein weiterer Nachteil des quadratischen Hill'schen Fließkriteriums liegt darin, dass eine Tiefziehsimulation infolge der quadratischen Form nur zwei oder vier Zipfel vorhersagen kann. Diese Tatsache beruht darauf, dass die Anisotropieparameter bei einem ebenen Spannungszustand durch drei Zugversuche mit $\theta = 0°, 45°, 90°$ bestimmt werden und nur von der Zugfließspannung bei $\theta = 0°$ und von den drei R-Werten $R(0°)$, $R(45°)$ und $R(90°)$ abhängen. Eine quadratische Form der Fließfunktion kann nur elliptische Fließflächen reproduzieren. Trotz dieser Nachteile ist das Hill'sche Modell wegen seiner einfachen mathematischen Formulierung als Standardmodell in kommerzielle FE-Tools eingegangen (z.B. Ansys, Abaqus).

Eine duale Funktion zum Hill'schen Ansatz kann in Abhängigkeit vom Dehnratentensor und dem inversen Hill'schen $\mathbb{H}^{-1}$ Tensor definiert werden (Hill (1987); Gambin (2001), S. 222).

Nichtquadratische Fließkriterien. Eine Verbesserung bzgl. der Abbildung des Anomalieverhaltens von Aluminium wird durch eine nichtquadratische Modifikation von Hill (1948) erreicht (Hill, 1979). Die modifizierte Fließfunktion enthält keine Schubspannungen und die Exponenten sind keine natürlichen Zahlen. Diese Variante setzt eine Übereinstimmung der Belastungs- und der Anisotropieachsen voraus, was im Allgemeinen nicht angegeben ist. Die späteren Hill'schen Modelle sind nur für den ebenen Spannungszustand definiert und werden deswegen hier nicht weiter betrachtet (Hill, 1990, 1993).

Eine große Gruppe von nichtquadratischen Fließkriterien wurden von Barlat et al. entwickelt. Barlat et al. schlagen Generalisierungen des Hosford'schen (Hosford, 1972) isotropen Fließkriteriums für den ebenen (Barlat und Lian, 1989) und für den dreidimensionalen Spannungszustand (Barlat et al., 1991a, Yld91) vor. Die Fließfunktion Yld91 für orthotrope Materialsymmetrien ist abhängig von sechs Parametern $(c_1, \ldots, c_6)$ und einem Exponenten a

$$\varphi(\tilde{\boldsymbol{S}}^H, \sigma_F) = \left| \tilde{S}_1^H - \tilde{S}_2^H \right|^a + \left| \tilde{S}_2^H - \tilde{S}_3^H \right|^a + \left| \tilde{S}_3^H - \tilde{S}_1^H \right|^a - 2\sigma_F^a, \qquad (4.60)$$

$$\tilde{\boldsymbol{S}} = \mathbb{L}\left[\boldsymbol{\sigma}\right], \quad \mathbb{L} = \begin{bmatrix} (c_2+c_3)/3 & -c_3/3 & -c_2/3 & 0 & 0 & 0 \\ -c_3/3 & (c_1+c_3)/3 & -c_1/3 & 0 & 0 & 0 \\ -c_2/3 & -c_1/3 & (c_1+c_2)/3 & 0 & 0 & 0 \\ 0 & 0 & 0 & c_4 & 0 & 0 \\ 0 & 0 & 0 & 0 & c_5 & 0 \\ 0 & 0 & 0 & 0 & 0 & c_6 \end{bmatrix} \boldsymbol{B}_\alpha \otimes \boldsymbol{B}_\beta.$$

Die Darstellung (4.60) bezieht sich auf die Orthotropieachsen des Materials. $\tilde{S}_1^H$, $\tilde{S}_2^H$ und $\tilde{S}_3^H$ sind die Eigenwerte der linearen Transformation $\tilde{\boldsymbol{S}}$ von $\boldsymbol{\sigma}$ durch $\mathbb{L}$. Der Exponent a variiert in Abhängigkeit von der Kristallsymmetrie: $a = 8$ für kubisch-flächenzentrierte und $a = 6$ für kubisch-raumzentrierte Kristalle.

Dieses Fließkriterium ergibt eine gute Übereinstimmung mit den polykristalli-nen Fließflächen von Bishop-Hill für kaltgewalzte Al-Legierungen mit kleinerer Dickenreduktion. Für Bleche mit einer großen Dickenreduktion sind die Abwei-chungen von den experimentellen Fließflächen größer.

Eine Generalisierung von Barlat et al. (1991a) wurde von Karafillis und Boyce (1993) für weitere Materialsymmetrien (nicht nur orthotrop) als Kombination zweier homogener isotroper Funktionen vorgeschlagen. Da dieses Kriterium das plastische Verhalten von Aluminium-Legierungen nicht korrekt abbilden kann, schlägt Barlat nachfolgend zwei Modifikationen von Yld91 (Yld94 und Yld96) vor, wobei in der Fließfunktion drei weitere Anisotropieparameter (α_x, α_y, α_z) eingeführt werden

$$\varphi(\tilde{\boldsymbol{S}}^H, \sigma_F) = \alpha_1 \left| \tilde{S}_2^H - \tilde{S}_3^H \right|^a + \alpha_2 \left| \tilde{S}_3^H - \tilde{S}_1^H \right|^a + \alpha_3 \left| \tilde{S}_1^H - \tilde{S}_2^H \right|^a - 2\sigma_F^a, \qquad (4.61)$$

$$\alpha_k = \alpha_x Q_{1k}^2 + \alpha_y Q_{2k}^2 + \alpha_z Q_{3k}^2. \qquad (4.62)$$

Q_{ij} ist die Transformationsmatrix zwischen den Anisotropieachsen ($\boldsymbol{e}_x, \boldsymbol{e}_y, \boldsymbol{e}_z$) und den Hauptachsen von $\tilde{\boldsymbol{S}}^H$ ($\boldsymbol{e}_1, \boldsymbol{e}_2, \boldsymbol{e}_3$). Für konstante α_x, α_y und α_z ist dieses Fließkriterium als Yld94 bekannt (Barlat et al., 1997a). Für den ebenen Span-nungszustand sind sechs Anisotropieparameter notwendig. Die Berechnungen der Fließflächen reproduzieren die experimentell bestimmten und die Bishop-Hill-Fließflächen für kaltgewalzte Al-Legierungen mit großer Dickenreduktion besser als YLd91. Die Anisotropie in der Berechnung der R-Werte und der Zipfelhöhe in den Finite-Elemente-Simulationen wird unterschätzt. Um diesen Nachteil zu beseitigen, werden α_x, α_y und α_z in Yld96 (Barlat et al., 1997b) wie folgt modifiziert

$$\alpha_x = \alpha_{x0} \cos^2(2\beta_1) + \alpha_{x1} \sin^2(2\beta_1), \qquad (4.63)$$

$$\alpha_y = \alpha_{y0} \cos^2(2\beta_2) + \alpha_{y1} \sin^2(2\beta_2), \qquad (4.64)$$

$$\alpha_z = \alpha_{z0} \cos^2(2\beta_3) + \alpha_{z1} \sin^2(2\beta_3), \qquad (4.65)$$

wobei angenommen wird, dass die Fließflächen konvex sind. Ein allgemeiner Beweis der Konvexität ist bisher nicht erbracht worden. Die drei Winkel β_i ($i = 1 \ldots 3$) liegen zwischen den Anisotropieachsen und der ersten oder dritten Hauptachse. Für β_3 gilt z.B.

$$\cos(\beta_3) = \begin{cases} \boldsymbol{e}_x \cdot \boldsymbol{e}_1 & \left| \tilde{S}_1^H \right| \geq \left| \tilde{S}_3^H \right|, \\ \boldsymbol{e}_x \cdot \boldsymbol{e}_3 & \left| \tilde{S}_1^H \right| < \left| \tilde{S}_3^H \right|. \end{cases} \qquad (4.66)$$

Im Jahre 2005 veröffentlichen Barlat et al. (2005) eine noch allgemeinere lineare Fließbedingung mit der Bezeichnung Yld2004-18p (18 Parameter) und eine reduzierte Form mit der Bezeichnung Yld2004-13p (13 Parameter). Yld2004-18p besitzt die folgende Form

$$
\begin{aligned}
\varphi(\tilde{\boldsymbol{S}}^{IH}, \tilde{\boldsymbol{S}}^{IIH}, \sigma_F) = {} & \left|\tilde{S}_1^{IH} - \tilde{S}_1^{IIH}\right|^a + \left|\tilde{S}_1^{IH} - \tilde{S}_2^{IIH}\right|^a + \left|\tilde{S}_1^{IH} - \tilde{S}_3^{IIH}\right|^a \\
& + \left|\tilde{S}_2^{IH} - \tilde{S}_1^{IIH}\right|^a + \left|\tilde{S}_2^{IH} - \tilde{S}_2^{IIH}\right|^a + \left|\tilde{S}_2^{IH} - \tilde{S}_3^{IIH}\right|^a \\
& + \left|\tilde{S}_3^{IH} - \tilde{S}_1^{IIH}\right|^a + \left|\tilde{S}_3^{IH} - \tilde{S}_2^{IIH}\right|^a + \left|\tilde{S}_3^{IH} - \tilde{S}_3^{IIH}\right|^a - 4\sigma_F^a.
\end{aligned} \quad (4.67)
$$

Die Fließfunktion basiert auf zwei linearen Transformationen von $\boldsymbol{\sigma}$

$$
\tilde{\boldsymbol{S}}^{I} = \mathbb{L}^{I}[\boldsymbol{\sigma}], \qquad \tilde{\boldsymbol{S}}^{II} = \mathbb{L}^{II}[\boldsymbol{\sigma}], \qquad (4.68)
$$

wobei $\mathbb{L}^{I}$ und $\mathbb{L}^{II}$ durch

$$
\mathbb{L}^{I} = \begin{bmatrix}
(c_1^I + c_2^I)/3 & (-2c_1^I + c_2^I)/3 & (c_1^I - 2c_2^I)/3 & 0 & 0 & 0 \\
(-2c_3^I + c_4^I)/3 & (c_3^I + c_4^I)/3 & (c_3^I - 2c_4^I)/3 & 0 & 0 & 0 \\
(-2c_5^I + c_6^I)/3 & (c_5^I - 2c_6^I)/3 & (c_5^I + c_6^I)/3 & 0 & 0 & 0 \\
0 & 0 & 0 & c_9^I & 0 & 0 \\
0 & 0 & 0 & 0 & c_7^I & 0 \\
0 & 0 & 0 & 0 & 0 & c_8^I
\end{bmatrix} \boldsymbol{B}_\alpha \otimes \boldsymbol{B}_\beta, \qquad (4.69)
$$

$$
\mathbb{L}^{II} = \begin{bmatrix}
(c_1^{II} + c_2^{II})/3 & (-2c_1^{II} + c_2^{II})/3 & (c_1^{II} - 2c_2^{II})/3 & 0 & 0 & 0 \\
(-2c_3^{II} + c_4^{II})/3 & (c_3^{II} + c_4^{II})/3 & (c_3^{II} - 2c_4^{II})/3 & 0 & 0 & 0 \\
(-2c_5^{II} + c_6^{II})/3 & (c_5^{II} - 2c_6^{II})/3 & (c_5^{II} + c_6^{II})/3 & 0 & 0 & 0 \\
0 & 0 & 0 & c_9^{II} & 0 & 0 \\
0 & 0 & 0 & 0 & c_7^{II} & 0 \\
0 & 0 & 0 & 0 & 0 & c_8^{II}
\end{bmatrix} \boldsymbol{B}_\alpha \otimes \boldsymbol{B}_\beta \qquad (4.70)
$$

gegeben sind. 18 Anisotropieparameter sind frei. Die Fließfunktion Yld91 stellt einen Sonderfall von Yld2004-p18 für $\mathbb{L}^{I} = \mathbb{L}^{II}$ dar.

Die numerische Implementierung und der Vergleich von verschiedenen Fließfunktionen von Barlat weist darauf hin, dass durch die Erhöhung der Anzahl der Anisotropieparameter eine bessere Übereinstimmung der gerechneten und experimentellen R-Werte erzielt werden kann. Durch Yld2004-p18 können bei einem Tiefziehprozess sechs und acht Zipfel abgebildet werden (Yoon et al., 2006).

Es sei hier darauf hingewiesen, dass die Anwendbarkeit einer Fließfunktion auf Grund der Anzahl der freien Parameter abzuschätzen ist, die experimentell bestimmt werden müssen. Nachteile rein phänomenologischer Modelle bestehen darin, dass die makroskopischen, mechanischen Experimente aus Kostengründen nur in begrenztem Umfang durchgeführt werden können. Zudem sind nicht alle Materialeigenschaften durch mechanische Standardversuche experimentell zugänglich. Als Beispiel sei die Messung von Out-of-Plane-Spannungen dünner Bleche genannt (Rabahallah et al., 2009b). Aus diesem Grund können phänomenologische Modelle insbesondere die dreidimensionalen Belastungsfälle für dünne Bleche nicht immer korrekt abbilden. Zur Bestimmung der Anisotropieparameter können alternativ zu den makroskopischen Experimenten auch Texturmessungen verwendet werden.

4.4 Mikromechanisch motivierte Modelle

Die mikromechanisch motivierten Modelle stellen eine Alternative für die Modellierung des makroskopischen Materialverhaltens polykristalliner Werkstoffe gegenüber den phänomenologischen Modellen dar. Außerdem sind diese mit einem viel geringeren numerischen Aufwand als denjenigen der Finite-Elemente basierten Homogenisierungstheorien verbunden. Im Gegensatz zu den phänomenologischen Ansätzen berücksichtigen die texturbasierten Modelle direkt die Orientierungsverteilungsfunktion, um die makroskopischen Fließorte anhand der Kristallplastizität zu beschreiben. Die so bestimmten texturbasierten Fließpotentiale werden im Nachlauf auf die makroskopische FE-Berechnung angewendet (Habraken, 2004).

Für die Entwicklung kristallographisch basierter Modelle werden einerseits die Anisotropieparameter in den phänomenologischen Modellen mikromechanisch motiviert. Andererseits wird die plastische Dissipation des Polykristalls für die Bestimmung der Fließorte direkt aus den gewichteten Taylor-Faktoren der einzelnen Kristallorientierungen bestimmt (Lequeu et al., 1987). Alternativ wird die Dissipation durch quasi-analytische Ausdrücke, z.B. in polynomialer Form der Dehnraten- oder Spannungsrichtung, in Abhängigkeit von der kristallographischen Textur dargestellt (Dawson et al., 2003). Für die Beschreibung der Orientierungsverteilungsfunktion wird am häufigsten die Bunge'sche Darstellung (2.17) mittels Legendre-Polynome verwendet (vgl. z.B. Van Houtte et al. (1989) und Arminjon und Bacroix (1990)).

Nach dem Bishop-Hill-Modell wird die Dissipation des Polykristalls proportional zum gemittelten Taylor-Faktor definiert

$$\bar{\mathcal{D}}^V = \langle \boldsymbol{\tau}' \rangle \cdot \bar{\boldsymbol{D}}' = \tau^C D_{\mathrm{vM}} \bar{M}(\bar{\boldsymbol{D}}').$$ (4.71)

Mit D_{vM} wird die v. Mises'sche äquivalente Verzerrungsrate

$$D_{\mathrm{vM}} = \sqrt{\frac{2}{3}} \|\bar{\boldsymbol{D}}'\|.$$ (4.72)

bezeichnet. Für den starr-viskoplastischen Fall ist die Dissipation nach (Böhlke, 2004) für Polykristalle durch

$$\bar{\mathcal{D}}^V = \frac{m+1}{m} \bar{\Psi}^V(\bar{\boldsymbol{D}}') = \dot{\gamma}_0 \tau^C \bar{M}(\bar{\boldsymbol{D}}') \left(\sqrt{\frac{2}{3}} \left(\frac{\|\bar{\boldsymbol{D}}'\|}{\dot{\gamma}_0} \right)^{\frac{m+1}{m}} \right)^{\frac{m+1}{m}}$$ (4.73)

gegeben. Im ratenunabhängigen Fall für $m \to \infty$ entspricht diese Definition Formel (4.71). Für Polykristalle gilt für den gemittelten Taylor-Faktor nach der Taylor'schen Annahme mit Hilfe der Orientierungsverteilungsfunktion und dem Taylor-Faktor M für einen Einkristall

$$\bar{M}(\bar{\boldsymbol{D}}') = \int_{SO(3)} f(\boldsymbol{Q}) M(\boldsymbol{Q} \star \bar{\boldsymbol{D}}') \, \mathrm{d}Q = \frac{\langle \boldsymbol{\tau}' \rangle \cdot \bar{\boldsymbol{D}}'}{\tau^C D'_{\mathrm{vM}}}.$$ (4.74)

Texturbasierte Bestimmung von Anisotropieparametern. Die Anisotropieparameter des Hill'schen Fließkriteriums wurden von Arminjon und Bacroix (1990) als Funktionen der Texturkoeffizienten dargestellt. Dabei wurde der Taylor-Faktor durch die Hill'sche Fließfunktion ausgedrückt und danach durch den makroskopischen Taylor-Faktor approximiert. Der Taylor-Faktor des Polykristalls wurde mit Hilfe der Orientierungsverteilungsfunktion von Bunge berechnet.

In Darrieulat und Montheillet (2003) werden die Hill-Parameter für typische Texturkomponenten ermittelt. Damit lässt sich das makroskopische Fließkriterium in Abhängigkeit von den Volumenanteilen der einzelnen Texturkomponenten berechnen. Böhlke et al. (2008) stellen den Hill'schen Tensor 4. Stufe aus (4.47) in Abhängigkeit des isotropen deviatorischen Projektors $\mathbb{P}_2^I$ und des Texturkoeffizienten 4. Stufe $\mathbb{V}'_{\langle 4 \rangle}$ dar

$$\mathbb{H} = \mathbb{P}_2^I + \eta \mathbb{V}'_{\langle 4 \rangle}.$$ (4.75)

η wird so ausgewählt, dass der Tensor $\mathbb{H}$ positiv definit ist bzw. dass die Hill'sche Fließfunktion konvex ist.

In den Arbeiten der Gruppe von Barlat (Kim et al., 2007; Rabahallah et al., 2009a,b) wird die Bestimmung der freien Anisotropieparameter phänomenologischer Modelle durch mikromechanische Berechnungen vorgenommen. Anhand der Orientierungsverteilungsfunktion wird zunächst die Dissipation nach dem Taylor-Bishop-Hill-Modell bestimmt. Diese dient danach der Identifikation der freien Parameter durch ein quadratisches Minimierungsproblem. Diese Prozedur wird z.B. für das Dehnratenpotential Str2004-p18 angewendet, das der Fließfunktion Yld2004-p18 im Dehnratenraum entspricht (Rabahallah et al., 2009b).

Alle diese quasi-phänomenologischen Ansätze haben gegenüber den rein phänomenologischen Fließfunktionen den Vorteil, dass die Anfangstexturinformation in die Modellierung einbezogen werden kann. Die Anwendung einer Entwicklungsgleichung, z.B. für den Texturkoeffizienten in (4.75), erlaubt die Berücksichtigung des Einflusses der Texturentwicklung auf die Fließfläche. Eine solche Entwicklungsgleichung wurde von Böhlke und Bertram (2001a) für das Hooke'sche Gesetz vorgeschlagen.

Fließpotentiale geraden Grades. Der gemittelte Taylor-Faktor wird oft an analytische Funktionen in Abhängigkeit von der Richtung von $\bar{D}'$ angepasst

$$\bar{N}'_D = \frac{\bar{D}'}{\|\bar{D}'\|}.\tag{4.76}$$

Van Houtte hat für das Dehnratenpotential die folgende allgemeine Form vorgeschlagen

$$\psi(\bar{D}') = \tau' \cdot \bar{D}' = \|\bar{D}'\| H_{\text{vH}}(\bar{N}'_D),\tag{4.77}$$

wobei die Funktion $H_{\text{vH}}(\bar{N}'_D)$ durch gerade analytische Funktionen vom Grad 2, 4, 6 etc. dargestellt wird. Für die analytische Funktion vom 6. Grad, wird z.B. der Ausdruck

$$H_{\text{vH}}(\bar{N}'_D) = \mathbb{F}_{\langle 6\rangle} \cdot \bar{N}'^{\otimes 6}_D\tag{4.78}$$

in Abhängigkeit von den Komponenten von $\bar{N}'_D$ in einer fünfdimensionalen Basis verwendet (Van Houtte et al., 1989, 1995; Van Houtte und Van Bael, 2004). Die Funktion $H_{\text{vH}}(\bar{N}'_D)$ wird mittels des Taylor-Faktors approximiert:

$$H_{\text{vH}}(\bar{N}'_D) = \sqrt{\frac{2}{3}}\,\tau^C \bar{M}(\bar{N}'_D).\tag{4.79}$$

Ein ähnliches nichtquadratisches Fließpotential wurde von Arminjon vorgeschlagen (Arminjon und Bacroix, 1990; Arminjon et al., 1994). Das Fließpotential ist nun abhängig von den Komponenten von $\bar{\boldsymbol{D}}'$. Das Dehnratenpotential 4. Grades („Quartus"genannt) wird durch eine Summe von 22 Produkten im orthorhombischen, fünfdimensionalen Fall

$$\psi(\bar{\boldsymbol{D}}') = \frac{\mathbb{F}_{\langle 4 \rangle} \cdot \bar{\boldsymbol{D}}'^{\otimes 4}}{\|\bar{\boldsymbol{D}}'\|^3} = \sum_{k=1}^{22} \alpha_k \frac{X_k(\bar{\boldsymbol{D}}')}{\|\bar{\boldsymbol{D}}'\|^3} \tag{4.80}$$

dargestellt. X_k sind polynomiale Funktionen der fünf Komponenten von $\bar{\boldsymbol{D}}'$ und die Anisotropieparameter α_k sind abhängig von den Bunge'schen Texturkoeffizienten. Anwendungen von (4.80) in der Finite-Elemente-Methode wurden von Bacroix und Gilormini (1995) diskutiert. Der Ansatz (4.80) ergibt gute Ergebnisse für die Fließorte von Stahl, nicht aber von Aluminium, und unterschätzt die Anisotropie bei der R-Wert-Berechnung. Aus diesem Grund wurde von Savoie und MacEwen (1996) ein gleiches Potential, polynomial vom 6. Grad („Sextus"genannt) formuliert

$$\psi(\bar{\boldsymbol{D}}') = \frac{\mathbb{F}_{\langle 6 \rangle} \cdot \bar{\boldsymbol{D}}'^{\otimes 6}}{\|\bar{\boldsymbol{D}}'\|^5} = \sum_{k=1}^{60} \alpha_k \frac{X_k(\bar{\boldsymbol{D}}')}{\|\bar{\boldsymbol{D}}'\|^5}. \tag{4.81}$$

Für den orthorhombischen, fünfdimensionalen Fall ist die Anzahl der Anisotropiekoeffizienten in (4.81) gleich 60. Die Anzahl der Anisotropiekoeffizienten für den Arminjon-Ansatz verschiedener Grade ist in Tabelle 4.1 gegeben.

	Orthorhombisch		Triklin
	Ebener Spannungszustand	5D	5D
2. Grad	4	5	25
4. Grad	9	22	70
6. Grad	16	60	210
8. Grad	25	135	490

Tabelle 4.1: Anzahl der Anisotropiekoeffizienten des Fließpotentials vom Arminjon-Typ (Savoie und MacEwen, 1996)

Das Dehnratenpotential (4.81) ergibt dieselben Fließspannungen wie die „Quartus"-Variante. Dagegen überschätzt „Sextus"die Anisotropie bei der Vorhersage der R-Werte. Außerdem werden die Vorhersagen der R-Werte signifikant durch kleine Änderungen des Dehnratentensors beeinflusst. Die Anwendung eines Fließpotentials 8. Grades kann die Approximation nicht wesentlich verbessern und verlangt längere Berechnungszeiten.

Die Reihenentwicklung in Abhängigkeit vom plastischen Dehnratentensor weist nichtkonvexe Bereiche für Approximationen vom Grade größer als zwei auf (Van Houtte et al., 1989; Arminjon et al., 1994; Savoie und MacEwen, 1996). Solche erscheinen an den Fassetten und an den Ecken der Fließorte („Fischschwänze"). Die Gefahr von Nichtkonvexitäten bei diesen Ansätzen steigt mit der Schärfe der Textur. Die physikalische Bedeutung der Konvexität wird in Kapitel 8 ausführlich diskutiert.

Van Houtte modifiziert in seinen späteren Arbeiten den verwendeten Ansatz, so dass Konvexität der Fließpotentiale unabhängig vom Grad der Approximation sichergestellt ist. Die neue Darstellung für eine Approximation 6. Grades (vgl. (4.78)) wird durch

$$H_{\mathrm{vH}}(\bar{\boldsymbol{N}}'_D) = \sqrt[6]{G_6} = \sqrt[6]{\mathbb{F}_{\langle 6 \rangle} \cdot \bar{\boldsymbol{N}}'^{\otimes 6}_D} \tag{4.82}$$

gegeben (Van Houtte und Van Bael, 2004). Damit zusätzlich auch eine Ratenabhängigkeit betrachtet werden kann, wird die analytische Funktion (4.82) als homogen vom Grade $m + 1$ angesetzt (Van Houtte et al., 2009)

$$H_{\mathrm{vH}}(\bar{\boldsymbol{N}}'_D) = \sqrt[6]{G_6^{m+1}}. \tag{4.83}$$

Ein weiteres konvexes, texturbasiertes Dehnratenpotential, das nicht nur im Rahmen der Taylor-Annahme anwendbar ist und auch Zug- und Druckasymmetrien berücksichtigen kann, wurde von Van Houtte et al. (2009) vorgeschlagen

$$\psi^F(\bar{\boldsymbol{D}}') = \sqrt[n]{\sum_{k=1}^{K} \lambda_k \left(\boldsymbol{\tau}'_k \cdot \bar{\boldsymbol{D}}' \right)^n}, \qquad \lambda_k \geq 0, \qquad n = 2, 4, 6. \tag{4.84}$$

$n \geq 2$ ist eine natürliche gerade Zahl. Für K verschiedener Dehnratenrichtungen $\boldsymbol{D}'_k / \|\boldsymbol{D}'_k\|$ einer bekannten kristallographischen Textur werden zunächst die zugehörigen Spannungstensoren $\boldsymbol{\tau}'_k$ durch Multilevel-Methoden (klassisches Taylor-Modell, ALAMEL etc.) ausgerechnet. Die Skalierungsfaktoren λ_k passen die Äquipotentialflächen von (4.84) an die Isolinien der Multilevel-Methode an. Die Fassetten-Methode wird von Gawad et al. (2010) in einer FE-Tiefziehsimulation implementiert. Die Bestimmung der Spannungstensoren $\boldsymbol{\tau}'_k$

erfolgt durch das ALAMEL-Modell, angewendet in den Integrationspunkten. Durch das ALAMEL-Modell wird in Gawad et al. (2010) auch der Einfluss der Texturentwicklung auf das Dehnratenpotential berücksichtigt. Der numerische Aufwand bei der Berechnung wird durch Parallelisierung reduziert.

Eine äquivalente Darstellung zu (4.84) ist auch im deviatorischen Spannungsraum in der Form

$$\phi^F(\bar{\boldsymbol{S}}') = \sqrt[n]{\sum_{k=1}^{K} \lambda_k^* \left(\boldsymbol{D}_k' \cdot \bar{\boldsymbol{\tau}}'\right)^n}, \qquad \lambda_k^* \geq 0, \qquad n = 2, 4, 6. \tag{4.85}$$

möglich (Van Houtte et al., 2009; Yerra et al., 2009).

Kapitel 5

Darstellung skalarer Funktionen eines symmetrischen Tensors 2. Stufe

5.1 Darstellung der Rotationsgruppe

In diesem Kapitel wird ein spezieller Satz für die irreduzible Darstellung tensorwertiger, skalarer Funktionen eines symmetrischen Tensors 2. Stufe hergeleitet. Der Satz basiert auf einer tensoriellen Fourier-Reihendarstellung und auf den Grundlagen der Gruppentheorie, die zunächst kurz eingeführt werden.

Die Gruppe der speziellen dreidimensionalen Rotationen G besteht aus allen Rotationen $Q \in SO(3)$ mit der Multiplikation $Q = Q_2 Q_1$ und der Determinante $\det(Q) = +1$. Es gilt $Q^{-1} = Q^{\mathsf{T}}$. Die Eigenschaften einer Gruppe sind durch

- das Einheitselement I ($IQ = QI = Q$),

- das inverse Element Q^{-1} ($Q^{-1}Q = QQ^{-1} = I$) und

- das Assoziativgesetz $Q_1 Q_2 Q_3 = (Q_1 Q_2) Q_3 = Q_1 (Q_2 Q_3)$

erfüllt (Gel'fand et al. (1963), S. 1). Die Gruppe G ist keine Abel'sche Gruppe, so lange $Q_2 Q_1 \neq Q_1 Q_2$ gilt.

Definiert seien die Elemente eines Prä-Hilbertraums $f_1(Q), f_2(Q) \in E$ auf $SO(3)$ mit dem Skalarprodukt

$$(f_1, f_2) = \int\limits_{SO(3)} f_1(Q) f_2(Q) \, \mathrm{d}Q, \qquad f_1, f_2 \in E. \tag{5.1}$$

Ein Vektorraum wird als Prä-Hilbertraum (Raum mit Skalarprodukt) bezeichnet, wenn für sein Skalarprodukt die folgenden Axiome des Skalarprodukts erfüllt sind (Bronstein et al. (2001), S. 635):

- $(f_1, f_1) \geq 0$ mit $(f_1, f_1) = 0$ nur dann, wenn $f_1 = 0$,

- $(\alpha f_1, f_2) = \alpha(f_1, f_2), \qquad \alpha \in R,$

- $(f_1 + f_2, f_3) = (f_1, f_3) + (f_2, f_3),$

- $(f_1, f_2) = (f_2, f_1).$

Die Rotation $T_{Q_0} : E \to E$ der Elemente von E durch die Elemente der Gruppe G

$$T_{Q_0}(f(\boldsymbol{Q})) = f(\boldsymbol{Q}\boldsymbol{Q}_0) = \check{f}(\boldsymbol{Q}), \qquad f, \check{f} \in E, \qquad \boldsymbol{Q}_0 \in SO(3) \tag{5.2}$$

stellt eine lineare Abbildung dar, die die Eigenschaften des Gruppencharakters der Rotationsgruppe besitzt (Gel'fand et al. (1963), S. 14)

$$T_{Q_0}(\alpha f_1(\boldsymbol{Q}) + \beta f_2(\boldsymbol{Q})) = \alpha T_{Q_0}(f_1(\boldsymbol{Q})) + \beta T_{Q_0}(f_2(\boldsymbol{Q})), \quad \alpha, \beta \in R, \quad f_1, f_2 \in E. \tag{5.3}$$

Der Operator T_{Q_0} in $SO(3)$ erhält das Skalarprodukt (5.1) des Prä-Hilbertraums E wegen des invarianten Integrierens über $SO(3)$ (vgl. Ausdruck (2.8))

$$\int\limits_{SO(3)} f_1(\boldsymbol{Q}) f_2(\boldsymbol{Q}) \, \mathrm{d}Q = \int\limits_{SO(3)} T_{Q_0}(f_1(\boldsymbol{Q})) T_{Q_0}(f_2(\boldsymbol{Q})) \, \mathrm{d}Q, \qquad f_1, f_2 \in E \tag{5.4}$$

und wird deswegen als unitär bezeichnet (Gel'fand et al. (1963), S. 14). Werden nur Funktionen betrachtet, die bzgl. des Skalarprodukts (5.1) quadratisch integrierbar sind, d.h. wenn gilt

$$\left(\int\limits_{SO(3)} f^2(\boldsymbol{Q}) \, \mathrm{d}Q \right)^{1/2} < \infty, \qquad f(\boldsymbol{Q}) \in L^2(SO(3)), \tag{5.5}$$

dann ist der Prä-Hilbertraum E ein metrischer Raum und kann als Hilbertraum H bezeichnet werden ($H \cong L^2 \subseteq E$). Ein Hilbertraum stellt einen unitären und vollständigen Raum dar. Unter unitärer Raum ist ein Raum zu verstehen, in dem die Norm durch das Skalarprodukt in der Form $\sqrt{(f_1, f_1)}$ definiert ist (Bronstein et al. (2001), S. 635). Ein vollständiger Raum ist ein Raum, in dem jede Cauchy-Folge zu einem Element des Raumes konvergiert (Bronstein et al. (2001), S. 628). Im Allgemeinen lässt sich ein unendlich dimensionaler Hilbertraum H von Funktionen $f(\boldsymbol{Q}) \in H$, invariant bzgl. der Elemente von T_{Q_0}, als eine direkte Summe von endlich dimensionalen, irreduziblen Hilberträumen H_β

$$H = \bigoplus_{\beta=0}^{\infty} H_\beta, \qquad \bigcap_{\beta=0}^{\infty} H_\beta = \emptyset \tag{5.6}$$

darstellen, die auch invariant bzgl. T_{Q_0} sind (Gel'fand et al. (1963), S. 16). Das Symbol $\emptyset$ bezeichnet die leere Menge. Die Elemente $f_\beta \in H_\beta$ sind orthogonal zueinander bzgl. des Skalarprodukts (5.1)

$$\int_{SO(3)} f_\beta(\boldsymbol{Q}) f_\gamma(\boldsymbol{Q}) \, \mathrm{d}Q = 0, \qquad f_\beta \in H_\beta, \quad f_\gamma \in H_\gamma, \quad \forall \beta \neq \gamma. \tag{5.7}$$

Wenn H_β nur aus trivialen Darstellungen (H_β selbst und $\emptyset$) besteht, dann ist H_β irreduzibel (Miller (1972), S. 67). In diesem Fall existiert kein echter Teilraum von H_β (reduzible Darstellung), der invariant bzgl. der Elemente von $T Q_0$ ist.

Der Hilbertraum H, der aus den irreduziblen Unterräumen H_β besteht, heißt dementsprechend vollständig reduzibel. Die Dimension des Hilbertraums H ist gleich der Summe der Dimensionen seiner Unterräume

$$\dim(H) = \sum_{\beta=0}^{\infty} \dim(H_\beta). \tag{5.8}$$

Ein separabler Raum bezeichnet einen metrischen Raum, in dem eine abzählbare dichte Teilmenge existiert (Bronstein et al. (2001), S. 627). Für einen separablen Hilbertraum H und seine irreduzible Darstellung durch die direkte Summe von zueinander orthogonalen Unterräumen H_β folgt die Existenz einer Fourier-Reihe $\sum_{\beta=0}^{\infty} f_\beta(\boldsymbol{Q})$ in H mit den Elementen $f_\beta \in H_\beta$, so dass

$$\lim_{n \to \infty} \left(\int_{SO(3)} \left(f(\boldsymbol{Q}) - \sum_{\beta=0}^{n} f_\beta(\boldsymbol{Q}) \right)^2 \mathrm{d}Q \right)^{1/2} \to 0 \tag{5.9}$$

gilt (Gel'fand et al. (1963), S. 16). Analog zu (5.9) gilt

$$f(\boldsymbol{Q}) = \sum_{\beta=0}^{\infty} f_\beta(\boldsymbol{Q}), \qquad \boldsymbol{Q} \in SO(3) \tag{5.10}$$

für eine quadratisch integrierbare Funktion, die auch stetig ist. Die Darstellung durch eine endliche Fourier-Reihe $\sum_{\beta=0}^{n} f_\beta(\boldsymbol{Q})$ ($n < \infty$) wird als Fourier-Summe bezeichnet.

Die zueinander orthogonalen Unterräume H_β können durch die Mengen der irreduziblen Tensoren $Sym'^{\otimes\beta}$ verschiedener Stufen β dargestellt werden. Die lineare Transformation $T_Q : Sym'^{\otimes\beta} \to Sym'^{\otimes\beta}$ wird durch das Rayleigh-Produkt

$$T_Q(\mathbb{V}'_{\langle\beta\rangle}) = \boldsymbol{Q} \star \mathbb{V}'_{\langle\beta\rangle} = \check{\mathbb{V}}'_{\langle\beta\rangle}, \qquad \mathbb{V}'_{\langle\beta\rangle}, \check{\mathbb{V}}'_{\langle\beta\rangle} \in Sym'^{\otimes\beta} \tag{5.11}$$

definiert. Das dyadische Produkt zweier Tensoren aus $Sym'^{\otimes\beta}$ ist unitär bzgl. der Rotation über $SO(3)$

$$\int\limits_{SO(3)} T_Q(\mathbb{V}'_{\langle\beta\rangle})\otimes T_Q(\mathbb{W}'_{\langle\beta\rangle})\,\mathrm{d}Q = \int\limits_{SO(3)} \mathbb{V}'_{\langle\beta\rangle}\otimes\mathbb{W}'_{\langle\beta\rangle}\,\mathrm{d}Q, \quad \mathbb{V}'_{\langle\beta\rangle},\mathbb{W}'_{\langle\beta\rangle}\in Sym'^{\otimes\beta}. \quad (5.12)$$

Die skalaren Funktionen $f_\beta(Q)$ in (5.10) können im Allgemeinen als Summe von Skalarprodukten irreduzibler Tensoren der Stufe β dargestellt werden (tensorielle Fourier-Reihe). Die tensorielle Fourier-Reihendarstellung wird oft für die Bestimmung von Orientierungsverteilungsfunktionen angewendet. Ein Sonderfall einer tensoriellen Fourier-Reihe stellt die Orientierungsverteilungsfunktion von kubischen Kristallen nach Adams et al. (1992) und Guidi et al. (1992) in (2.19)-(2.20) dar. Zwei weitere Beispiele für Orientierungsverteilungsfunktionen, die auf dem Einheitskreis und auf der Einheitssphäre definiert sind, sind im Anhang D diskutiert.

5.2 Irreduzible Darstellung einer anisotropen tensorwertigen Skalarfunktion eines symmetrischen Tensors 2. Stufe

Betrachtet wird eine anisotrope Skalarfunktion $f(A) : Sym \to R$, die von einem symmetrischen Tensor 2. Stufe $A \in Sym$ abhängig ist. Ein symmetrischer Tensor 2. Stufe ist diagonalisierbar und kann durch seine Eigenwerte $\lambda_1, \lambda_2, \lambda_3$ und einen orthogonalen Tensor Q dargestellt werden

$$A = QA_0Q^\mathsf{T}, \qquad Q \in SO(3), \qquad A_0 = \begin{bmatrix} \lambda_1 & 0 & 0 \\ 0 & \lambda_2 & 0 \\ 0 & 0 & \lambda_3 \end{bmatrix} e_i \otimes e_j. \qquad (5.13)$$

Alle Rotationen eines Tensors A durch einen beliebigen Tensor Q

$$T_Q(A) = QAQ^\mathsf{T}, \qquad Q \in SO(3) \qquad (5.14)$$

werden dadurch gekennzeichnet, dass sie die Integritätsbasis

$$
\begin{aligned}
I_1 &= \operatorname{tr}(QAQ^\mathsf{T}) = \lambda_1 + \lambda_2 + \lambda_3, & (5.15)\\
I_2 &= \operatorname{tr}(QA^2Q^\mathsf{T}) = \lambda_1^2 + \lambda_2^2 + \lambda_3^2, & (5.16)\\
I_3 &= \operatorname{tr}(QA^3Q^\mathsf{T}) = \lambda_1^3 + \lambda_2^3 + \lambda_3^3 & (5.17)
\end{aligned}
$$

besitzen. Eine Integritätsbasis wird nach Schur (1968), S. 9 wie folgt definiert: Gibt es in dem Invariantensystem einer Gruppe ein endliches Teilsystem, derart, dass sich jede Invariante als ganze rationale Funktion dieses speziellen darstellen lässt, so heißt jenes Teilsystem Basis (auch Integritätsbasis) des gesamten Invariantensystems.

Alternativ können die Grundinvarianten anstatt durch A, A^2 und A^3 durch A, A'^2 und A'^3 ausgedrückt werden, da hier

$$\mathrm{tr}(A^2) \;=\; \mathrm{tr}(A'^2) + \frac{\mathrm{tr}^2(A)}{3}, \tag{5.18}$$

$$\mathrm{tr}(A^3) \;=\; \mathrm{tr}(A'^3) + \mathrm{tr}(A)\mathrm{tr}(A'^2) + \frac{\mathrm{tr}^2(A)}{9} \tag{5.19}$$

gilt. Die Menge der Grundinvarianten eines symmetrischen Tensors A wird in den weiteren Betrachtungen wie folgt durch

$$\mathcal{I} = \{I_1, I_2', I_3'\}, \qquad I_1 = \mathrm{tr}(A), \qquad I_2' = \mathrm{tr}(A'^2), \qquad I_3' = \mathrm{tr}(A'^3) \tag{5.20}$$

und die Menge aller Tensoren derselben Invarianten $\mathcal{I}$ durch

$$O_{\mathcal{I}} = \left\{ QAQ^\mathsf{T} : \quad \mathcal{I} = \{I, I_2', I_3'\}, \quad Q \in SO(3) \right\} \tag{5.21}$$

bezeichnet.

In Abhängigkeit der Anzahl der voneinander verschiedenen Eigenwerte besitzt der Tensor A_0 die folgenden Zusatzsymmetrien

$$T_{Qs}(A_0) = Q_s A_0 Q_s^\mathsf{T} = A_0, \qquad \forall Q_s \in \mathcal{S} \subseteq SO(3), \tag{5.22}$$

$$\mathcal{S} \cong \begin{cases} \mathcal{S}^O = \{I \text{ und } 180° - \text{Rotationen bzgl. aller Hauptachsen}\}, & \lambda_1 \neq \lambda_2 \neq \lambda_3, \\ \mathcal{S}^{TI} = \{I \text{ und alle Rotationen bzgl. der } i\text{-ten Hauptachse}\}, & \lambda_j = \lambda_k \neq \lambda_i, \; j,k \neq i, \\ SO(3), & \lambda_1 = \lambda_2 = \lambda_3. \end{cases}$$

Die Symmetriegruppe $\mathcal{S}$ ist je nach der Anzahl der verschiedenen Eigenwerte orthotrop ($\mathcal{S}^O$), transversal-isotrop ($\mathcal{S}^{TI}$) oder isotrop ($SO(3)$). Zusätzlich zu (5.22) können die Symmetriebedingungen von A_0 durch den Inversionstensor (negativen Einheitstensor) auf $O(3)$

$$T_I(A_0) = (-I)A_0(-I)^\mathsf{T} = A_0, \qquad -I \in O(3) \tag{5.23}$$

erweitert werden. Aus den obigen Überlegungen folgt, dass für die alternative Darstellung eines symmetrischen Tensors 2. Stufe A die Menge der Invarianten $\mathcal{I} = \{I_1, I_2', I_3'\}$ und ein orthogonaler Tensor $Q \in SO(3)$, der den Tensor A_0 in den Tensor $\boldsymbol{A}$ transformiert, ausreichend sind. Diese Betrachtung erlaubt eine neue Formulierung der anisotropen Funktion $f(\boldsymbol{A})$, die anstatt von $\boldsymbol{A}$ von $\mathcal{I}$ und $\boldsymbol{Q}$ abhängig ist

$$\hat{f}(\mathcal{I}, \boldsymbol{Q}) = f(\boldsymbol{A}), \qquad \forall \boldsymbol{A} \in O_{\mathcal{I}}, \qquad \boldsymbol{Q} \in SO(3). \tag{5.24}$$

Die neue Darstellung besitzt die Symmetrien von $\boldsymbol{A}_0$

$$\hat{f}(\mathcal{I}, \boldsymbol{Q}\boldsymbol{Q}_s) = \hat{f}(\mathcal{I}, \boldsymbol{Q}), \qquad \forall \boldsymbol{Q} \in SO(3), \quad \forall \boldsymbol{Q}_s \in \mathcal{S} \subseteq SO(3), \tag{5.25}$$

$$\hat{f}(\mathcal{I}, \boldsymbol{Q}) = \hat{f}(\mathcal{I}, -\boldsymbol{Q}), \qquad \forall \boldsymbol{Q} \in SO(3), \tag{5.26}$$

wenn die Eigenwerte voneinander verschieden sind ($\lambda_1 \neq \lambda_2 \neq \lambda_3$) bzw. wenn $\mathcal{S} \cong \mathcal{S}^O$ gilt.

Die Darstellung $\hat{f}(\mathcal{I}, \boldsymbol{Q})$ der Funktion $f(\boldsymbol{A})$ über $SO(3)$ zusammen mit der Annahme, dass diese quadratisch integrierbar ($f(\boldsymbol{A}) \in L^2(Sym)$) und stetig ist, erlaubt eine irreduzible Darstellung durch eine tensorielle Fourier-Reihe vom Typ (5.10). Das Ziel dieses Kapitels ist, eine koordinatenfreie Darstellung von $f(\boldsymbol{A})$ bzw. $\hat{f}(\mathcal{I}, \boldsymbol{Q})$ zu finden, die die Funktionseigenschaften (5.25) und (5.26) erfüllt.

Jeder der orthogonalen Unterräume in der tensoriellen Darstellung von (5.10) ist $2\beta + 1$-dimensional, so dass die voneinander unabhängigen Komponenten eines irreduziblen Tensors $\hat{\mathbb{T}}'_{\langle\beta\rangle}$ im Allgemeinen $2\beta + 1$ linear unabhängige Funktionen ϕ_i (Bröcker und Dieck (1985)) definieren

$$\phi_i : SO(3) \to R, \qquad i = 1, .., 2\beta + 1. \tag{5.27}$$

Bedingung (5.25) lässt sich durch irreduzible orthotrope Tensoren

$$\boldsymbol{Q}_s \star \hat{\mathbb{T}}'_{\langle\beta\rangle} = \hat{\mathbb{T}}'_{\langle\beta\rangle}, \qquad \forall \boldsymbol{Q}_s \in \mathcal{S}^O \subseteq SO(3), \tag{5.28}$$

bzw. durch Funktionen $\phi_i(\boldsymbol{Q})$ ($i = 1, \ldots, 2\beta + 1$) erfüllen, die invariant bzgl. der Symmetriegruppe $\mathcal{S}^O$

$$\phi_i(\boldsymbol{Q}) = \phi_i(\boldsymbol{Q}\boldsymbol{Q}_s), \qquad \forall \boldsymbol{Q}_s \in \mathcal{S}^O \subseteq SO(3), \quad \forall \boldsymbol{Q} \in SO(3) \tag{5.29}$$

sind. Damit auch die zweite Anforderung (5.26) erfüllt ist, dürfen nur irreduzible Tensoren gerader Stufe verwendet werden, so dass die Inversionsbedingung

$$\phi_i(\boldsymbol{Q}) = \phi_i(-\boldsymbol{Q}), \qquad \forall \boldsymbol{Q} \in SO(3) \tag{5.30}$$

gilt. Die betrachtete stetige, quadratisch integrierbare Funktion mit den Eigenschaften (5.29) und (5.30) nimmt die folgende Fourier-Reihendarstellung an

$$\hat{f}(\mathcal{I}, \boldsymbol{Q}) = f_0(\mathcal{I}) + \sum_{\beta=2}^{\infty} f_\beta(\mathcal{I}, \boldsymbol{Q}), \qquad \beta = 2, 4, 6, \ldots, \infty. \tag{5.31}$$

$f_0(\mathcal{I})$ ist eine skalare isotrope Funktion, die nur von den Invarianten von $\boldsymbol{A}$ abhängig ist. Dagegen sind die weiteren Fourier-Reihenglieder anisotrop und abhängig von $\boldsymbol{Q}$. Wie schon erläutert wurde, sind die Glieder der Fourier-Reihe orthogonal zueinander bzgl. des Skalarprodukts über $SO(3)$

$$\int_{SO(3)} f_\alpha(\mathcal{I}, \boldsymbol{Q}) f_\beta(\mathcal{I}, \boldsymbol{Q}) \, \mathrm{d}Q = 0, \quad \forall \alpha \neq \beta, \quad \boldsymbol{Q} \in SO(3), \quad \alpha, \beta = 0, 2, 4, \ldots \tag{5.32}$$

und die Rotation über $SO(3)$ ist unitär

$$\int_{SO(3)} f_\alpha(\mathcal{I}, \boldsymbol{Q}\boldsymbol{Q}_0) f_\beta(\mathcal{I}, \boldsymbol{Q}\boldsymbol{Q}_0) \, \mathrm{d}Q = \int_{SO(3)} f_\alpha(\mathcal{I}, \boldsymbol{Q}) f_\beta(\mathcal{I}, \boldsymbol{Q}) \, \mathrm{d}Q, \tag{5.33}$$

$$\boldsymbol{Q} \in SO(3), \qquad \forall \boldsymbol{Q}_0 \in SO(3), \qquad \alpha, \beta = 0, 2, 4, \ldots.$$

5.3 Tensorielle Basis irreduzibler Tensorfunktionen eines symmetrischen Tensors 2. Stufe

Für (5.31) müssen irreduzible Basistensoren gerader Stufe β so ausgewählt werden, dass die von ihnen generierte Funktion laut (5.22) nicht nur die Bedingung (5.25) für $\mathcal{S}^O$, sondern auch die Bedingung für $\mathcal{S}^{TI}$

$$\hat{f}(\mathcal{I} \backslash \{I_3'\}, \boldsymbol{Q}) = \hat{f}(\mathcal{I} \backslash \{I_3'\}, \boldsymbol{Q}\boldsymbol{Q}_s), \qquad \boldsymbol{Q}_s \in \mathcal{S}^{TI} \subseteq SO(3) \tag{5.34}$$

für zwei gleiche Eigenwerte von $\boldsymbol{A}$ erfüllt. Eine solche Basis kann anhand von $\boldsymbol{A}_0$ bzw. $\boldsymbol{A}$ gebildet werden.

Betrachtet wird ein irreduzibler Tensor $\hat{\mathbb{T}}'_{\langle\beta\rangle} \in Sym'^{\otimes\beta}$ gerader Stufe β. Bei einer orthotropen Symmetrie

$$\hat{\mathbb{T}}'_{\langle\beta\rangle} = \boldsymbol{Q}_s \star \hat{\mathbb{T}}'_{\langle\beta\rangle}, \qquad \boldsymbol{Q}_s \in \mathcal{S}^O \subseteq SO(3) \tag{5.35}$$

besitzt dieser Tensor $\beta/2 + 1$ linear unabhängige Komponenten. Eine orthotrope irreduzible Tensorfunktion gerader Stufe β lässt sich durch eine linear unabhängige (nicht orthonormale) Basis irreduzibler Tensoren der Stufe β, bestehend aus $\beta/2 + 1$ Basistensoren, darstellen (Bunge, 1969; Zheng und Zou, 2001).

Für die Konstruktion der Basis für $\beta = 2$ wird hier von dem Ergebnis für isotrope Tensorfunktionen 2. Stufe ausgegangen. Eine isotrope tensorwertige Tensorfunktion 2. Stufe eines symmetrischen Tensors 2. Stufe

$$QG(A)Q^\mathsf{T} = G(QAQ^\mathsf{T}), \qquad A \in Sym \tag{5.36}$$

lässt sich nach Boehler (1987) durch die Generatoren A und A^2 und die Grundinvarianten $\mathrm{tr}(A)$, $\mathrm{tr}(A^2)$ und $\mathrm{tr}(A^3)$ auf die folgende Weise

$$G(A) = \alpha I + \beta A + \gamma A^2 \tag{5.37}$$

darstellen (vgl. auch Rivlin und Ericksen (1955)). Die Koeffizienten α, β und γ sind Funktionen der Grundinvarianten. Wird der deviatorische Anteil von $G(A)$

$$G'(A) = \beta A' + \gamma A^{2\prime} \tag{5.38}$$

betrachtet, dann kann dieser durch A' mit

$$A^{2\prime} = \left(A' + \frac{1}{3}\mathrm{tr}(A)I\right)^{2\prime} = A'^{2\prime} + \frac{2}{3}\mathrm{tr}(A)A' \tag{5.39}$$

ausgedrückt werden. Die Funktion $G'(A)$ hat die Form

$$G'(A) = \left(\beta + \frac{2}{3}\gamma\mathrm{tr}(A)\right)A' + \gamma A'^{2\prime} = \zeta A' + \eta A'^{2\prime}. \tag{5.40}$$

Die unbekannten Funktionen ζ und η sind als Funktionen von $\mathrm{tr}(A)$, $\mathrm{tr}(A'^2)$ und $\mathrm{tr}(A'^3)$ bestimmbar. Für eine isotrope Tensorfunktion 2. Stufe, die von den orthotropen Tensoren A_0 abhängig ist, gilt

$$G'(A_0) = G'(QA_0Q^\mathsf{T}) = \zeta A'_0 + \eta A_0'^{2\prime}, \qquad Q \in \mathcal{S}^O \subseteq SO(3). \tag{5.41}$$

Die irreduziblen Tensoren A'_0 und $A_0'^{2\prime}$ sind linear unabhängig voneinander und bilden eine linear unabhängige orthotrope Basis

$$\mathcal{B}_2^0 = \left\{A'_0, A_0'^{2\prime}\right\}. \tag{5.42}$$

Für eine transversale Isotropie von A_0 (Symmetriegruppe $\mathcal{S}^{TI}$) gilt für die beiden Basistensoren

$$A_0'^{2\prime} \propto A'_0 \tag{5.43}$$

und diese sind null im Falle eines isotropen Tensors A_0 (Symmetriegruppe $SO(3)$)

$$A_0'^{2\prime} = A'_0 = 0. \tag{5.44}$$

Die Basen für irreduzible und orthotrope Tensoren höherer Stufe β lassen sich weiter durch (5.42) konstruieren und bestehen aus jeweils $\beta/2 + 1$ linear unabhängigen irreduziblen, geraden Dyaden. Für Tensorfunktionen 4. Stufe ist die orthotrope Basis ein Satz von drei irreduziblen Dyaden 4. Stufe in der Form

$$\mathcal{B}_4^0 = \left\{ \left(\boldsymbol{A}_0' \otimes \boldsymbol{A}_0' \right)', \left(\boldsymbol{A}_0' \otimes \boldsymbol{A}_0'^{2\prime} \right)', \left(\boldsymbol{A}_0'^{2\prime} \otimes \boldsymbol{A}_0'^{2\prime} \right)' \right\}. \tag{5.45}$$

Für ein besseres Verständnis von (5.45) wird hier die Zerlegung des irreduziblen Anteils einer isotropen, tensorwertigen Tensorfunktion 4. Stufe (nicht irreduzibel) von einem symmetrischen Tensor 2. Stufe gegeben. Eine solche tensorwertige Tensorfunktion, die die Hauptsymmetrie und die linke und rechte Subsymmetrie besitzt

$$\mathbb{G}_{\langle 4 \rangle}(\boldsymbol{A}) = \mathbb{G}_{\langle 4 \rangle}^{\mathsf{T_H}}(\boldsymbol{A}) = \mathbb{G}_{\langle 4 \rangle}^{\mathsf{T_L}}(\boldsymbol{A}) = \mathbb{G}_{\langle 4 \rangle}^{\mathsf{T_R}}(\boldsymbol{A}), \tag{5.46}$$

kann nach Böhlke und Bertram (2001a) (vgl. auch Zheng (1994)) wie folgt dargestellt werden

$$\begin{aligned}
\mathbb{G}_{\langle 4 \rangle}(\boldsymbol{A}) = {} & \varphi_1 \boldsymbol{I} \otimes \boldsymbol{I} + \varphi_2 \mathbb{I}^S + \varphi_3 \left(\boldsymbol{I} \otimes \boldsymbol{A} + \boldsymbol{A} \otimes \boldsymbol{I} \right) + \varphi_4 \boldsymbol{A} \otimes \boldsymbol{A} \\
& + \varphi_5 \left(\boldsymbol{I} \otimes \boldsymbol{A}^2 + \boldsymbol{A}^2 \otimes \boldsymbol{I} \right) + \varphi_6 \left(\boldsymbol{A} \otimes \boldsymbol{A}^2 + \boldsymbol{A}^2 \otimes \boldsymbol{A} \right) + \varphi_7 \boldsymbol{A}^2 \otimes \boldsymbol{A}^2 \\
& + \varphi_8 \left(\boldsymbol{I} \square \boldsymbol{A} + \left(\boldsymbol{I} \square \boldsymbol{A} \right)^{\mathsf{T_R}} + \boldsymbol{A} \square \boldsymbol{I} + \left(\boldsymbol{A} \square \boldsymbol{I} \right)^{\mathsf{T_R}} \right) \\
& + \varphi_9 \left(\boldsymbol{I} \square \boldsymbol{A}^2 + \left(\boldsymbol{I} \square \boldsymbol{A}^2 \right)^{\mathsf{T_R}} + \boldsymbol{A}^2 \square \boldsymbol{I} + \left(\boldsymbol{A}^2 \square \boldsymbol{I} \right)^{\mathsf{T_R}} \right).
\end{aligned} \tag{5.47}$$

Das Tensorprodukt $\square$ zweier Tensoren 2. Stufe wird wie folgt definiert

$$C_{ijkl} = (\boldsymbol{A} \square \boldsymbol{B})_{ijkl} = A_{ik} B_{lj}. \tag{5.48}$$

φ_i, $i = 1, \ldots, 9$ sind isotrope Funktionen der Invarianten von $\boldsymbol{A}$. Der irreduzible Anteil von (5.47) besteht aus einer linearen Kombination der linear unabhängigen Tensoren 4. Stufe wie in (5.45), durch $\boldsymbol{A}'$ dargestellt

$$\begin{aligned}
\mathbb{G}'_{\langle 4 \rangle}(\boldsymbol{A}) = {} & \left(\varphi_4 + \frac{4}{3} \mathrm{tr}(\boldsymbol{A}) \varphi_6 + \frac{4}{9} \mathrm{tr}^2(\boldsymbol{A}) \varphi_7 \right) \left(\boldsymbol{A}' \otimes \boldsymbol{A}' \right)' \\
& + \left(2\varphi_6 + \frac{4}{3} \mathrm{tr}(\boldsymbol{A}) \varphi_7 \right) \left(\boldsymbol{A}' \otimes \boldsymbol{A}'^{2\prime} \right)' + \varphi_7 \left(\boldsymbol{A}'^{2\prime} \otimes \boldsymbol{A}'^{2\prime} \right)'.
\end{aligned} \tag{5.49}$$

Für weitere gerade Tensorstufen β hat die Basis (5.45) die folgende allgemeine Darstellung durch $\beta/2 + 1$ irreduzible, linear unabhängige Tensoren als $\beta/2$-fache Dyaden von $\boldsymbol{A}_0'$ und $\boldsymbol{A}_0'^{2\prime}$

$$\mathcal{B}_\beta^0 = \left\{ \left(\boldsymbol{A}_0'^{\otimes(\beta/2-(\gamma-1))} \otimes \boldsymbol{A}_0'^{2\prime\otimes(\gamma-1)} \right)' \right\}, \qquad \gamma = 1, \ldots, \beta/2 + 1. \tag{5.50}$$

Die Bezeichnung $\boldsymbol{A}^{\otimes\beta}$ entspricht der β-fachen Dyade von $\boldsymbol{A}$

$$\boldsymbol{A}^{\otimes\beta} = \underbrace{\boldsymbol{A} \otimes \boldsymbol{A} \otimes \ldots \otimes \boldsymbol{A}}_{\beta\times}. \tag{5.51}$$

Alle Basistensoren in (5.50) besitzen die orthotrope Symmetrie und ihre Linearkombination bildet einen irreduziblen orthotropen Tensor von Stufe β.

5.4 Onat'scher Darstellungssatz

Nachdem die obigen Überlegungen durchgeführt wurden, kann $\hat{f}(\mathcal{I}, \boldsymbol{Q})$ durch eine tensorielle Fourier-Reihe (5.31) dargestellt werden, die die geforderten Symmetriebedingungen (5.25) und (5.26) erfüllt. Jede skalare Funktion $f_\beta(\mathcal{I}, \boldsymbol{Q})$ lässt sich durch die Basis $\mathcal{B}_\beta^0$ aus (5.50) und $\beta/2 + 1$ Fourier-Koeffizienten darstellen. Das erste Glied $f_0(\mathcal{I})$ ist eine isotrope Skalarfunktion

$$f_0(\mathcal{I}) = \hat{V}_0(\mathcal{I}). \tag{5.52}$$

Die Funktion $f_2(\mathcal{I}, \boldsymbol{Q})$ setzt sich aus zwei Fourier-Koeffizienten zusammen, die in $SO(3)$ invariant sind und nur von den Grundinvarianten von $\boldsymbol{A}$ abhängen $(\boldsymbol{A} = \boldsymbol{Q}\boldsymbol{A}_0\boldsymbol{Q}^\mathsf{T})$

$$f_2(\mathcal{I}, \boldsymbol{Q}) = \hat{\boldsymbol{V}}^{\prime(1)}(\mathcal{I}) \cdot \boldsymbol{A}' + \hat{\boldsymbol{V}}^{\prime(2)}(\mathcal{I}) \cdot \boldsymbol{A}'^{2\prime}. \tag{5.53}$$

Analog besteht das nächste Glied der Fourier-Reihe mit $\beta = 4$ aus drei Summanden

$$f_4(\mathcal{I}, \boldsymbol{Q}) = \hat{\mathbb{V}}_{\langle 4\rangle}^{\prime(1)}(\mathcal{I}) \cdot \left(\boldsymbol{A}' \otimes \boldsymbol{A}'\right)' + \hat{\mathbb{V}}_{\langle 4\rangle}^{\prime(2)}(\mathcal{I}) \cdot \left(\boldsymbol{A}' \otimes \boldsymbol{A}'^{2\prime}\right)' + \hat{\mathbb{V}}_{\langle 4\rangle}^{\prime(3)}(\mathcal{I}) \cdot \left(\boldsymbol{A}'^{2\prime} \otimes \boldsymbol{A}'^{2\prime}\right)'$$

$$= \sum_{\lambda=1}^{3} \hat{\mathbb{V}}_{\langle 4\rangle}^{\prime(\lambda)}(\mathcal{I}) \cdot \left(\boldsymbol{A}'^{\otimes(3-\lambda)} \otimes \boldsymbol{A}'^{2\prime\otimes(\lambda-1)}\right)'. \tag{5.54}$$

Laut (5.50) besitzt die Fourier-Reihe von $\hat{f}(\mathcal{I}, \boldsymbol{Q})$ die folgende allgemeine Darstellung

$$\hat{f}(\mathcal{I}, \boldsymbol{Q}) = \hat{V}_0(\mathcal{I}) + \sum_{\beta=2}^{\infty} \sum_{\lambda=1}^{\beta/2+1} \hat{\mathbb{V}}_{\langle\beta\rangle}^{\prime(\lambda)}(\mathcal{I}) \cdot \left(\boldsymbol{A}'^{\otimes(\beta/2+1-\lambda)} \otimes \boldsymbol{A}'^{2\prime\otimes(\lambda-1)}\right)' \tag{5.55}$$

bzw.

$$\hat{f}(\mathcal{I}, \boldsymbol{Q}) = \hat{V}_0(\mathcal{I}) + \sum_{\beta=2}^{\infty} \sum_{\lambda=1}^{\beta/2+1} \boldsymbol{Q} \star \hat{\mathbb{V}}_{\langle\beta\rangle}^{\prime(\lambda)}(\mathcal{I}) \cdot \left(\boldsymbol{A}_0'^{\otimes(\beta/2+1-\lambda)} \otimes \boldsymbol{A}_0'^{2\prime\otimes(\lambda-1)}\right)',$$

$$\beta = 2, 4, 6, \ldots, \quad T_{Qs}(\boldsymbol{A}_0) = \boldsymbol{A}_0, \quad \forall \boldsymbol{Q}_s \in \mathcal{S}^O \subseteq SO(3). \tag{5.56}$$

Die Darstellung (5.56) wurde zum ersten Mal von Onat (1990) vorgeschlagen. Die Reihen-Glieder irreduzibler Tensoren verschiedener Stufe erfüllen die Orthogonalitätsbedingung (5.32). Die über $SO(3)$ gemittelten Dyaden von Basistensoren eines gleichen Unterraums der Dimension $2\beta + 1$ sind proportional zu dem Identitätstensor für irreduzible Tensoren der Stufe β. Werden die einzelnen $\beta/2 + 1$ Elemente der Basis $\mathcal{B}_\beta$ durch $\mathbb{B}'^{(1)}_{\langle\beta\rangle}, \dots, \mathbb{B}'^{(\beta/2+1)}_{\langle\beta\rangle}$ bezeichnet, dann gilt

$$\int\limits_{SO(3)} \boldsymbol{Q} \star \mathbb{B}'^{(i)}_{\langle\beta\rangle} \otimes \boldsymbol{Q} \star \mathbb{B}'^{(j)}_{\langle\beta\rangle} \, \mathrm{d}Q = \varphi(\mathcal{I})\boldsymbol{\Delta}_{\langle 2\beta\rangle}, \qquad i,j = 1,\dots,\beta/2 + 1, \qquad (5.57)$$

wobei der Proportionalitätsfaktor $\varphi(\mathcal{I})$ eine isotrope Funktion der Invarianten von $\boldsymbol{A}$ ist.

Für den Fall der transversalen Isotropie, wenn $\boldsymbol{A}$ nur zwei verschiedene Eigenwerte hat und $\mathcal{S} \cong \mathcal{S}^{TI}$ gilt, ist der Onat'sche Satz nur mit der ersten Dyade der Basis $\mathcal{B}^0_\beta$ zu formulieren. Damit folgt für (5.56) mit (5.43)

$$\hat{f}(\mathcal{I}\setminus\{I_3'\},\boldsymbol{Q}) = \hat{V}_0(\mathcal{I}\setminus\{I_3'\}) + \sum_{\beta=2}^{\infty} \boldsymbol{Q} \star \hat{\mathbb{V}}'_{\langle\beta\rangle}(\mathcal{I}\setminus\{I_3'\}) \cdot \left(\boldsymbol{A}_0'^{\otimes\beta/2}\right)',$$

$$\beta = 2,4,6,\dots, \quad T_{Qs}(\boldsymbol{A}_0) = \boldsymbol{A}_0, \quad \forall \boldsymbol{Q}_s \in \mathcal{S}^{TI} \subseteq SO(3). \qquad (5.58)$$

Für den isotropen Sonderfall mit $\boldsymbol{A}_0 = \lambda\boldsymbol{I}$ und $\mathcal{S} \cong SO(3)$ gilt

$$\hat{f}(\mathcal{I}\setminus\{I_2',I_3'\},\boldsymbol{Q}) = \hat{V}_0(\mathcal{I}\setminus\{I_2',I_3'\}), \qquad T_{Qs}(\boldsymbol{A}_0) = \boldsymbol{A}_0, \quad \forall \boldsymbol{Q}_s \in SO(3). \qquad (5.59)$$

5.5 Beispiele

Zur Veranschaulichung der obigen Theorie werden hier zwei einfache Beispiele von polynomialen tensorwertigen Skalarfunktionen eines symmetrischen Tensors 2. Stufe aufgeführt.

Lineare Funktion. Die allgemeine Form des Onat'schen Darstellungssatzes einer linearen Funktion

$$f_L(\boldsymbol{\varepsilon}) = \boldsymbol{A} \cdot \boldsymbol{\varepsilon}, \quad \boldsymbol{\varepsilon} \in Sym \qquad (5.60)$$

eines symmetrischen Tensors $\boldsymbol{\varepsilon}$ enthält nur zwei Summanden

$$f_L(\boldsymbol{\varepsilon}) = \hat{V}_0(\mathrm{tr}(\boldsymbol{\varepsilon})) + \hat{\boldsymbol{V}}'^{(1)} \cdot \boldsymbol{\varepsilon}'. \qquad (5.61)$$

Die unbekannten Fourier-Koeffizienten $\hat{V}_0$ und $\hat{\boldsymbol{V}}'^{(1)}$ können durch die Zerlegung von $\boldsymbol{A}$ und ε in einen deviatorischen und sphärischen Anteil bestimmt werden

$$
\begin{aligned}
f_L(\varepsilon) &= \boldsymbol{A} \cdot \varepsilon \\
&= \left(\boldsymbol{A}^\circ + \boldsymbol{A}' + \mathrm{skw}(\boldsymbol{A})\right) \cdot \left(\varepsilon^\circ + \varepsilon'\right) \\
&= \boldsymbol{A}^\circ \cdot \varepsilon^\circ + \boldsymbol{A}^\circ \cdot \varepsilon' + \boldsymbol{A}' \cdot \varepsilon^\circ + \boldsymbol{A}' \cdot \varepsilon' \\
&= \frac{1}{3}\mathrm{tr}(\boldsymbol{A})\mathrm{tr}(\varepsilon) + \boldsymbol{A}' \cdot \varepsilon'
\end{aligned}
\tag{5.62}
$$

mit den Fourier-Koeffizienten

$$
\hat{V}_0(\mathrm{tr}(\varepsilon)) = \frac{1}{3}\mathrm{tr}(\boldsymbol{A})\mathrm{tr}(\varepsilon), \quad \hat{\boldsymbol{V}}'^{(1)} = \boldsymbol{A}'.
\tag{5.63}
$$

Quadratische Funktion. Die Fourier-Reihendarstellung einer quadratischen Form

$$
f_Q(\varepsilon) = \varepsilon \cdot \mathbb{C}\left[\varepsilon\right], \quad \varepsilon \in Sym
\tag{5.64}
$$

besteht nach dem Onat'schen Satz aus vier Summanden

$$
\begin{aligned}
f_Q(\varepsilon) &= \hat{V}_0(\mathrm{tr}(\varepsilon), \mathrm{tr}(\varepsilon'^2)) \\
&+ \hat{\boldsymbol{V}}'^{(1)}(\mathrm{tr}(\varepsilon)) \cdot \varepsilon' + \hat{\boldsymbol{V}}'^{(2)} \cdot \varepsilon'^2 \\
&+ \hat{\mathbb{V}}_4'^{(1)} \cdot \left(\varepsilon' \otimes \varepsilon'\right)'.
\end{aligned}
\tag{5.65}
$$

Die Symmetrie von $\varepsilon \in Sym$ induziert die linke und rechte Untersymmetrie von $\mathbb{C}$. Die Hauptsymmetrie von $\mathbb{C}$ folgt ohne Beschränkung der Allgemeinheit aus $\varepsilon \otimes \varepsilon = (\varepsilon \otimes \varepsilon)^{\mathsf{T_H}}$, also aus der quadratischen Form selbst. Aus diesem Grund kann die Bestimmung der Fourier-Koeffizienten mit Hilfe der harmonischen Zerlegung eines elastischen Tensors erfolgen, ohne ein Minimierungsproblem anzuwenden. Die harmonische Zerlegung lautet (Forte und Vianello (1996))

$$
\mathbb{C} = h_1 \mathbb{P}_1^I + h_2 \mathbb{P}_2^I + \boldsymbol{H}_1' \otimes \boldsymbol{I} + \boldsymbol{I} \otimes \boldsymbol{H}_1' + 4\mathbb{J}[\boldsymbol{H}_2'] + \mathbb{H}'
\tag{5.66}
$$

mit dem ersten und zweiten isotropen Anteil

$$
h_\gamma = \mathbb{C} \cdot \frac{\mathbb{P}_\gamma^I}{\left\|\mathbb{P}_\gamma^I\right\|^2}, \quad \gamma = 1, 2
\tag{5.67}
$$

und die deviatorischen Tensoren 2. Stufe

$$H'_1 = \frac{5}{7}C'_1 - \frac{4}{7}C'_2, \quad H'_2 = \frac{3}{7}C'_2 - \frac{2}{7}C'_1, \tag{5.68}$$

die sich mit Hilfe des Dilatationsmoduls und des Voigt'schen Tensors berechnen lassen

$$C_1 = C_{iikl}e_k \otimes e_l, \quad C_2 = C_{ikil}e_k \otimes e_l. \tag{5.69}$$

Für die lineare Abbildung $4\mathbb{J}[H'_2]$ gilt

$$\begin{aligned}
4\mathbb{J}[H'_2] &= \left((H'_2)_{im}\delta_{jn} + (H'_2)_{in}\delta_{jm} + \delta_{im}(H'_2)_{jn} + \delta_{in}(H'_2)_{jm}\right) e_i \otimes e_j \otimes e_m \otimes e_n \\
&= H'_2 \square I + \left(H'_2 \square I\right)^{\mathsf{T_R}} + I \square H'_2 + \left(I \square H'_2\right)^{\mathsf{T_R}}.
\end{aligned} \tag{5.70}$$

Die Onat'sche Darstellung folgt damit direkt aus der harmonischen Zerlegung von $\mathbb{C}$

$$\begin{aligned}
f_Q(\varepsilon) &= \frac{h_1}{3}\mathrm{tr}^2(\varepsilon) + h_2\mathrm{tr}(\varepsilon'^2) \\
&+ 2\mathrm{tr}(\varepsilon)\left(H'_1 + \frac{4}{3}H'_2\right) \cdot \varepsilon' + 4H'_2 \cdot \varepsilon'^{2\prime} \\
&+ \mathbb{H}' \cdot (\varepsilon' \otimes \varepsilon')'.
\end{aligned} \tag{5.71}$$

Damit gilt für die nicht verschwindenden Fourier-Koeffizienten

$$\hat{V}_0(\mathrm{tr}(\varepsilon), \mathrm{tr}(\varepsilon'^2)) = \frac{h_1}{3}\mathrm{tr}^2(\varepsilon) + h_2\mathrm{tr}(\varepsilon'^2),$$

$$\hat{V}'^{(1)}(\mathrm{tr}(\varepsilon)) = 2\mathrm{tr}(\varepsilon)\left(H'_1 + \frac{4}{3}H'_2\right), \quad \hat{V}'^{(2)} = 4H'_2, \quad \hat{\mathbb{V}}'^{(1)}_{\langle 4\rangle} = \mathbb{H}'. \tag{5.72}$$

Kapitel 6

Texturbasierte Fließpotentiale in Abhängigkeit von Texturkoeffizienten

6.1 Spannungspotential

Spannungspotential für einen Einkristall. Als Grundlage für die Formulierung eines texturbasierten Fließpotentials wird das Hutchinson'sche Spannungspotential für starr-viskoplastische Einkristalle (3.70) verwendet. Dieses Potential hat die Form

$$\Psi^\tau\left(\boldsymbol{Q}^\mathsf{T}\boldsymbol{\tau}'\boldsymbol{Q}, \tau^C\right) = \frac{\dot{\gamma}_0 \tau^C}{m+1} \sum_\alpha^{12} \left| \frac{\boldsymbol{\tau}' \cdot \left(\boldsymbol{Q}\tilde{\boldsymbol{M}}_\alpha \boldsymbol{Q}^\mathsf{T}\right)}{\tau^C} \right|^{m+1}. \tag{6.1}$$

Es wird angenommen, dass die kritischen Schubspannungen und die Referenzscherraten für alle Gleitsysteme gleich sind. Die Form der Äquidissipationslinien des Spannungspotentials ist abhängig vom Dehnratensensitivitätsparameter m. Abb. 6.1 zeigt die Isolinien für den folgenden Hauptspannungszustand im deviatorischen Raum

$$\boldsymbol{\tau}' = \begin{bmatrix} \tau'_{11} & 0 & 0 \\ 0 & \tau'_{22} & 0 \\ 0 & 0 & -\tau'_{11} - \tau'_{22} \end{bmatrix} \boldsymbol{e}_i \otimes \boldsymbol{e}_j \tag{6.2}$$

für verschiedene Werte von m. Für kleine Ratensensitivitätsparameter sind die dreidimensionalen Dissipationsflächen kegelförmig. Diese gehen durch Erhöhung von m in pyramidenförmige Körper über. Die Isolinien gleicher Dissipation für verschiedene Werte von m konvergieren im Grenzfall $m \to \infty$ zu dem Bishop-Hill-Polyeder für $\tau_\alpha \leq \tau^C$, $\forall \alpha = 1 \dots 12$. Für weitere Beispiele der Äquidissipationslinien mit je zwei Spannungskomponenten in der Lequeu-Basis siehe Toth et al. (1988).

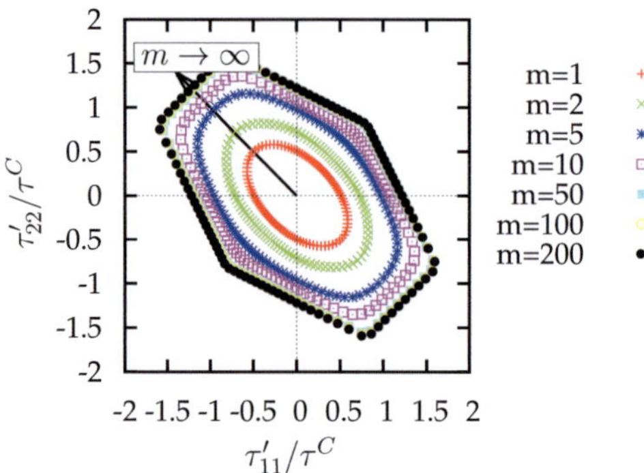

Abbildung 6.1: Isolinien $\sum_\alpha^{12}\left|\tau_\alpha/\tau^C\right|^{m+1}=1$ $(\boldsymbol{Q}=\boldsymbol{I})$ für verschiedene Werte von $m = 1, 2, 5, 10, 50, 100, 200$

Für den ratenunabhängigen Fall $m \to \infty$ ist der Grenzwert der Summe in $\Psi^\tau\left(\boldsymbol{Q}^\mathsf{T}\boldsymbol{\tau}'\boldsymbol{Q}, \tau^C\right)$ im Allgemeinen entweder null oder unendlich, je nach dem Verhältnis zwischen τ_α und τ^C

$$\lim_{m\to\infty}\sum_\alpha^{12}\left|\frac{\tau_\alpha}{\tau^C}\right|^{m+1} = \begin{cases} 0, & \tau_\alpha/\tau^C < 1\,, \\ \infty, & \tau_\alpha/\tau^C > 1\,. \end{cases} \tag{6.3}$$

Abbildung 6.2 stellt $\sum_\alpha^{12}\left|\tau_\alpha/\tau^C\right|^{m+1}$ für den Fall $m + 1 = 10$, $\boldsymbol{Q} = \boldsymbol{I}$ und den zweidimensionalen Hauptspannungszustand

$$\boldsymbol{\tau} = \begin{bmatrix} \tau_{11} & 0 & 0 \\ 0 & \tau_{22} & 0 \\ 0 & 0 & 0 \end{bmatrix} \boldsymbol{e}_i \otimes \boldsymbol{e}_j \tag{6.4}$$

grafisch dar. Die Äquidissipationslinien haben die Gestalt eines Polyeders, wie die Konturdarstellung für das Höhenniveau 1 zeigt. Die Werte der Funktion steigen für $\tau_\alpha/\tau^C > 1$ sprunghaft an, wobei in diesem Bereich die Form der Isolinien aus der Grafik in Abb. 6.2 nicht zu erkennen ist.

Normierung des Spannungspotentials. Eine Normierung des Spannungspotentials lässt sich durch die (m+1)-te Wurzel von (6.1) realisieren. Abbildung 6.3 zeigt die normierte Darstellung für $m + 1 = 10$. Die normierten Konturlinien für das Höhenniveau 1 und verschiedene Werte von m sind in Abb. 6.4 dargestellt.

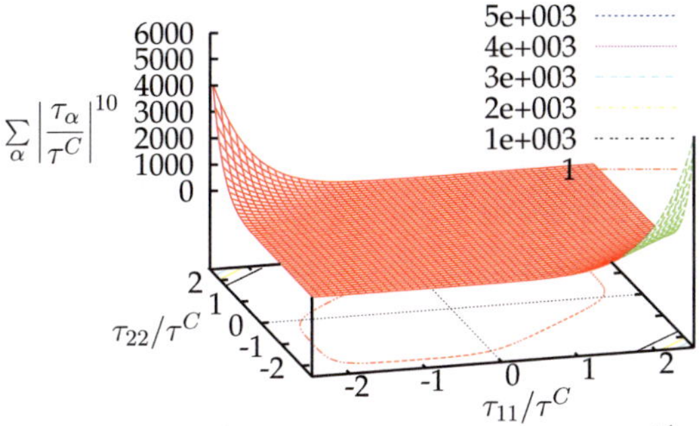

Abbildung 6.2: Dreidimensionale Darstellung von $\sum_\alpha^{12} \left| \tau_\alpha / \tau^C \right|^{m+1}$ für $m + 1 = 10$ und $Q = I$

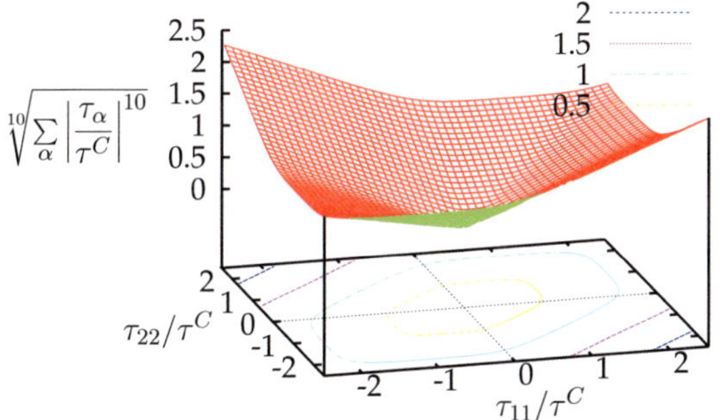

Abbildung 6.3: Dreidimensionale Darstellung von $\sqrt[m+1]{\sum_\alpha^{12} \left| \tau_\alpha / \tau^C \right|^{m+1}}$ für $m + 1 = 10$ und $Q = I$

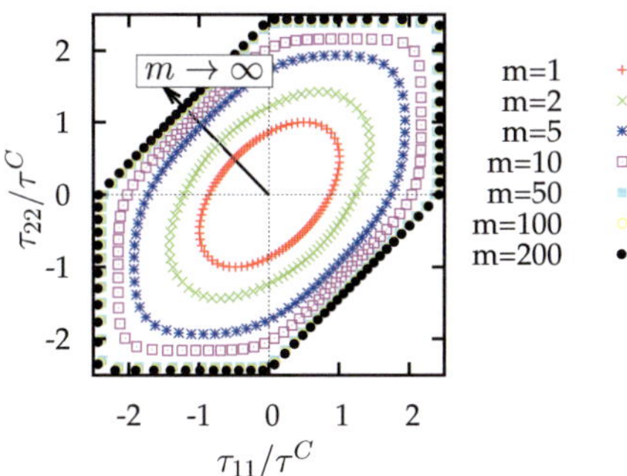

Abbildung 6.4: Isolinien $\sqrt[m+1]{\sum_\alpha^{12} \left| \tau_\alpha / \tau^C \right|^{m+1}} = 1$ ($Q = I$) für verschiedene Werte von $m = 1, 2, 5, 10, 50, 100, 200$

Eine Menge von Spannungstensoren, für die das Spannungspotential (6.1) einen konstanten Wert $C = \text{const}$ aufweist

$$\mathcal{T} = \left\{ \boldsymbol{\tau}' \mid \Psi^\tau\left(\boldsymbol{Q}^\mathsf{T}\boldsymbol{\tau}'\boldsymbol{Q}, \tau^C\right) = C \right\},\tag{6.5}$$

resultiert in einer Isolinie des normierten Potentials

$$\sqrt[m+1]{\Psi^\tau\left(\boldsymbol{Q}^\mathsf{T}\boldsymbol{\tau}'\boldsymbol{Q}, \tau^C\right)} = \sqrt[m+1]{C}, \qquad \boldsymbol{\tau}' \in \mathcal{T}.\tag{6.6}$$

Die beiden Varianten besitzen die gleiche Form der Isolinien, da für die Ableitung der Normierung gilt

$$\frac{\partial \sqrt[m+1]{\Psi^\tau\left(\boldsymbol{Q}^\mathsf{T}\boldsymbol{\tau}'\boldsymbol{Q}, \tau^C\right)}}{\partial \boldsymbol{\tau}'} = \frac{C^{-\frac{m}{m+1}}}{m+1} \frac{\partial \Psi^\tau\left(\boldsymbol{Q}^\mathsf{T}\boldsymbol{\tau}'\boldsymbol{Q}, \tau^C\right)}{\partial \boldsymbol{\tau}'} = \frac{C^{-\frac{m}{m+1}}}{m+1}\boldsymbol{D}', \qquad \boldsymbol{\tau}' \in \mathcal{T}.\tag{6.7}$$

Physikalisch entspricht die Normierung dem regularisierten Schmid'schen Gesetz (Arminjon, 1991; Gambin, 1992) mit

$$\lim_{m\to\infty} \sqrt[m+1]{\sum_\alpha^{12} \left(\frac{|\tau_\alpha|}{\tau^C}\right)^{m+1}} = \max_\alpha \left(\frac{|\tau_\alpha|}{\tau^C}\right) = 1, \qquad |\tau_\alpha| \leq \tau^C.\tag{6.8}$$

Für $|\tau_\alpha| \leq \tau^C$ ist der Grenzwert gleich eins. Die Normierung ermöglicht die grafische Darstellung des Spannungspotentials für große Werte von m.

Wird die Richtung des Spannungsdeviators durch die Bezeichnung $\boldsymbol{N}'_\tau$ eingeführt

$$\boldsymbol{N}'_\tau = \frac{\boldsymbol{\tau}'}{\|\boldsymbol{\tau}'\|},\tag{6.9}$$

dann folgt für das Spannungspotential (3.70) für einen Einkristall mit $\boldsymbol{Q} = \boldsymbol{I}$

$$\Psi^\tau\left(\boldsymbol{\tau}', \tau^C\right) = \frac{\dot{\gamma}_0 \tau^C}{m+1} \left\|\frac{\boldsymbol{\tau}'}{\tau^C}\right\|^{m+1} \Omega^\tau(\boldsymbol{N}'_\tau)\tag{6.10}$$

mit

$$\Omega^\tau(\boldsymbol{N}'_\tau) = \sum_\alpha^{12} \left|\boldsymbol{N}'_\tau \cdot \tilde{\boldsymbol{M}}_\alpha\right|^{m+1}.\tag{6.11}$$

Das zentrale Ziel ist es, im Folgenden den Anteil $\Omega^\tau(\boldsymbol{N}'_\tau)$ von $\Psi^\tau\left(\boldsymbol{\tau}', \tau^C\right)$ durch eine tensorielle Fourier-Reihe mit Texturkoeffizienten zu approximieren.

Eigenschaften von $\Omega^\tau(\boldsymbol{N}'_\tau)$**.** Die folgenden Eigenschaften der zu approximierenden Funktion $\Omega^\tau(\boldsymbol{N}'_\tau)$ müssen in der irreduziblen Darstellung berücksichtigt werden. Die Funktion besitzt eine kubische Symmetrie

$$\Omega^\tau(\boldsymbol{Q}\boldsymbol{N}'_\tau\boldsymbol{Q}^\mathsf{T}) = \Omega^\tau(\boldsymbol{N}'_\tau), \qquad \forall \boldsymbol{Q} \in \boldsymbol{H}^C \subseteq SO(3).\tag{6.12}$$

Die Inversionseigenschaft ist erfüllt, so dass eine Erweiterung auf $O(3)$ vorhanden ist

$$\Omega^\tau(\boldsymbol{Q}\boldsymbol{N}'_\tau\boldsymbol{Q}^\mathsf{T}) = \Omega^\tau((-\boldsymbol{Q})\boldsymbol{N}'_\tau(-\boldsymbol{Q})^\mathsf{T}), \qquad \forall \boldsymbol{Q} \in O(3). \tag{6.13}$$

Charakteristisch für die Richtung des Spannungstensors $\boldsymbol{N}'_\tau$ mit Eigenwerten n_α ($\alpha = 1, 2, 3$) ist nur die dritte Hauptinvariante III^*_τ. Da $\boldsymbol{N}'_\tau$ den normierten deviatorischen Anteil des Spannungstensors darstellt, sind die erste und die zweite Hauptinvariante konstant

$$I^*_\tau = n_1 + n_2 + n_3 = \mathrm{tr}(\boldsymbol{N}'_\tau) = 0, \tag{6.14}$$

$$II^*_\tau = n_1 n_2 + n_2 n_3 + n_3 n_1 = -\frac{1}{2}\left\|\boldsymbol{N}'_\tau\right\|^2 = -\frac{1}{2}, \tag{6.15}$$

$$III^*_\tau = n_1 n_2 n_3 = \frac{1}{3}\mathrm{tr}(\boldsymbol{N}'^3_\tau). \tag{6.16}$$

Analog gilt für die Grundinvarianten von $\boldsymbol{N}'_\tau$

$$I'_1 = \mathrm{tr}(\boldsymbol{N}'_\tau) = 0, \tag{6.17}$$

$$II'_2 = \mathrm{tr}(\boldsymbol{N}'^2_\tau) = \|\boldsymbol{N}'_\tau\|^2 = 1, \tag{6.18}$$

$$III'_3 = \mathrm{tr}(\boldsymbol{N}'^3_\tau) = 3 III^*_\tau. \tag{6.19}$$

Die Menge aller deviatorischen und normierten Tensoren $\boldsymbol{Q}\boldsymbol{N}'_\tau\boldsymbol{Q}^\mathsf{T}$ wird durch die dritte Haupt- oder Grundinvariante von $\boldsymbol{N}'_\tau$ charakterisiert

$$\mathcal{N} = \left\{ \boldsymbol{Q}\boldsymbol{N}'_\tau\boldsymbol{Q}^\mathsf{T} \mid I^*_\tau = 0,\ II^*_\tau = -\frac{1}{2},\ III^*_\tau = n_1 n_2 n_3, \qquad \forall \boldsymbol{Q} \in SO(3) \right\}. \tag{6.20}$$

Parametrisierung der Spannungsrichtung. Jede Richtung des Spannungsdeviators kann durch ihre Eigenwerte n_α, $\alpha = 1, 2, 3$ bzw. durch die Determinante III^*_τ und durch einen orthogonalen Tensor $\boldsymbol{Q}$ definiert werden

$$\boldsymbol{N}'_\tau = \boldsymbol{Q}\boldsymbol{N}'_0\boldsymbol{Q}^\mathsf{T}, \qquad \boldsymbol{N}'_0(\xi) = \sum_{\alpha=1}^{3} n_\alpha \boldsymbol{e}_\alpha \otimes \boldsymbol{e}_\alpha. \tag{6.21}$$

Verwendet wird hier die von Böhlke und Bertram (2001a) vorgeschlagene Parametrisierung, die die Eigenwerte von $\boldsymbol{N}'_\tau$ bzw. die Einträge des diagonalen Tensors $\boldsymbol{N}'_0(\xi)$ durch einen skalaren Parameter $\xi = [-1/2, 1/2]$ darstellt

$$n_{1,3} = -\frac{\sqrt{6}}{6}\xi \pm \frac{\sqrt{2}}{2}\sqrt{1-\xi^2}, \qquad n_2 = \frac{\sqrt{6}}{3}\xi. \tag{6.22}$$

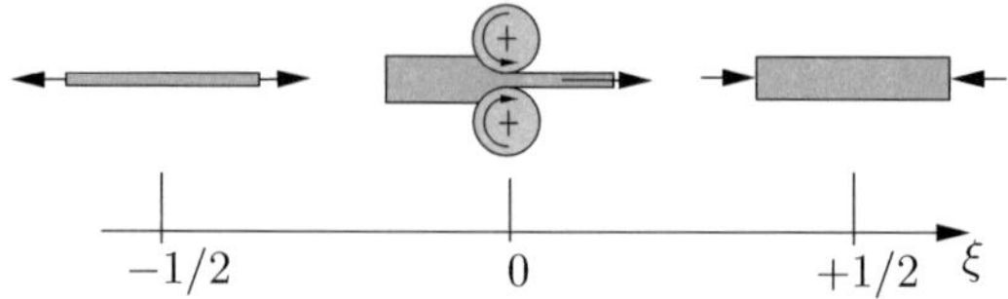

Abbildung 6.5: Veranschaulichung der Parametrisierung der Eigenwerte von N'_τ durch ξ

Belastungsart	ξ	n_1	n_2	n_3	III^*_τ
Einachsiger Zug	$-\frac{1}{2}$	$\frac{\sqrt{6}}{3}$	$-\frac{\sqrt{6}}{6}$	$-\frac{\sqrt{6}}{6}$	$\frac{\sqrt{6}}{18}$
Ebene Kompression	0	$\frac{\sqrt{2}}{2}$	0	$-\frac{\sqrt{2}}{2}$	0
Einachsiger Druck	$\frac{1}{2}$	$\frac{\sqrt{6}}{6}$	$\frac{\sqrt{6}}{6}$	$-\frac{\sqrt{6}}{3}$	$-\frac{\sqrt{6}}{18}$

Tabelle 6.1: Parametrisierung der Eigenwerte von N'_τ für ausgewählte Belastungsfälle

ξ beschreibt mögliche Belastungsfälle (Abb. 6.5). Die Parametrisierung der Eigenwerte für Zug, Druck und ebene Kompression ist in Tabelle 6.1 aufgelistet. Alternative Parametrisierungen wurden von Bunge (1970) und Van Houtte (1994) vorgeschlagen.

Die Determinante von $N'_0(\xi)$ bzw. von N'_τ hat die folgende Darstellung und den folgenden Definitionsbereich in Abhängigkeit von ξ

$$III^*_\tau = \det(N'_0(\xi)) = \frac{\sqrt{6}}{6}\xi\left(\frac{4}{3}\xi^2 - 1\right) \in \left[-\frac{\sqrt{6}}{18}, +\frac{\sqrt{6}}{18}\right]. \tag{6.23}$$

Es folgt, dass sich jede Richtung des Spannungsdeviators durch einen orthogonalen Tensor Q und die Determinante III^*_τ bzw. durch ξ parametrisieren lässt

$$N'_\tau = f(Q, III^*_\tau) = f(Q, \xi). \tag{6.24}$$

Zu beachten ist, dass bei einer Zug- und Druckbelastung zweifache Eigenwerte vorhanden sind. Damit ist $N'_0(\xi)$ für $\xi = \pm 1/2$ bzw. $III^*_\tau = \pm\sqrt{6}/18$ transversal-isotrop und für alle anderen Werte von $\xi = (-1/2, +1/2)$ bzw. $III^*_\tau \in \left(-\sqrt{6}/18, +\sqrt{6}/18\right)$ orthorhombisch.

Approximation für einen Einkristall. Die zu approximierende Funktion $\Omega^\tau(N'_\tau)$ kann laut (6.24) anstatt als Funktion der Richtung des Spannungsdeviators als Funktion von III^*_τ und Q dargestellt werden

$$\Omega^\tau(N'_\tau) = \Omega^\tau(Q, III^*_\tau). \tag{6.25}$$

Die Funktion ist stetig ($\Omega^\tau : C(SO(3), R) \to R$) und quadratisch integrierbar ($\Omega^\tau : L^2(SO(3), R) \to R$), so dass eine Approximation durch eine irreduzible Darstellung nach dem Onat'schen Darstellungssatz (5.56) möglich ist. Wegen der Inversionsbedingung (6.13) wird die Fourier-Reihenapproximation für $\Omega^\tau(Q, III_\tau^*)$ wie in (5.56) nur durch irreduzible Tensoren gerader Stufe konstruiert. Im Gegensatz zu der ursprünglichen Form des Satzes muss die betrachtete Funktion eine kubische Symmetrie (6.12) haben. Diese Bedingung kann für Einkristalle in die Approximation mit einbezogen werden, in dem die Fourier-Koeffizienten als kubische irreduzible Tensoren definiert werden. Die Fourier-Koeffizienten des Onat'schen Darstellungssatzes können als lineare Kombinationen der linear unabhängigen kubischen Basistensoren $\mathbb{V}'^{C0}_{\langle\beta_i\rangle}$ angegeben werden

$$\hat{\mathbb{V}}'^{(\lambda)}_{\langle\beta\rangle}(\mathcal{I}) = \kappa_{\beta\lambda}(III_\tau^*)\mathbb{V}'^{C0}_{\langle\beta\rangle}, \qquad \lambda = 1,\ldots,\beta/2 + 1, \quad \beta = 4, 6, 8, 10, \ldots, \quad (6.26)$$

$$\hat{\mathbb{V}}'^{(\lambda)}_{\langle\beta\rangle}(\mathcal{I}) = \sum_{i=1}^{2} \kappa_{\beta_i\lambda}(III_\tau^*)\mathbb{V}'^{C0}_{\langle\beta_i\rangle}, \qquad \lambda = 1,\ldots,\beta/2 + 1, \quad \beta = 12, 16, 18, \ldots \quad (6.27)$$

Da nicht verschwindende Tensoren 2. Stufe keine kubische Symmetrie abbilden können, entfallen die Fourier-Koeffizienten 2. Stufe

$$\hat{\boldsymbol{V}}'^{(\lambda)} = \boldsymbol{0}, \qquad \lambda = 1, 2. \tag{6.28}$$

Der erste isotrope Fourier-Koeffizient wird im Folgenden als $\Gamma_{\text{iso}}(III_\tau^*)$ bezeichnet

$$V_0(\mathcal{I}) = \Gamma_{\text{iso}}(III_\tau^*), \tag{6.29}$$

so dass die Notation derjenigen in Böhlke und Bertram (2003) entspricht. Damit lautet die tensorielle Fourier-Reihenentwicklung $\Omega^\tau_A(Q, III_\tau^*)$ von

$$\Omega^\tau(\boldsymbol{N}'_\tau) = \sum_{\alpha}^{12} \left| \boldsymbol{N}'_\tau \cdot \tilde{\boldsymbol{M}}_\alpha \right|^{m+1} \cong \Omega^\tau_A(Q, III_\tau^*) \tag{6.30}$$

nach (5.56)

$$\Omega^\tau_A(\boldsymbol{Q}, III_\tau^*) = \Gamma_{\text{iso}}(III_\tau^*) + \sum_{\beta} \sum_{\lambda=1}^{\beta/2+1} \sum_{i=1}^{p} \kappa_{\beta_i\lambda}(III_\tau^*)\mathbb{V}'^{C0}_{\langle\beta_i\rangle} \cdot (\boldsymbol{N}'^{\otimes(\beta/2+1-\lambda)}_\tau \otimes \boldsymbol{N}'^{2\otimes(\lambda-1)}_\tau),$$

$$III_\tau^* \in \left(-\frac{\sqrt{6}}{18}, +\frac{\sqrt{6}}{18} \right), \qquad p = \begin{cases} 1, & \beta = 4, 6, 8, 10, 14, \ldots \\ 2, & \beta = 12, 16, 18, 20, \ldots \end{cases} \tag{6.31}$$

Für die texturbasierte Approximation des Spannungspotentials $\Psi^\tau(\boldsymbol{Q}^\mathsf{T}\boldsymbol{\tau}'\boldsymbol{Q},\tau^C)$ gilt

$$\Psi_A^\tau(\boldsymbol{Q}^\mathsf{T}\boldsymbol{\tau}'\boldsymbol{Q},\tau^C) = \frac{\dot{\gamma}_0\tau^C}{m+1}\left\|\frac{\boldsymbol{\tau}'}{\tau^C}\right\|^{m+1}\Gamma_{\mathrm{iso}}(III_\tau^*) \tag{6.32}$$

$$+\frac{\dot{\gamma}_0\tau^C}{m+1}\left\|\frac{\boldsymbol{\tau}'}{\tau^C}\right\|^{m+1}\sum_\beta\sum_{\lambda=1}^{\beta/2+1}\sum_{i=1}^{p}\kappa_{\beta_i\lambda}(III_\tau^*)\mathbb{V}_{\langle\beta_i\rangle}'^{C}(\boldsymbol{Q})\cdot(\boldsymbol{N}_\tau'^{\otimes(\beta/2+1-\lambda)}\otimes\boldsymbol{N}_\tau'^{2\otimes(\lambda-1)}),$$

$$III_\tau^*\in\left(-\frac{\sqrt{6}}{18},+\frac{\sqrt{6}}{18}\right),\qquad p=\left\{\begin{array}{ll}1, & \beta=4,6,8,10,14,\dots\\2, & \beta=12,16,18,20,\dots\end{array}\right..$$

Die Darstellung (6.32) gilt für eine orthorhombische tensorielle Basis von $\boldsymbol{N}_\tau'$ und $\boldsymbol{N}_\tau'^{2\prime}$ nach (5.50), wenn $\boldsymbol{N}_\tau'$ drei verschiedene Eigenwerte hat. Für den Sonderfall einer Zug/Druck-Belastung, wenn $\boldsymbol{N}_\tau'$ nur zwei verschiedene Eigenwerte besitzt, reduziert sich die Onat'sche Darstellung in (6.32) nach (5.58) bis zu dem Ausdruck

$$\Psi_A^\tau(\boldsymbol{Q}^\mathsf{T}\boldsymbol{\tau}'\boldsymbol{Q},\tau^C) = \tag{6.33}$$

$$\frac{\dot{\gamma}_0\tau^C}{m+1}\left\|\frac{\boldsymbol{\tau}'}{\tau^C}\right\|^{m+1}\left(\Gamma_{\mathrm{iso}}(III_\tau^*)+\sum_\beta\sum_{i=1}^{p}\kappa_{\beta_i1}(III_\tau^*)\mathbb{V}_{\langle\beta_i\rangle}'^{C}(\boldsymbol{Q})\cdot\boldsymbol{N}_\tau'^{\otimes(\beta/2)}\right),$$

$$III_\tau^*=\pm\frac{\sqrt{6}}{18},\qquad p=\left\{\begin{array}{ll}1, & \beta=4,6,8,10,14,\dots\\2, & \beta=12,16,18,20,\dots\end{array}\right..$$

Die isotropen Materialfunktionen $\Gamma_{\mathrm{iso}}(III_\tau^*)$ und $\kappa_{\beta_i\lambda}(III_\tau^*)$ in der texturbasierten Approximation $\Omega_A^\tau(\boldsymbol{Q},III_\tau^*)$ sind abhängig vom Belastungsfall (III_τ^*), vom Dehnratensensitivitätsparameter m und von der Geometrie der Gleitsysteme. Die Texturkoeffizienten $\mathbb{V}_{\langle\beta_i\rangle}'^{C0}$ in der irreduziblen Darstellung können als Strukturtensoren im Sinne von Boehler (1987) und Svendsen (1994) interpretiert werden.

Approximation für Polykristalle. Für Polykristalle erlaubt die irreduzible Darstellung des Spannungspotentials für Einkristalle die Abschätzung einer oberen Schranke für das makroskopische Spannungspotential unter der Annahme eines homogenen Spannungsfelds $\bar{\boldsymbol{\tau}}'=\boldsymbol{\tau}'$. Die texturbasierte Formulierung der Reuss-Schranke erfolgt durch die Texturkoeffizienten $\mathbb{V}_{\langle\beta_i\rangle}'$ nach (2.31), die mit Hilfe der Orientierungsverteilungsfunktion die Einbeziehung der Probensymmetrie erlauben. Die texturbasierte Approximation der Reuss-Schranke

$\bar{\Psi}^R(\bar{\tau}') \cong \bar{\Psi}_A^R(\bar{\tau}')$ hat die folgende Form

$$\bar{\Psi}_A^R(\bar{\tau}') = \frac{\dot{\gamma}_0 \tau^C}{m+1} \left\| \frac{\bar{\tau}'}{\tau^C} \right\|^{m+1} \Gamma_{\mathrm{iso}}(III_\tau^*) \tag{6.34}$$

$$+ \frac{\dot{\gamma}_0 \tau^C}{m+1} \left\| \frac{\bar{\tau}'}{\tau^C} \right\|^{m+1} \sum_\beta \sum_{\lambda=1}^{\beta/2+1} \sum_{i=1}^{p} \kappa_{\beta_i \lambda}(III_\tau^*) \mathbb{V}'_{\langle \beta_i \rangle} \cdot (\bar{N}_\tau'^{\otimes(\beta/2+1-\lambda)} \otimes \bar{N}_\tau'^{2\otimes(\lambda-1)}),$$

$$III_\tau^* \in \left(-\frac{\sqrt{6}}{18}, +\frac{\sqrt{6}}{18} \right), \qquad p = \begin{cases} 1, & \beta = 4, 6, 8, 10, 14, \dots \\ 2, & \beta = 12, 16, 18, 20, \dots \end{cases}.$$

Die isotropen Materialfunktionen $\Gamma_{\mathrm{iso}}(III_\tau^*)$ und $\kappa_{\beta_i \lambda}(III_\tau^*)$ werden ohne Modifikation für jeden beliebigen Polykristall, der aus kubisch-flächenzentrierten Kristallen besteht, angewendet. Die texturbasierte Approximation nach dem Onat'schen Darstellungssatz besitzt den großen Vorteil, dass sie auch für andere Kristallsymmetrien angewendet werden kann. Die Form der Fourier-Reihe muss dementsprechend modifiziert werden. Die Formulierung in (6.32) kann direkt für kubisch-raumzentrierte Kristalle übernommen werden, indem die isotropen Funktionen in Abhängigkeit der Gleitsysteme neu ausgerechnet werden.

6.2 Dehnratenpotential

Die plastische Dissipation kann entweder in Abhängigkeit des Spannungsdeviators oder des Dehnratentensors ausgedrückt werden (vgl. (3.76)). Die beiden Potentiale sind zueinander Legendre-Fenchel-konjugiert.

Ein Vergleich der Isolinien des Spannungs- und Dehnratenpotentials für Einkristalle ($Q = I$) wird in Abb. 6.1 und Abb. 6.6 dargestellt. Die Dehnratentensoren in Abb. 6.6 werden für die Spannungszustände τ' aus Abb. 6.1 nach (3.71) bestimmt. Das Höhenniveau der reproduzierten Isolinien des Dehnratenpotentials wird nach (3.76) berechnet. Das Verzerrungsratenpotential weist auch kegelförmige Dissipationsflächen für kleine Ratensensitivitätsparameter m auf. Mit Erhöhen des Exponenten transformieren sich die Isoflächen in eine Polyederform. Da die beiden Potentiale für Einkristalle zueinander Legendre-Fenchel-konjugiert sind und die Isolinien für gleiches m mit der gleichen Dissipation verbunden sind, ergeben sich für hohe Werte des Dehnratenpotentials kleine Werte des Spannungspotentials und umgekehrt. Die Ecken des Spannungspotentials für hohes m entsprechen der Normalen zu den Isolinien des Dehnratenpotentials. Dieses Verhalten wurde von Hill (1987) für raten-unabhängige Werkstoffe und von Beausir et al. (2007) für hexagonale Kristalle diskutiert.

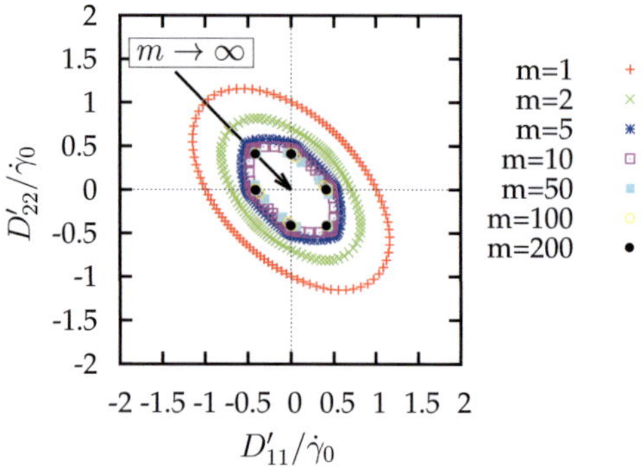

Abbildung 6.6: Isolinien $\sum_{\alpha}^{12} |\dot{\gamma}_\alpha/\dot{\gamma}_0|^{\frac{m+1}{m}} = m$ zugehörig zu Abb. 6.1 für verschiedene Werte von $m = 1, 2, 5, 10, 50, 100, 200$

Exakter Ausdruck. Es stellt sich die Frage, wie bei einem vorgegebenen Dehn-ratentensor D' das Dehnratenpotential $\Psi^D\left(Q^{\mathsf{T}}D'Q, \tau^C\right)$ zu bestimmen ist, so dass die Berechnung des Spannungsdeviators τ' nach (3.74) möglich ist. Ψ^D ist eine Funktion homogen vom Grade $(m+1)/m$, die in Abhängigkeit von den Scherraten $\dot{\gamma}_\alpha$ in (3.78) gegeben ist. Ein expliziter Ausdruck für $\Psi^D\left(Q^{\mathsf{T}}D'Q, \tau^C\right)$ bzw. für die Scherraten $\dot{\gamma}_\alpha$ als Funktion von D' ist für mehr als fünf Gleitsysteme bis heute nicht bekannt. Zum Vergleich ist hier die Definition des deviatorischen Dehnratentensors angegeben

$$D' = \sum_{\alpha}^{12} \dot{\gamma}_\alpha \mathrm{sym}(Q\tilde{M}_\alpha Q^{\mathsf{T}}) = \sum_{\alpha}^{12} \dot{\gamma}_\alpha Q\mathrm{sym}(\tilde{M}_\alpha)Q^{\mathsf{T}}. \tag{6.35}$$

Daraus folgen fünf voneinander linear unabhängige Gleichungen. Ein Ansatz für die zwölf Scherraten $\dot{\gamma}_\alpha(D')$ muss für kubisch-flächenzentrierte Kristalle zusätzlich noch sieben weitere Bedingungen erfüllen. Diese resultieren aus der Gestalt der Gleitsysteme für kubisch-flächenzentrierte Kristalle und der Fließregel (3.60). Die Summe aller drei Schmid'schen Spannungen, die zu einer Gleitebene gehören, ist gleich null, da die Summe der linear abhängigen Gleit-richtungen null ist. Laut der Bezeichnung der Gleitrichtungen und -normalen nach Tabelle 3.1 ergeben sich vier Gleichungen für die einzelnen Gleitebenen

$$\tau_1 + \tau_2 + \tau_3 = 0\,, \tag{6.36}$$

$$\tau_4 + \tau_5 + \tau_6 = 0\,, \tag{6.37}$$

$$\tau_7 + \tau_8 + \tau_9 = 0\,, \tag{6.38}$$

$$\tau_{10} + \tau_{11} + \tau_{12} = 0\,. \tag{6.39}$$

Drei weitere Bedingungen, die jeweils eine Schmid'sche Spannung aus jeder Gleitebene enthalten, müssen ebenso berücksichtigt werden

$$\tau_1 + \tau_6 - \tau_7 - \tau_{12} = 0\,, \tag{6.40}$$

$$\tau_2 + \tau_5 + \tau_8 + \tau_{11} = 0\,, \tag{6.41}$$

$$\tau_3 - \tau_4 - \tau_9 + \tau_{10} = 0\,. \tag{6.42}$$

Die vier Gleitrichtungen, die den Schmid'schen Spannungen τ_α in (6.40)-(6.42) entsprechen, liegen in Ebenen parallel zu den Seitenflächen der kubischen Elementarzelle. Die Bedingungen (6.36)-(6.42) werden von Harder (1997) Verträglichkeitsbedingungen für die kinematische Rückspannung genannt. Mit der Fließregel (3.60) folgen für die Scherraten aus (6.36)-(6.39) die folgenden Bedingungen

$$\mathrm{sgn}\,(\dot{\gamma}_1)\,|\dot{\gamma}_1|^{\frac{1}{m}} + \mathrm{sgn}\,(\dot{\gamma}_2)\,|\dot{\gamma}_2|^{\frac{1}{m}} + \mathrm{sgn}\,(\dot{\gamma}_3)\,|\dot{\gamma}_3|^{\frac{1}{m}} = 0\,, \tag{6.43}$$

$$\mathrm{sgn}\,(\dot{\gamma}_4)\,|\dot{\gamma}_4|^{\frac{1}{m}} + \mathrm{sgn}\,(\dot{\gamma}_5)\,|\dot{\gamma}_5|^{\frac{1}{m}} + \mathrm{sgn}\,(\dot{\gamma}_6)\,|\dot{\gamma}_6|^{\frac{1}{m}} = 0\,, \tag{6.44}$$

$$\mathrm{sgn}\,(\dot{\gamma}_7)\,|\dot{\gamma}_7|^{\frac{1}{m}} + \mathrm{sgn}\,(\dot{\gamma}_8)\,|\dot{\gamma}_8|^{\frac{1}{m}} + \mathrm{sgn}\,(\dot{\gamma}_9)\,|\dot{\gamma}_9|^{\frac{1}{m}} = 0\,, \tag{6.45}$$

$$\mathrm{sgn}\,(\dot{\gamma}_{10})\,|\dot{\gamma}_{10}|^{\frac{1}{m}} + \mathrm{sgn}\,(\dot{\gamma}_{11})\,|\dot{\gamma}_{11}|^{\frac{1}{m}} + \mathrm{sgn}\,(\dot{\gamma}_{12})\,|\dot{\gamma}_{12}|^{\frac{1}{m}} = 0\,, \tag{6.46}$$

und aus (6.40)-(6.42)

$$\mathrm{sgn}\,(\dot{\gamma}_1)\,|\dot{\gamma}_1|^{\frac{1}{m}} + \mathrm{sgn}\,(\dot{\gamma}_6)\,|\dot{\gamma}_6|^{\frac{1}{m}} - \mathrm{sgn}\,(\dot{\gamma}_7)\,|\dot{\gamma}_7|^{\frac{1}{m}} - \mathrm{sgn}\,(\dot{\gamma}_{12})\,|\dot{\gamma}_{12}|^{\frac{1}{m}} = 0\,, \tag{6.47}$$

$$\mathrm{sgn}\,(\dot{\gamma}_2)\,|\dot{\gamma}_2|^{\frac{1}{m}} + \mathrm{sgn}\,(\dot{\gamma}_5)\,|\dot{\gamma}_5|^{\frac{1}{m}} + \mathrm{sgn}\,(\dot{\gamma}_8)\,|\dot{\gamma}_8|^{\frac{1}{m}} + \mathrm{sgn}\,(\dot{\gamma}_{11})\,|\dot{\gamma}_{11}|^{\frac{1}{m}} = 0\,, \tag{6.48}$$

$$\mathrm{sgn}\,(\dot{\gamma}_3)\,|\dot{\gamma}_3|^{\frac{1}{m}} - \mathrm{sgn}\,(\dot{\gamma}_4)\,|\dot{\gamma}_4|^{\frac{1}{m}} - \mathrm{sgn}\,(\dot{\gamma}_9)\,|\dot{\gamma}_9|^{\frac{1}{m}} + \mathrm{sgn}\,(\dot{\gamma}_{10})\,|\dot{\gamma}_{10}|^{\frac{1}{m}} = 0\,. \tag{6.49}$$

Die Bedingungen (6.43)-(6.49) zusammen mit (6.35) bilden ein nichtlineares Gleichungssystem aus zwölf Gleichungen für die zwölf Scherraten $\dot{\gamma}_\alpha$. Die Ergebnisse sind abhängig vom Ratensensitivitätsparameter m.

Eine allgemeine Formulierung für das Dualpotential in D' wurde von Van Houtte (1994) diskutiert, wobei ein Ansatz für τ' in der Form

$$\boldsymbol{\tau}' = \left(\frac{\|\boldsymbol{D}'\|}{\dot{\gamma}_0} \right)^{\frac{1}{m}} \tau^C \boldsymbol{Z}', \qquad \boldsymbol{Z}' \in Sym' \tag{6.50}$$

vorgeschlagen wurde. Die deviatorischen Tensoren $\boldsymbol{Z}'$ sind abhängig von der Richtung des Dehnratentensors $\boldsymbol{N}'_D$. Für die Scherraten gilt

$$\dot{\gamma}_\alpha = \|\boldsymbol{D}'\| \operatorname{sgn}\left(\boldsymbol{Z}' \cdot \operatorname{sym}(\boldsymbol{Q}\tilde{\boldsymbol{M}}_\alpha \boldsymbol{Q}^\mathsf{T}) \right) \left| \boldsymbol{Z}' \cdot \operatorname{sym}(\boldsymbol{Q}\tilde{\boldsymbol{M}}_\alpha \boldsymbol{Q}^\mathsf{T}) \right|^m \tag{6.51}$$

und das Dehnratenpotential lautet somit

$$\Psi^D\left(\boldsymbol{Q}^\mathsf{T} \boldsymbol{D}' \boldsymbol{Q}, \tau^C \right) = \frac{m}{m+1} \dot{\gamma}_0 \tau^C \left(\frac{\|\boldsymbol{D}'\|}{\dot{\gamma}_0} \right)^{\frac{m+1}{m}} \sum_\alpha^{12} \left| \boldsymbol{Z}' \cdot \operatorname{sym}(\boldsymbol{Q}\tilde{\boldsymbol{M}}_\alpha \boldsymbol{Q}^\mathsf{T}) \right|^{m+1}. \tag{6.52}$$

Für den Sonderfall $m = 1$ ist die Relation zwischen τ_α und $\dot{\gamma}_\alpha$ linear. Der Ansatz

$$\dot{\gamma}_\alpha = \boldsymbol{D}' \cdot \left(\sum_\beta^{12} \operatorname{sym}(\boldsymbol{Q}\tilde{\boldsymbol{M}}_\beta \boldsymbol{Q}^\mathsf{T}) \otimes \operatorname{sym}(\boldsymbol{Q}\tilde{\boldsymbol{M}}_\beta \boldsymbol{Q}^\mathsf{T}) \right)^{-1} \left[\operatorname{sym}(\boldsymbol{Q}\tilde{\boldsymbol{M}}_\alpha \boldsymbol{Q}^\mathsf{T}) \right] \tag{6.53}$$

erfüllt alle Bedingungen (6.35) und (6.43)-(6.49). Die Ableitung des Dualpotentials Ψ^D nach D' ergibt mit (6.53) den Spannungsdeviator τ'. Der Ansatz für $m = 1$ von Van Houtte (1994) ergibt die gleichen Scherraten für

$$\boldsymbol{Z}' = \left(\sum_\beta^{12} \operatorname{sym}(\boldsymbol{Q}\tilde{\boldsymbol{M}}_\beta \boldsymbol{Q}^\mathsf{T}) \otimes \operatorname{sym}(\boldsymbol{Q}\tilde{\boldsymbol{M}}_\beta \boldsymbol{Q}^\mathsf{T}) \right)^{-1} [\boldsymbol{N}'_D]. \tag{6.54}$$

Der Ansatz (6.53) ist für $m \neq 1$ lediglich für die Sonderfälle der Bishop-Hill-Spannungen einsetzbar. Bishop und Hill (1951) bestimmen 56 Spannungszustände für ratenunabhängige, kubisch-flächenzentrierte Kristalle, so dass zumindest fünf Gleitsysteme nach dem Schmid'schen Gesetz gleichzeitig aktiviert werden. Das Schmid'sche Gesetz besagt, dass ein Gleitsystem aktiviert wird, wenn $\tau_\alpha = \pm\tau^C$ ist. Andernfalls gilt $\tau_\alpha = 0$. Nach der Fließregel (3.60) können die Scherraten $\dot{\gamma}_\alpha$ nur die Werte $\dot{\gamma}_\alpha = \pm\dot{\gamma}_0$ oder $\dot{\gamma}_\alpha = 0$ übernehmen. Für diesen Sonderfall genügt der Ansatz (6.53) allen Bedingungen für die Gleitsysteme (6.43)-(6.49).

Der Ansatz für die Scherraten (6.53) wurde auch in dem Artikel von Miehe und Rosato (2007) verwendet. Da für $m > 1$ kein korrekter Satz aktiver Gleitsysteme identifiziert wird, werden die aktiven Gleitsysteme von Miehe und

Rosato (2007) a priori so ausgewählt, dass zu jeder Gleitebene höchstens zwei Gleitsysteme aktiv werden können. In den Ansatz wird ein Gewichtsfaktor w_α eingeführt, der die nicht aktiven Gleitsysteme außer Acht lässt

$$\dot{\gamma}_\alpha = w_\alpha \boldsymbol{D}' \cdot \left(\sum_\beta^{12} w_\beta \mathrm{sym}(\boldsymbol{Q}\tilde{\boldsymbol{M}}_\beta \boldsymbol{Q}^\mathsf{T}) \otimes \mathrm{sym}(\boldsymbol{Q}\tilde{\boldsymbol{M}}_\beta \boldsymbol{Q}^\mathsf{T}) \right)^{-1} \left[\mathrm{sym}(\boldsymbol{Q}\tilde{\boldsymbol{M}}_\alpha \boldsymbol{Q}^\mathsf{T}) \right]. \quad (6.55)$$

$w_{\alpha,\beta}$ übernimmt nur die Werte null oder eins. Die Bedingung für die Auswahl der aktiven Gleitsysteme ist rein geometrischer Natur und wird aufgrund der Verträglichkeitsbedingungen (6.36)-(6.39) für $\tau_\alpha = \boldsymbol{D}' \cdot \mathrm{sym}(\boldsymbol{Q}\tilde{\boldsymbol{M}}_\alpha \boldsymbol{Q}^\mathsf{T})$ wie folgt definiert

$$|\tau_\alpha| \geq k \frac{3}{2} \frac{\sum_\alpha^{12} |\tau_\alpha|}{12} \quad \Rightarrow \quad w_\alpha = 1. \quad (6.56)$$

Der Parameter $k \in [2/3, 1]$ kann variiert werden.

Numerische Berechnung. Bei einem vorgegebenen Dehnratentensor $\boldsymbol{D}'$ kann das Dehnratenpotential im allgemeinen Fall nur numerisch durch die Legendre-Fenchel-Transformation

$$\Psi^D \left(\boldsymbol{Q}^\mathsf{T} \boldsymbol{D}' \boldsymbol{Q}, \tau^C \right) = \sup_{\boldsymbol{\tau}'} \left(\boldsymbol{\tau}' \cdot \boldsymbol{D}' - \Psi^\tau \left(\boldsymbol{Q}^\mathsf{T} \boldsymbol{\tau}' \boldsymbol{Q}, \tau^C \right) \right) \quad (6.57)$$

berechnet werden. Da das Spannungspotential $\Psi^\tau \left(\boldsymbol{Q}^\mathsf{T} \boldsymbol{\tau}' \boldsymbol{Q}, \tau^C \right)$ strikt konvex ist, ist die Funktion $\boldsymbol{\tau}' \cdot \boldsymbol{D}' - \Psi^\tau \left(\boldsymbol{Q}^\mathsf{T} \boldsymbol{\tau}' \boldsymbol{Q}, \tau^C \right)$ strikt konkav. Damit ist die Berechnung des Supremums äquivalent zu einem Maximierungsproblem mit eindeutiger Lösung. So lässt sich der Spannungstensor $\boldsymbol{\tau}'$ eindeutig aus der Extremalbedingung bestimmen

$$\boldsymbol{D}' - \frac{\partial \Psi^\tau \left(\boldsymbol{Q}^\mathsf{T} \boldsymbol{\tau}' \boldsymbol{Q}, \tau^C \right)}{\partial \boldsymbol{\tau}'} = 0. \quad (6.58)$$

Die Lösung kann z.B. durch ein gedämpftes Newton-Verfahren wie im Falle des Taylor-Modells erfolgen. Die deviatorischen Tensoren werden hier fünf-dimensional nach Lequeu et al. (1987) (siehe Anhang B) dargestellt, so dass die Jakobimatrix regulär ist. Diese kann analytisch berechnet werden. Für Ergebnisse der numerischen Berechnung des Dualpotentials $\Psi^D \left(\boldsymbol{Q}^\mathsf{T} \boldsymbol{D}' \boldsymbol{Q}, \tau^C \right)$ siehe Kapitel 7.

Texturbasierte Approximation. Das Dehnratenpotential kann in folgender Form dargestellt werden

$$\Psi^D \left(\boldsymbol{Q}^\mathsf{T} \boldsymbol{D}' \boldsymbol{Q}, \tau^C \right) = \frac{m}{m+1} \dot{\gamma}_0 \tau^C \left(\frac{\|\boldsymbol{D}'\|}{\dot{\gamma}_0} \right)^{\frac{m+1}{m}} \Omega^D \left(\boldsymbol{Q}^\mathsf{T} \boldsymbol{N}'_D \boldsymbol{Q} \right), \quad (6.59)$$

wobei der Anteil $\Omega^D\left(\boldsymbol{Q}^{\mathsf{T}}\boldsymbol{N}'_D\boldsymbol{Q}\right)$ nur von der Richtung des Dehnratentensors $\boldsymbol{N}'_D$ abhängig ist.

Die Funktion $\Omega^D\left(\boldsymbol{Q}^{\mathsf{T}}\boldsymbol{N}'_D\boldsymbol{Q}\right)$ besitzt die kubische Symmetrie

$$\Omega^D(\boldsymbol{Q}\boldsymbol{N}'_D\boldsymbol{Q}^{\mathsf{T}}) = \Omega^D(\boldsymbol{N}'_D), \qquad \forall \boldsymbol{Q} \in \boldsymbol{H}^C \subseteq SO(3) \tag{6.60}$$

und die Inversionseigenschaft

$$\Omega^D(\boldsymbol{Q}\boldsymbol{N}'_D\boldsymbol{Q}^{\mathsf{T}}) = \Omega^D((-\boldsymbol{Q})\boldsymbol{N}'_D(-\boldsymbol{Q})^{\mathsf{T}}), \qquad \forall \boldsymbol{Q} \in SO(3). \tag{6.61}$$

Analog wie im Unterkapitel 6.1 für $\Omega^\tau\left(\boldsymbol{N}'_\tau\right)$ wird $\Omega^D\left(\boldsymbol{N}'_D\right)$ durch eine tensorielle Fourier-Reihe mit kubischen Texturkoeffizienten gerader Stufe approximiert

$$\Omega^D\left(\boldsymbol{N}'_D\right) \approx \Omega^D_A(\boldsymbol{Q}, III^*_D). \tag{6.62}$$

Die Richtung des deviatorischen Dehnratentensors $\boldsymbol{N}'_D$ kann wie die Richtung des Spannungsdeviators $\boldsymbol{N}'_\tau$ durch den Parameter $\xi \in [-1/2, 1/2]$ parametrisiert werden (vgl. (6.21)-(6.22))

$$\boldsymbol{N}'_D = \boldsymbol{Q}\boldsymbol{N}'_0(\xi)\boldsymbol{Q}^{\mathsf{T}}. \tag{6.63}$$

Die Determinante der Richtung des deviatorischen Dehnratentensors wird mit

$$III^*_D = \det(\boldsymbol{N}'_0(\xi)) = \frac{\sqrt{6}}{6}\xi\left(\frac{4}{3}\xi^2 - 1\right) \in \left[-\frac{\sqrt{6}}{18}, +\frac{\sqrt{6}}{18}\right] \tag{6.64}$$

bezeichnet. Für die texturbasierte Approximation gilt

$$\Omega^D_A(\boldsymbol{Q}, III^*_D) = \Gamma_{\text{iso}}(III^*_D) \tag{6.65}$$

$$+ \sum_\beta \sum_{\lambda=1}^{\beta/2+1} \sum_{i=1}^{p} \kappa_{\beta_i\lambda}(III^*_D)\mathbb{V}'^{C0}_{\langle\beta_i\rangle} \cdot (\boldsymbol{N}'^{\otimes(\beta/2+1-\lambda)}_D \otimes \boldsymbol{N}'^{2\otimes(\lambda-1)}_D),$$

$$III^*_D \in \left(-\frac{\sqrt{6}}{18}, +\frac{\sqrt{6}}{18}\right), \qquad p = \left\{ \begin{array}{ll} 1, & \beta = 4, 6, 8, 10, 14, \dots \\ 2, & \beta = 12, 16, 18, 20, \dots \end{array} \right. .$$

Die Darstellung für Polykristalle erfolgt analog wie in (6.34) unter der Annahme eines homogenen Dehnratenfelds und wird hier nicht nochmal wiederholt.

6.3 Berechnung der Materialfunktionen

In diesem Unterkapitel wird vorwiegend die Berechnung der Materialfunktionen des Spannungspotentials Ψ^τ betrachtet. Die Bestimmung der Materialfunktionen für das Spannungspotential lässt sich analog auf den Fall des Dehnratenpotentials Ψ^D übertragen.

In dieser Arbeit werden nur die ersten Glieder der Fourier-Reihe bis zur Approximation 8. Stufe berücksichtigt. Da für die Texturkoeffizienten 4., 6. und 8. Stufe nur ein kubischer Basistensor existiert, wird in den weiteren Betrachtungen der Index i weggelassen. Für die Berechnung der Materialfunktionen werden hier noch die Hilfsfunktionen

$$\alpha_{4\lambda} = \mathbb{V}'^{C0}_{\langle 4 \rangle} \cdot (\boldsymbol{N}'^{\otimes(3-\lambda)}_\tau \otimes \boldsymbol{N}'^{2\otimes(\lambda-1)}_\tau), \qquad \lambda = 1,\ldots,3, \tag{6.66}$$

$$\alpha_{6\mu} = \mathbb{V}'^{C0}_{\langle 6 \rangle} \cdot (\boldsymbol{N}'^{\otimes(4-\mu)}_\tau \otimes \boldsymbol{N}'^{2\otimes(\mu-1)}_\tau), \qquad \mu = 1,\ldots,4, \tag{6.67}$$

$$\alpha_{8\nu} = \mathbb{V}'^{C0}_{\langle 8 \rangle} \cdot (\boldsymbol{N}'^{\otimes(5-\nu)}_\tau \otimes \boldsymbol{N}'^{2\otimes(\nu-1)}_\tau), \qquad \nu = 1,\ldots,5 \tag{6.68}$$

eingeführt, so dass (6.31) die folgende Darstellung

$$\Omega^\tau_A(\boldsymbol{Q}, III^*_\tau) = \Gamma_{\mathrm{iso}}(III^*_\tau) + \sum_{\lambda=1}^{3} \kappa_{4\lambda}(III^*_\tau)\alpha_{4\lambda}$$
$$+ \sum_{\mu=1}^{4} \kappa_{6\mu}(III^*_\tau)\alpha_{6\mu} + \sum_{\nu=1}^{5} \kappa_{8\nu}(III^*_\tau)\alpha_{8\nu} + \ldots \tag{6.69}$$

annimmt.

Die Approximation 0. Stufe wird mit einer Materialfunktion identifiziert $\Gamma_{\mathrm{iso}}(III^*_\tau)$ und bildet im Spannungspotential die isotropen Materialeigenschaften ab. Da der Raum der irreduziblen Darstellungen 4. Stufe durch $\boldsymbol{N}'_\tau$ und $\boldsymbol{N}'^{2\prime}_\tau$ aufgespannt werden kann, gibt es in der Approximation drei isotrope Funktionen der Determinanten $\kappa_{4\lambda}(III^*_\tau)$, $\lambda = 1,2,3$. Die Anzahl der linear unabhängigen orthorhombischen Basistensoren 6. Stufe ist gleich vier. Aus diesem Grund wird die Approximation 6. Stufe durch vier isotrope Funktionen $\kappa_{6\mu}(III^*_\tau)$, $\mu = 1,\ldots,4$ beschrieben. Das nächste Glied der irreduziblen Darstellung besteht aus der Linearkombination der fünf Skalarprodukte der Basistensoren von $\boldsymbol{N}'_\tau$ und $\boldsymbol{N}'^{2\prime}_\tau$ mit $\mathbb{V}'^{C0}_{\langle 8 \rangle}$ und ist abhängig von fünf isotropen Funktionen $\kappa_{8\nu}(III^*_\tau)$, $\nu = 1,\ldots,5$. Damit hängt die texturbasierte Approximation 8. Stufe von Ψ^τ von insgesamt 13 Materialfunktionen für $III^*_\tau \neq \pm\sqrt{6}/18$ ab.

6.3.1 Definition des Minimierungsproblems

Die isotropen Funktionen $\Gamma_{\mathrm{iso}}(III^*_\tau)$ und $\kappa_{\beta\lambda}(III^*_\tau)$ $(\lambda = 1,\ldots,\beta/2+1)$ in (6.69) können für feste Werte der Determinante III^*_τ bestimmt werden.

Die Berechnung erfolgt mit Hilfe eines Minimierungsproblems über $SO(3)$ und der Gauss'schen Fehlerquadratmethode

$$F = \int_{SO(3)} \left(\Omega^\tau \left(\boldsymbol{N}'_\tau \right) - \Omega^\tau_A \left(\boldsymbol{N}'_\tau \right) \right)^2 \, \mathrm{d}Q \to \min. \tag{6.70}$$

Integriert wird über die orthogonalen Tensoren $\boldsymbol{Q} \in SO(3)$ in der Darstellung von $\boldsymbol{N}'_\tau = \boldsymbol{Q}\boldsymbol{N}'_0\boldsymbol{Q}^\mathsf{T}$. Die Materialfunktionen $\Gamma_{\mathrm{iso}}(III^*_\tau)$ und $\kappa_{\beta\lambda}(III^*_\tau)$ sind unabhängig von einer Rotation durch $\boldsymbol{Q} \in SO(3)$ und können deswegen durch die notwendigen Bedingungen für Extremalwerte aus (6.70) bestimmt werden

$$\frac{\partial F(\Gamma_{\mathrm{iso}}, \kappa_{\beta\lambda})}{\partial \Gamma_{\mathrm{iso}}(III^*_\tau)} = 0, \qquad \frac{\partial F(\Gamma_{\mathrm{iso}}, \kappa_{\beta\lambda})}{\partial \kappa_{\beta\lambda}(III^*_\tau)} = 0, \tag{6.71}$$

$$\lambda = 1, \dots \beta/2 + 1, \quad \beta = 4, 6, 8, \dots \qquad \forall III^*_\tau = \mathrm{const.}$$

Die notwendigen Bedingungen für Extrema resultieren in einem linearen Gleichungssystem

$$\underline{\underline{A}}\, \underline{x} = \underline{b}. \tag{6.72}$$

Bei einer Approximation mit Texturkoeffizienten 4., 6. und 8. Stufe gibt es insgesamt 13 Unbekannte, d.h. die Matrix $\underline{\underline{A}}$ ist eine 13×13-Matrix. Die einzelnen Größen lassen sich wie folgt darstellen

$$\underline{x} = \begin{pmatrix} \Gamma_{\mathrm{iso}} & \kappa_{41} & \kappa_{42} & \kappa_{43} & \kappa_{61} & \kappa_{62} & \kappa_{63} & \kappa_{64} & \cdots \end{pmatrix}^\mathsf{T},$$

$$\underline{b} = \int_{SO(3)} \Omega^\tau(\boldsymbol{N}'_\tau) \begin{pmatrix} 1 & \alpha_{41} & \alpha_{42} & \alpha_{43} & \alpha_{61} & \alpha_{62} & \alpha_{63} & \alpha_{64} & \cdots \end{pmatrix}^\mathsf{T} \mathrm{d}Q, \tag{6.73}$$

$$\underline{\underline{A}} = \int_{SO(3)} \begin{bmatrix} 1 & \alpha_{41} & \alpha_{42} & \alpha_{43} & \alpha_{61} & \alpha_{62} & \alpha_{63} & \alpha_{64} & \cdots \\ & \alpha_{41}^2 & \alpha_{41}\alpha_{42} & \alpha_{41}\alpha_{43} & \alpha_{41}\alpha_{61} & \alpha_{41}\alpha_{62} & \alpha_{41}\alpha_{63} & \alpha_{41}\alpha_{64} & \cdots \\ & & \alpha_{42}^2 & \alpha_{42}\alpha_{43} & \alpha_{42}\alpha_{61} & \alpha_{42}\alpha_{62} & \alpha_{42}\alpha_{63} & \alpha_{42}\alpha_{64} & \cdots \\ & & & \alpha_{43}^2 & \alpha_{43}\alpha_{61} & \alpha_{43}\alpha_{62} & \alpha_{43}\alpha_{63} & \alpha_{43}\alpha_{64} & \cdots \\ & & & & \alpha_{61}^2 & \alpha_{61}\alpha_{62} & \alpha_{61}\alpha_{63} & \alpha_{61}\alpha_{64} & \cdots \\ & & & & & \alpha_{62}^2 & \alpha_{62}\alpha_{63} & \alpha_{62}\alpha_{64} & \cdots \\ & & & & & & \alpha_{63}^2 & \alpha_{63}\alpha_{64} & \cdots \\ & & & & & & & \alpha_{64}^2 & \cdots \\ \mathrm{Sym} & & & & \vdots & & & & \ddots \end{bmatrix} \mathrm{d}Q.$$

Für die Definition von $\alpha_{\beta\lambda}(\boldsymbol{Q}, III^*_\tau)$ $(\beta = 4, 6, 8, \quad \lambda = 1, \dots, \beta/2 + 1)$ siehe (6.66)-(6.68). Die Koeffizientenmatrix des linearen Gleichungssystems

$\underline{\underline{A}}$ und der Vektor $\underline{b}$ bestehen aus isotropen Funktionen über $SO(3)$. Damit sind die Komponenten von $\underline{\underline{A}}$ nur von der Determinante III_τ^* abhängig. In den Komponenten des Vektors $\underline{b}$ wird die Funktion $\Omega^\tau(\boldsymbol{N}_\tau')$ berücksichtigt, so dass die rechte Seite des Gleichungssystems außer von der Determinante III_τ^* auch vom Ratensensitivitätsparameter m abhängt.

Für die Bestimmung der Materialfunktionen $\Gamma_{\mathrm{iso}}(III_D^*)$ und $\kappa_{\beta\lambda}(III_D^*)$ der Approximation des Dehnratenpotentials in (6.65) wird wieder, wie im Fall für das Spannungspotential, ein Minimierungsproblem über $SO(3)$ für den Einkristall definiert und gelöst

$$F = \int\limits_{SO(3)} \left(\Omega^D\left(\boldsymbol{N}_D'\right) - \Omega_A^D\left(\boldsymbol{N}_D'\right)\right)^2 \, \mathrm{d}Q \to \min. \tag{6.74}$$

Integriert wird über die orthogonalen Tensoren $\boldsymbol{Q} \in SO(3)$ in der Darstellung von $\boldsymbol{N}_D' = \boldsymbol{Q}\boldsymbol{N}_0'\boldsymbol{Q}^\mathsf{T}$. Das Minimierungsproblem für Ω_A^D resultiert wieder in einem linearen Gleichungssystem, dessen Koeffizientenmatrix gleich derjenigen des Minimierungsproblems (6.70) für das Spannungspotential ist.

Die zu approximierende Funktion $\Omega^D\left(\boldsymbol{N}_D'\right)$ in (6.74) für $\boldsymbol{Q} = \boldsymbol{I}$ wird numerisch durch die Legendre-Fenchel-Transformation

$$\frac{m}{m+1}\Omega^D\left(\boldsymbol{N}_D'\right) = \sup_{\boldsymbol{A}'} \left(\boldsymbol{A}' \cdot \boldsymbol{N}_D' - \frac{1}{m+1}\sum_{\alpha}^{12} \left|\boldsymbol{A}' \cdot \tilde{\boldsymbol{M}}_\alpha\right|^{m+1}\right) \tag{6.75}$$

mit Hilfe eines deviatorischen, einheitslosen Tensors 2. Stufe $\boldsymbol{A}'$ berechnet (siehe z.B. Böhlke (2004)).

6.3.2 Numerische Berechnung der Integrale über $SO(3)$

Die Integrale über $SO(3)$ können numerisch berechnet werden. Für jede beliebige Funktion $\Psi(\boldsymbol{Q})$, die nur von $\boldsymbol{Q}$ abhängt, ist das Integral im Allgemeinen durch die drei Eulerwinkel nach (2.9) definiert

$$I = \frac{1}{8\pi^2} \int\limits_0^{2\pi}\int\limits_0^{\pi}\int\limits_0^{2\pi} \Psi(\varphi_1, \Phi, \varphi_2) \sin(\Phi) \, \mathrm{d}\varphi_1 \, \mathrm{d}\Phi \, \mathrm{d}\varphi_2 . \tag{6.76}$$

Hier ist zu beachten, dass eine gleichmäßige Unterteilung der Eulerwinkel keine gleichwertigen Volumenelemente $\sin(\Phi)\,\mathrm{d}\varphi_1\,\mathrm{d}\Phi\,\mathrm{d}\varphi_2$ wegen $\sin(\Phi)\,\mathrm{d}\Phi$ ergibt. Aus diesem Grund wird statt Φ ein Parameter λ eingeführt

$$\lambda = -\cos(\Phi), \qquad \lambda \in [-1, 1]. \tag{6.77}$$

Damit folgt für das Volumenintegral

$$I = \frac{1}{8\pi^2} \int\limits_{0}^{2\pi} \int\limits_{-1}^{1} \int\limits_{0}^{2\pi} \Psi(\varphi_1, \lambda, \varphi_2)\, \mathrm{d}\varphi_1\, \mathrm{d}\lambda\, \mathrm{d}\varphi_2\,. \tag{6.78}$$

Für eine schnellere numerische Integration kann die kubische Symmetrie ausgenutzt werden, so dass der Integrationsbereich auf ein Achtel reduziert wird

$$I = \frac{1}{\pi^2} \int\limits_{0}^{\pi/2} \int\limits_{0}^{\pi/2} \int\limits_{0}^{2\pi} \Psi(\varphi_1, \Phi, \varphi_2)\, \sin(\Phi)\, \mathrm{d}\varphi_1\, \mathrm{d}\Phi\, \mathrm{d}\varphi_2\,. \tag{6.79}$$

Unter Verwendung von λ ergibt sich äquivalent

$$I = \frac{1}{\pi^2} \int\limits_{0}^{\pi/2} \int\limits_{0}^{1} \int\limits_{0}^{2\pi} \Psi(\varphi_1, \lambda, \varphi_2)\, \mathrm{d}\varphi_1\, \mathrm{d}\lambda\, \mathrm{d}\varphi_2\,. \tag{6.80}$$

Die numerische Integration wird in dieser Arbeit adaptiv mit der DCUHRE-Routine von Berntsen und Espelid (1991a,b) durchgeführt.

6.3.3 Exakte Berechnung der Matrixkoeffizienten des LGS

Wenn man die Eigenschaften der Fourier-Reihendarstellung in Betracht zieht, dann sind alle Glieder der Fourier-Reihe, die durch Texturkoeffizienten verschiedener Stufe konstruiert sind, orthogonal zueinander. Wegen der Orthogonalitätsbedingung (5.32) bzw. der schwachen Orthogonalität der Texturkoeffizienten in der Orientierungsverteilungsfunktion (2.29), ist ein Teil der Einträge der Matrix $\underline{A}$ null. Damit sind die Fourier-Koeffizienten der Stufe β unabhängig von den Fourier-Koeffizienten anderer Stufen, so dass die isotropen Materialfunktionen $\kappa_{\beta\lambda}(III_\tau^*)$ $(\lambda = 1, \ldots, \beta/2 + 1)$ keine Abhängigkeit von den isotropen Materialfunktionen $\kappa_{\gamma\lambda}(III_\tau^*)$ $(\lambda = 1, \ldots, \gamma/2 + 1)$ mit $\beta \neq \gamma$ aufweisen. Das bedeutet, dass das lineare Gleichungssystem in kleinere, voneinander unabhängige, Gleichungssysteme zerlegt werden kann: eine Gleichung für die Berechnung von $\Gamma_{\mathrm{iso}}(III_\tau^*)$, ein lineares Gleichungssystem 3×3 für $\kappa_{4\lambda}(III_\tau^*)$, $\lambda = 1, \ldots, 3$, 4×4 für $\kappa_{6\mu}(III_\tau^*)$, $\mu = 1, \ldots, 4$ und 5×5 für $\kappa_{8\nu}(III_\tau^*)$, $\nu = 1, \ldots, 5$

$$
\underline{\underline{A}} = \int\limits_{SO(3)}
\begin{bmatrix}
\boxed{1} & 0 & 0 & \cdots \\[4pt]
0 & \begin{matrix} \alpha_{41}^2 & \alpha_{41}\alpha_{42} & \alpha_{41}\alpha_{43} \\ & \alpha_{42}^2 & \alpha_{42}\alpha_{43} \\ & & \alpha_{43}^2 \end{matrix} & 0 & \cdots \\[4pt]
0 & 0 & \begin{matrix} \alpha_{61}^2 & \alpha_{61}\alpha_{62} & \alpha_{61}\alpha_{63} & \alpha_{61}\alpha_{64} \\ & \alpha_{62}^2 & \alpha_{62}\alpha_{63} & \alpha_{62}\alpha_{64} \\ & & \alpha_{63}^2 & \alpha_{63}\alpha_{64} \\ & & & \alpha_{64}^2 \end{matrix} & \cdots \\[4pt]
\mathrm{Sym} & & \vdots & \ddots
\end{bmatrix}
\, \mathrm{d}Q \tag{6.81}
$$

$$
=
\begin{bmatrix}
\boxed{1} & 0 & 0 & 0 & \cdots \\
0 & \underline{\underline{A}}_{3\times3}^{\langle 4\rangle} & 0 & 0 & \cdots \\
0 & 0 & \underline{\underline{A}}_{4\times4}^{\langle 6\rangle} & 0 & \cdots \\
0 & 0 & 0 & \underline{\underline{A}}_{5\times5}^{\langle 8\rangle} & \cdots \\
\vdots & \vdots & \vdots & \vdots & \ddots
\end{bmatrix},
\qquad
\xi \in \left(-\frac{1}{2}, +\frac{1}{2}\right). \tag{6.82}
$$

Die nicht verschwindenden Einträge in der Matrix $\underline{\underline{A}}$ (6.82) lassen sich exakt durch die Identitätstensoren für irreduzible Tensoren nach (2.30) ausrechnen. Damit wird eine numerische Integration der linken Seite des linearen Gleichungssystems vollständig vermieden. Die Koeffizienten von $\underline{\underline{A}}$ ergeben sich als Polynome von ξ. Die exakten Ausdrücke der einzelnen Komponenten der Untermatrizen $\underline{\underline{A}}^{\langle 4\rangle}$, $\underline{\underline{A}}^{\langle 6\rangle}$ und $\underline{\underline{A}}^{\langle 8\rangle}$ der Matrix $\underline{\underline{A}}$ sind im Anhang E in Abhängigkeit vom Parameter ξ und von der Determinante III_τ^* gegeben. Für ein besseres Verständnis werden hier zwei Berechnungsbeispiele für die Komponenten A_{23} und A_{68} der Matrix $\underline{\underline{A}}$ dokumentiert

$$
\begin{aligned}
A_{23} = A_{12}^{\langle 4\rangle} &= \int_{SO(3)} \alpha_{41}\alpha_{42}\, \mathrm{d}Q \\
&= \int_{SO(3)} \mathbb{V}_{\langle 4\rangle}^{\prime C}(\boldsymbol{Q}) \otimes \mathbb{V}_{\langle 4\rangle}^{\prime C}(\boldsymbol{Q})\, \mathrm{d}Q \cdot \boldsymbol{N}_0' \otimes \boldsymbol{N}_0' \otimes \boldsymbol{N}_0' \otimes \boldsymbol{N}_0'^2 \\
&= \frac{\boldsymbol{\Delta}_{\langle 8\rangle} \cdot \left(\boldsymbol{N}_0' \otimes \boldsymbol{N}_0' \otimes \boldsymbol{N}_0' \otimes \boldsymbol{N}_0'^2\right)}{9} \\
&= \left(-\frac{1}{35}\xi + \frac{4}{105}\xi^3\right)\sqrt{6} = \frac{6}{35} III_\tau^*,
\end{aligned} \tag{6.83}
$$

$$
\begin{aligned}
A_{68} = A_{24}^{\langle 6 \rangle} &= \int_{SO(3)} \alpha_{62}\alpha_{64}\, \mathrm{d}Q \\
&= \int_{SO(3)} \mathbb{V}'^C_{\langle 6 \rangle}(\boldsymbol{Q}) \otimes \mathbb{V}'^C_{\langle 6 \rangle}(\boldsymbol{Q})\, \mathrm{d}Q \cdot \boldsymbol{N}'_0 \otimes \boldsymbol{N}'_0 \otimes \boldsymbol{N}'^2_0 \otimes \boldsymbol{N}'^2_0 \otimes \boldsymbol{N}'^2_0 \otimes \boldsymbol{N}'^2_0 \\
&= \frac{\boldsymbol{\Delta}_{\langle 12 \rangle} \cdot \left(\boldsymbol{N}'_0 \otimes \boldsymbol{N}'_0 \otimes \boldsymbol{N}'^2_0 \otimes \boldsymbol{N}'^2_0 \otimes \boldsymbol{N}'^2_0 \otimes \boldsymbol{N}'^2_0 \right)}{13} \\
&= \frac{1}{12012} + \frac{15}{4004}\xi^2 - \frac{10}{1001}\xi^4 + \frac{20}{3003}\xi^6 = \frac{1}{12012} + \frac{45}{2002} III_\tau^{*2}. \quad (6.84)
\end{aligned}
$$

Die Integrale über $SO(3)$ der linken Seite $\underline{\underline{A}}$ des linearen Gleichungssystems stellen isotrope positiv homogene Funktionen von $\boldsymbol{N}'_\tau$ dar. Diese lassen sich durch Polynome der Grundinvarianten von $\boldsymbol{N}'_\tau$ darstellen. Da $\mathrm{tr}(\boldsymbol{N}'_\tau) = 0$ und $\mathrm{tr}(\boldsymbol{N}'^2_\tau)$ konstant ist, besitzt die Integritätsbasis nur eine Abhängigkeit von der Determinante III_τ^* (vgl.(6.17)-(6.19)).

Für eine beliebige isotrope skalare Funktion $f(\boldsymbol{A})$, die von einem symmetrischen Tensor $\boldsymbol{A} \in Sym$ abhängt und ein homogenes Polynom vom Grade n in $\boldsymbol{A}$ darstellt

$$
\begin{aligned}
f(\lambda \boldsymbol{A}) &= \lambda^n f(\boldsymbol{A}), & \forall \boldsymbol{A} \in Sym, & \quad \lambda > 0, & n \in N, & \quad (6.85) \\
f(\boldsymbol{Q}\boldsymbol{A}\boldsymbol{Q}^\mathsf{T}) &= f(\boldsymbol{A}), & \forall \boldsymbol{A} \in Sym, & \quad \forall \boldsymbol{Q} \in SO(3), & & \quad (6.86)
\end{aligned}
$$

existiert die folgende Darstellung als lineare Kombination homogener Polynome der Grundinvarianten

$$
f(\boldsymbol{A}) = \sum_{i,j,k} a_{ijk}\,\mathrm{tr}^i(\boldsymbol{A})\mathrm{tr}^j(\boldsymbol{A}^2)\mathrm{tr}^k(\boldsymbol{A}^3), \qquad n = 1^i + 2^j + 3^k, \qquad a_{ijk} \in R. \quad (6.87)
$$

Ein Beispiel wird hier für $n = 6$ gebracht. In diesem Fall lässt sich die Zahl 6 durch sieben verschiedene Partitionen aus den Zahlen Eins, Zwei und Drei darstellen (siehe Tabelle 6.2). Analog lässt sich die Funktion $f(\boldsymbol{A})$ als eine lineare Kombination der homogenen Polynome aus Tabelle 6.2 darstellen. Die Darstellungen für homogene Funktionen vom Grade 1 bis 5 sind in Anhang F angegeben.

Für den Sonderfall, wenn die betrachtete Funktion $f(\boldsymbol{N}'_A)$ nur vom deviatorischen Anteil der Richtung von $\boldsymbol{A}$ abhängt, vereinfacht sich die polynomiale Darstellung bei einem Homogenitätsgrad 6 wegen

$$
\mathrm{tr}(\boldsymbol{N}'_A) = 0, \qquad \mathrm{tr}(\boldsymbol{N}'^2_A) = \|\boldsymbol{N}'_A\|^2 = 1 \qquad\qquad (6.88)
$$

	Frame	Partition	Polynome von $\boldsymbol{A}$	Polynome von $\boldsymbol{N}'_A$
1	$(1,1,1,1,1,1)$		$\mathrm{tr}^6(\boldsymbol{A})$	0
2	$(2,1,1,1,1)$		$\mathrm{tr}^4(\boldsymbol{A})\mathrm{tr}^1(\boldsymbol{A}^2)$	0
3	$(2,2,1,1)$		$\mathrm{tr}^2(\boldsymbol{A})\mathrm{tr}^2(\boldsymbol{A}^2)$	0
4	$(2,2,2)$		$\mathrm{tr}^3(\boldsymbol{A}^2)$	1
5	$(3,1,1,1)$		$\mathrm{tr}^3(\boldsymbol{A})\mathrm{tr}^1(\boldsymbol{A}^3)$	0
6	$(3,2,1)$		$\mathrm{tr}^1(\boldsymbol{A})\mathrm{tr}^1(\boldsymbol{A}^2)\mathrm{tr}^1(\boldsymbol{A}^3)$	0
7	$(3,3)$		$\mathrm{tr}^2(\boldsymbol{A}^3)$	$\mathrm{tr}^2(\boldsymbol{N}'^3_A)$

Tabelle 6.2: Irreduzible Darstellung einer isotropen Skalarfunktion eines symmetrischen Tensors $\boldsymbol{A}$ und seines Richtungsdeviators $\boldsymbol{N}'_A$, homogen vom Grade 6

auf einen konstanten und einen in der Determinante $III^*_A = \mathrm{tr}(\boldsymbol{N}'^3_A)/3$ quadratischen Anteil (siehe die letzte Spalte in Tabelle 6.2)

$$f(\boldsymbol{N}'_A) = \sum_{j,k} a_{jk}\mathrm{tr}^k(\boldsymbol{N}'^3_A) = \sum_{j,k} 3^k a_{jk} III^{*k}_A, \qquad n = 2^j + 3^k, \qquad a_{jk} \in R. \qquad (6.89)$$

Analog ergeben sich die folgenden polynomialen Darstellungen skalarer isotroper Funktionen von $\boldsymbol{N}'_\tau$ homogen vom Grade n

$$f(\boldsymbol{N}'_\tau) = \sum_{j,k} a_{jk}\mathrm{tr}^k(\boldsymbol{N}'^3_\tau) = \sum_{j,k} 3^k a_{jk} III^{*k}_\tau, \qquad n = 2^j + 3^k, \qquad a_{jk} \in R. \qquad (6.90)$$

Die polynomiale Darstellung (6.90) gilt für die von null verschiedenen Koeffizienten der Matrix $\underline{A}$. Tabelle 6.3 zeigt die polynomiale Darstellung in III^*_τ für verschiedene Polynomgrade. Die Beispiele in (6.83) und (6.84) stellen z.B. homogene isotrope Funktionen in der Determinante III^*_τ vom Grade 5 und 10 dar, die einem ungeraden, linearen und einem geraden quadratischen Polynom nach Tabelle (6.3) entsprechen.

Die Untermatrizen des linearen Gleichungssystems sind schlecht konditioniert und besitzen Eigenwerte nahezu null. Ihre Determinanten sind in Anhang E

Polynomgrad in N'_τ	Invariante Darstellung
1	0
2,4	α
3,5,7	$\alpha\, III^*_\tau$
6,8,10	$\alpha + \beta\, III^{*2}_\tau$
9,11,13	$\alpha\, III^*_\tau + \beta\, III^{*3}_\tau$
12,14,16	$\alpha + \beta\, III^{*2}_\tau + \gamma\, III^{*4}_\tau$
15,17,19	$\alpha\, III^*_\tau + \beta\, III^{*3}_\tau + \gamma\, III^{*5}_\tau$
18,20,22	$\alpha + \beta\, III^{*2}_\tau + \gamma\, III^{*4}_\tau + \delta\, III^{*6}_\tau$
21,23,25	$\alpha\, III^*_\tau + \beta\, III^{*3}_\tau + \gamma\, III^{*5}_\tau + \varepsilon\, III^{*7}_\tau$
24,26,28	$\alpha + \beta\, III^{*2}_\tau + \gamma\, III^{*4}_\tau + \delta\, III^{*6}_\tau + \varepsilon\, III^{*8}_\tau$

Tabelle 6.3: Irreduzible Darstellung skalarer isotroper und homogener Funktionen in Abhängigkeit von III^{*}_τ[†]

[†] Die Darstellungen der Funktionen homogen vom geraden Grad sind grau hinterlegt.

gegeben. Aus diesem Grund ist für die Lösung des linearen Gleichungssystems eine sehr hohe Genauigkeit in der numerischen Berechnung der Integrale in $\underline{b}$ notwendig, insbesondere für Werte von ξ in der Nähe $\pm 1/2$.

Für den Sonderfall der irreduziblen Darstellung in (6.33) für $\xi = \pm 1/2$ enthält die Matrix $\underline{\underline{A}}$ nur die Eins-Eins-Komponente ihrer Untermatrizen

$$\underline{\underline{A}} = \begin{bmatrix} 1 & 0 & 0 & 0 & \cdots \\ 0 & A^{\langle 4\rangle}_{11} & 0 & 0 & \cdots \\ 0 & 0 & A^{\langle 6\rangle}_{11} & 0 & \cdots \\ 0 & 0 & 0 & A^{\langle 8\rangle}_{11} & \cdots \\ \vdots & \vdots & \vdots & \vdots & \ddots \end{bmatrix}, \qquad \xi = \pm\frac{1}{2}. \tag{6.91}$$

Für diesen Fall hängt die Approximation 8. Stufe nur von vier isotropen Materialfunktionen $\Gamma_{\text{iso}}(III^*_\tau)$ und $\kappa_{\beta 1}(III^*_\tau)$ ($\beta = 4, 6, 8$) ab. Die Berechnung dieser Materialfunktionen erfolgt durch vier voneinander entkoppelte lineare Gleichungen.

6.3.4 Exakte Berechnung der Integrale über $SO(3)$

Die Einträge im Vektor $\underline{b}$ sind isotrope Funktionen, die für ungerade m die polynomiale Darstellung nach Tabelle 6.3 haben. Die Berechnung der Integrale über $SO(3)$ im Vektor $\underline{b}$ erfolgt numerisch. Eine Mittelung über die Orientierungen kann auch exakt berechnet werden (Smith, 1968; Andrews und Thirunamachandran, 1977; Andrews und Ghoul, 1981). Die exakte Auswertung der Einträge in Vektor $\underline{b}$ wird im Folgenden kurz erläutert.

Ein isotroper Orientierungsmittelwert einer Funktion kann durch isotrope Tensoren ausgedrückt werden. Wird das Skalarprodukt

$$T = \int\limits_{SO(3)} \mathbb{A}_{\langle\beta\rangle} \cdot (\boldsymbol{Q} \star \mathbb{P}_{\langle\beta\rangle})\, \mathrm{d}Q = \int\limits_{SO(3)} A_{i_1\dots i_\beta} \left(Q_{i_1\lambda_1} \dots Q_{i_\beta\lambda_\beta} P_{\lambda_1\dots\lambda_\beta}\right)\, \mathrm{d}Q \qquad (6.92)$$

mit den beliebigen Tensoren $\mathbb{A}_{\langle\beta\rangle}$ und $\mathbb{P}_{\langle\beta\rangle}$ der Stufe β betrachtet, dann kann T in die Form

$$T = \mathbb{A}_{\langle\beta\rangle} \cdot \mathbb{I}_{\langle 2\beta\rangle}[\mathbb{P}_{\langle\beta\rangle}] \qquad (6.93)$$

mit dem Mittelwert $\mathbb{I}_{\langle 2\beta\rangle}$

$$(\mathbb{I}_{\langle 2\beta\rangle})_{i_1\dots i_\beta\lambda_1\dots\lambda_\beta} = \frac{1}{8\pi^2} \int\limits_0^{2\pi} \int\limits_0^{\pi} \int\limits_0^{2\pi} Q_{i_1\lambda_1} \dots Q_{i_\beta\lambda_\beta} \sin(\Phi)\, \mathrm{d}\varphi_1\, \mathrm{d}\Phi\, \mathrm{d}\varphi_2 \qquad (6.94)$$

überführt werden. Der isotrope Tensor $(\mathbb{I}_{\langle 2\beta\rangle})_{i_1\dots i_\beta\lambda_1\dots\lambda_\beta}$ kann durch eine lineare Kombination von linear unabhängigen, isotropen Tensoren dargestellt werden. Jeder Summand in der linearen Kombination ist ein dyadisches Produkt von zwei isotropen Tensoren der Stufe β. Die isotropen Tensoren werden für gerade Stufe β als Tensorprodukte von $\beta/2$ Kronecker-Delta-Tensoren $\delta_{i_1 i_2} \dots \delta_{i_{\beta-1} i_\beta}$ dargestellt. Die Isomere isotroper Tensoren entstehen durch die Permutation der Indizes $i_1, \dots, i_\beta$. Für gerade Stufen β ist die Anzahl aller Isomere von Stufe β

$$N_\beta = \frac{\beta!}{2^{\beta/2}(\beta/2)!}, \qquad (6.95)$$

davon sind nur Q_β linear unabhängig (Tabelle 6.4, Andrews und Thirunamachandran (1977))

$$Q_\beta = \sum_{r=0}^{\beta/2} \frac{\beta!(3r - \beta + 1)}{(\beta - 2r)!\, r!\, (r+1)!}. \qquad (6.96)$$

β	2	4	6	8	10	12	14	16
N_β	1	3	15	105	945	10.395	135.135	2.027.025
Q_β	1	3	15	91	603	4.213	30.537	227.475

Tabelle 6.4: Anzahl aller Isomere N_β und Anzahl der linear abhängigen Isomere Q_β für gerade Stufen β

Das Volumenintegral (6.94) ist eine lineare Kombination der dyadischen Produkte der isotropen Kronecker-Delta-Tensoren $\mathbb{F}^{(r)}_{\langle\beta\rangle}$ und $\mathbb{G}^{(s)}_{\langle\beta\rangle}$ von Stufe β

$$\mathbb{I}_{\langle 2\beta\rangle} = \sum_{r,s=1}^{Q_\beta} M_{rs} \mathbb{F}^{(r)}_{\langle\beta\rangle} \otimes \mathbb{G}^{(s)}_{\langle\beta\rangle}, \qquad \boldsymbol{Q} \star \mathbb{F}^{(r)}_{\langle\beta\rangle} = \mathbb{G}^{(r)}_{\langle\beta\rangle}, \qquad r,s = 1\ldots Q_\beta. \tag{6.97}$$

Die Dimension der Matrix $\underline{\underline{M}}$ ist $Q_\beta \times Q_\beta$. Die uv-Komponenten ihrer Inversen $\underline{\underline{S}}$ sind die Skalarprodukte aller Kombinationen von $\mathbb{F}^{(u)}_{\langle\beta\rangle}$ oder $\mathbb{G}^{(v)}_{\langle\beta\rangle}$

$$S_{uv} = \mathbb{F}^{(u)}_{\langle\beta\rangle} \cdot \mathbb{F}^{(v)}_{\langle\beta\rangle} = \mathbb{G}^{(u)}_{\langle\beta\rangle} \cdot \mathbb{G}^{(v)}_{\langle\beta\rangle}, \qquad \underline{\underline{M}} = \underline{\underline{S}}^{-1}, \qquad u,v = 1\ldots Q_\beta. \tag{6.98}$$

Für die Konstruktion linear unabhängiger Isomere kann das Standardschemata (Young'sches Tableaus) verwendet werden (siehe z.B. Fulton und Harris (1991)). Die Vorgehensweise ist ausführlich für $\beta = 4$ im Anhang G beschrieben. Ergebnisse für isotrope Tensoren 4. und 6. Stufe werden in Andrews und Thirunamachandran (1977) und für 8. Stufe in Andrews und Ghoul (1981) angegeben (für ungerade Stufen β siehe auch Andrews und Thirunamachandran (1977)).

Diese Berechnungsweise ist wegen der großen Anzahl der Basisisomere rechnerisch sehr aufwendig (vgl. Tabelle 6.4) und lässt sich nur für sehr kleine Ratensensitivitätsparameter für die Komponenten von $\underline{b}$ anwenden. Zwei Beispiele für die exakte Berechnung der Integrale auf der rechten Seite des linearen Gleichungssystems für $m = 1$ lauten

$$b_1 = \int\limits_{SO(3)} \sum_\alpha^{12} \left|\boldsymbol{N}'_\tau \cdot \tilde{\boldsymbol{M}}_\alpha\right|^2 \mathrm{d}Q = \sum_\alpha^{12} \left(\tilde{\boldsymbol{M}}_\alpha \otimes \tilde{\boldsymbol{M}}_\alpha\right) \mathbb{I}_{\langle 8\rangle} \left[\boldsymbol{N}'_0 \otimes \boldsymbol{N}'_0\right] = \frac{6}{5}, \tag{6.99}$$

$$b_2 = \int\limits_{SO(3)} \mathbb{V}'^{C0}_{\langle 4\rangle} \cdot \left[\boldsymbol{N}'_\tau \otimes \boldsymbol{N}'_\tau\right] \sum_\alpha^{12} \left|\boldsymbol{N}'_\tau \cdot \tilde{\boldsymbol{M}}_\alpha\right|^2 \mathrm{d}Q = \tag{6.100}$$

$$= \mathbb{V}'^{C0}_{\langle 4\rangle} \otimes \left(\sum_\alpha^{12} \tilde{\boldsymbol{M}}_\alpha \otimes \tilde{\boldsymbol{M}}_\alpha\right) \mathbb{I}_{\langle 16\rangle} \left[\boldsymbol{N}'_0 \otimes \boldsymbol{N}'_0 \otimes \boldsymbol{N}'_0 \otimes \boldsymbol{N}'_0\right] = \frac{\sqrt{30}}{30} \frac{89101}{194985}.$$

6.3.5 Explizite Berechnung der Materialfunktionen

Eine exakte Lösung des Minimierungsproblems bietet die fiktive Anwendung der elementaren Schranken. Für den starr-viskoplastischen Fall kann die Reuss-Schranke von $\Omega^\tau(\boldsymbol{N}'_\tau)$ für ein homogenes Spannungsfeld mit der Spannungsrichtung $\bar{\boldsymbol{N}}'_\tau = \boldsymbol{N}'_\tau$ mit Hilfe der Orientierungsverteilungsfunktion bestimmt werden

$$\bar{\Omega}^R(\bar{\boldsymbol{N}}'_\tau) = \int\limits_{SO(3)} f(\boldsymbol{Q})\Omega^\tau(\boldsymbol{Q}^\mathsf{T}\bar{\boldsymbol{N}}'_\tau\boldsymbol{Q})\,\mathrm{d}Q. \tag{6.101}$$

Wird die Fourier-Reihe (2.19)-(2.20) für die Orientierungsverteilungsfunktion eingesetzt, dann erhält man die folgende Darstellung für Polykristalle

$$\begin{aligned}
\bar{\Omega}^R(\bar{\boldsymbol{N}}'_\tau) &= \int\limits_{SO(3)} \left(1 + (2\beta+1)\sum_\beta \mathbb{V}'_{\langle\beta\rangle} \cdot \left(\boldsymbol{Q}\star\mathbb{V}'^{C0}_{\langle\beta\rangle}\right)\right)\Omega^\tau(\boldsymbol{Q}^\mathsf{T}\bar{\boldsymbol{N}}'_\tau\boldsymbol{Q})\,\mathrm{d}Q \tag{6.102} \\
&= \int\limits_{SO(3)} \Omega^\tau(\boldsymbol{Q}^\mathsf{T}\bar{\boldsymbol{N}}'_\tau\boldsymbol{Q})\,\mathrm{d}Q + 9\int\limits_{SO(3)} \mathbb{V}'_{\langle 4\rangle}\cdot\left(\boldsymbol{Q}\star\mathbb{V}'^{C0}_{\langle 4\rangle}\right)\Omega^\tau(\boldsymbol{Q}^\mathsf{T}\bar{\boldsymbol{N}}'_\tau\boldsymbol{Q})\,\mathrm{d}Q \\
&\quad + 13\int\limits_{SO(3)} \mathbb{V}'_{\langle 6\rangle}\cdot\left(\boldsymbol{Q}\star\mathbb{V}'^{C0}_{\langle 6\rangle}\right)\Omega^\tau(\boldsymbol{Q}^\mathsf{T}\bar{\boldsymbol{N}}'_\tau\boldsymbol{Q})\,\mathrm{d}Q + \ldots \tag{6.103}
\end{aligned}$$

Vereinfachend werden die Ausdrücke in dieser Betrachtung nur bis zur Approximation 6. Stufe angegeben. Die Reuss-Schranke der Approximation $\Omega^\tau_A(\boldsymbol{N}'_\tau)$ lässt sich analog für $\bar{\boldsymbol{N}}'_\tau = \boldsymbol{N}'_\tau$ durch $f(\boldsymbol{Q})$ und die Orthogonalitätsbedingungen (2.29) bestimmen

$$\begin{aligned}
\bar{\Omega}^R_A(\bar{\boldsymbol{N}}'_\tau) &= \int\limits_{SO(3)} f(\boldsymbol{Q})\Omega^\tau_A(\boldsymbol{Q}^\mathsf{T}\bar{\boldsymbol{N}}'_\tau\boldsymbol{Q})\,\mathrm{d}Q \\
&= \int\limits_{SO(3)} \left(1 + (2\beta+1)\sum_\beta \mathbb{V}'_{\langle\beta\rangle}\cdot\left(\boldsymbol{Q}\star\mathbb{V}'^{C0}_{\langle\beta\rangle}\right)\right)\Omega^\tau_A(\boldsymbol{Q}^\mathsf{T}\bar{\boldsymbol{N}}'_\tau\boldsymbol{Q})\,\mathrm{d}Q \\
&= \Gamma_{\mathrm{iso}}(III^*_\tau) + \mathbb{V}'_{\langle 4\rangle}\cdot\sum_{\lambda=1}^{3}\kappa_{4\lambda}(III^*_\tau)\bar{\boldsymbol{N}}'^{\otimes(3-\lambda)}_\tau\otimes\bar{\boldsymbol{N}}'^{2\otimes(\lambda-1)}_\tau \\
&\quad + \mathbb{V}'_{\langle 6\rangle}\cdot\sum_{\mu=1}^{4}\kappa_{6\lambda}(III^*_\tau)\bar{\boldsymbol{N}}'^{\otimes(4-\mu)}_\tau\otimes\bar{\boldsymbol{N}}'^{2\otimes(\mu-1)}_\tau + \ldots \tag{6.104}
\end{aligned}$$

Durch Koeffizientenvergleich von (6.103) und (6.104) folgen die Bedingungen

$$\int_{SO(3)} \Omega^\tau (\boldsymbol{Q}^\mathsf{T} \bar{\boldsymbol{N}}'_\tau \boldsymbol{Q})\, \mathrm{d}Q = \Gamma_{\mathrm{iso}}(III_\tau^*), \tag{6.105}$$

$$9 \int_{SO(3)} \boldsymbol{Q} \star \mathbb{V}'^{C0}_{\langle 4 \rangle} \Omega^\tau (\boldsymbol{Q}^\mathsf{T} \bar{\boldsymbol{N}}'_\tau \boldsymbol{Q})\, \mathrm{d}Q = \sum_{\lambda=1}^{3} \kappa_{4\lambda}(III_\tau^*) \left(\bar{\boldsymbol{N}}_\tau'^{\otimes(3-\lambda)} \otimes \bar{\boldsymbol{N}}_\tau'^{2\prime \otimes(\lambda-1)} \right)', \tag{6.106}$$

$$13 \int_{SO(3)} \boldsymbol{Q} \star \mathbb{V}'^{C0}_{\langle 6 \rangle} \Omega^\tau (\boldsymbol{Q}^\mathsf{T} \bar{\boldsymbol{N}}'_\tau \boldsymbol{Q})\, \mathrm{d}Q = \sum_{\mu=1}^{4} \kappa_{6\lambda}(III_\tau^*) \left(\bar{\boldsymbol{N}}_\tau'^{\otimes(4-\mu)} \otimes \bar{\boldsymbol{N}}_\tau'^{2\prime \otimes(\mu-1)} \right)'. \tag{6.107}$$

Im Folgenden wird die explizite Lösung des Gleichungssystems für den Ausdruck (6.106) anhand der isotropen Funktionen $\kappa_{4\lambda}(III_\tau^*)$, $\lambda = 1, 2, 3$ für Texturkoeffizienten 4. Stufe erläutert. Für die linear unabhängige Basis $\mathcal{B}_4$ für irreduzible Tensoren 4. Stufe mit den Basistensoren $\mathbb{B}'^{(\zeta)}_{\langle 4 \rangle}$, $\zeta = 1, 2, 3$

$$\mathbb{B}'^{(1)}_{\langle 4 \rangle} = \left(\bar{\boldsymbol{N}}'_\tau \otimes \bar{\boldsymbol{N}}'_\tau \right)', \quad \mathbb{B}'^{(2)}_{\langle 4 \rangle} = \left(\bar{\boldsymbol{N}}'_\tau \otimes \bar{\boldsymbol{N}}_\tau'^2 \right)', \quad \mathbb{B}'^{(3)}_{\langle 4 \rangle} = \left(\bar{\boldsymbol{N}}_\tau'^2 \otimes \bar{\boldsymbol{N}}_\tau'^2 \right)', \tag{6.108}$$

kann eine Dualbasis $\mathbb{B}'_{\langle 4 \rangle (\gamma)}$, $\gamma = 1, 2, 3$ ausgerechnet werden, für die

$$\mathbb{B}'^{(\zeta)}_{\langle 4 \rangle} \cdot \mathbb{B}'_{\langle 4 \rangle (\gamma)} = \delta^\zeta_\gamma \tag{6.109}$$

gilt. Für die Konstruktion der Dualbasis wird die 3×3-Matrix $\underline{B}$ aller Skalarprodukte von $\mathbb{B}'^{(\zeta)}_{\langle 4 \rangle}$ benötigt

$$B^{\zeta\gamma} = \mathbb{B}'^{(\zeta)}_{\langle 4 \rangle} \cdot \mathbb{B}'^{(\gamma)}_{\langle 4 \rangle}, \qquad B_{\zeta\gamma} = B^{\zeta\gamma^{-1}}, \qquad \zeta, \gamma = 1, 2, 3. \tag{6.110}$$

Dann erhält man für die Dualbasis

$$\mathbb{B}'_{\langle 4 \rangle (\gamma)} = \sum_{\zeta}^{3} B_{\gamma\zeta} \mathbb{B}'^{(\zeta)}_{\langle 4 \rangle}. \tag{6.111}$$

Eine Berechnung der isotropen Funktionen $\kappa_{4\lambda}(III_\tau^*)$ erfolgt, indem man die beiden Seiten in (6.106) skalar mit den Basistensoren der Dualbasis multipliziert

$$\kappa_{4\lambda}(III_\tau^*) = 9\mathbb{B}'_{\langle 4 \rangle (\lambda)} \cdot \int_{SO(3)} \boldsymbol{Q} \star \mathbb{V}'^{C0}_{\langle 4 \rangle} \Omega^\tau (\boldsymbol{Q}^\mathsf{T} \bar{\boldsymbol{N}}'_\tau \boldsymbol{Q})\, \mathrm{d}Q, \qquad \lambda = 1, 2, 3. \tag{6.112}$$

Die Matrix der Skalarprodukte $\underline{B}$ kann auch alternativ durch den Tensor der Eigenwerte $\bar{\boldsymbol{N}}'_0$ von $\bar{\boldsymbol{N}}'_\tau$ ausgedrückt werden, da für die Skalarprodukte gilt

$$B^{\zeta\gamma} = \mathbb{B}'^{(\zeta)}_{\langle 4 \rangle} \cdot \mathbb{B}'^{(\gamma)}_{\langle 4 \rangle} \tag{6.113}$$

$$= \left(\bar{\boldsymbol{N}}_0'^{\otimes(3-\zeta)} \otimes \bar{\boldsymbol{N}}_0'^{2\prime \otimes(\zeta-1)} \right)' \cdot \left(\bar{\boldsymbol{N}}_0'^{\otimes(3-\gamma)} \otimes \bar{\boldsymbol{N}}_0'^{2\prime \otimes(\gamma-1)} \right)', \qquad \zeta, \gamma = 1, 2, 3.$$

Aus (6.113) und der exakten Berechnung der linken Seite des Gleichungssystems in (6.82) folgt, dass die Matrix $\underline{\underline{B}}$ durch die Matrix $\underline{\underline{A}}^{\langle 4\rangle}$ in (6.81)-(6.82) dargestellt werden kann (vgl. auch die Beispiele (6.83)-(6.84))

$$\underline{\underline{B}} = 9\underline{\underline{A}}^{\langle 4\rangle}. \tag{6.114}$$

Damit ist die Berechnung der Materialfunktionen $\kappa_{\beta\lambda}(III^*_\tau)$ durch eine Dualbasis äquivalent zu der Lösung des linearen Gleichungssystems.

Die allgemeine Darstellung für die Materialfunktionen $\kappa_{\beta\lambda}(III^*_\tau)$ für die führenden Fourier-Koeffizienten lautet

$$\kappa_{\beta\lambda}(III^*_\tau) = (2\beta + 1)\mathbb{B}'_{\langle\beta\rangle(\lambda)} \cdot \int\limits_{SO(3)} \boldsymbol{Q} \star \mathbb{V}'^{C0}_{\langle\beta\rangle}\Omega^\tau(\boldsymbol{Q}^\mathsf{T}\bar{\boldsymbol{N}}'_\tau\boldsymbol{Q})\,\mathrm{d}Q,$$

$$\lambda = 1,\ldots,\beta/2 + 1, \qquad \beta = 4, 6, 8, 10, 14, 18, \ldots \tag{6.115}$$

6.3.6 Approximation für den Sonderfall $m = 1$

Für den linear viskosen Fall ($m = 1$) ist der zu approximierende Anteil Ω^τ des Spannungspotentials eine quadratische Funktion

$$\Omega^\tau(\boldsymbol{N}'_\tau, m = 1) = \sum_{\alpha}^{12} \left|\boldsymbol{N}'_\tau \cdot \tilde{\boldsymbol{M}}_\alpha\right|^2. \tag{6.116}$$

Die Funktion wird exakt durch eine quadratische Funktion in $\boldsymbol{N}'_\tau$

$$\Omega^\tau(\boldsymbol{N}'_\tau, m = 1) = \Omega^\tau_A(\boldsymbol{N}'_\tau, m = 1) = \Gamma_{\mathrm{iso}}(III^*_\tau) + \kappa_{41}(III^*_\tau)\mathbb{V}'^{C0}_{\langle 4\rangle} \cdot (\boldsymbol{N}'_\tau \otimes \boldsymbol{N}'_\tau) \tag{6.117}$$

abgebildet. Die Funktionen $\Gamma_{\mathrm{iso}}(III^*_\tau)$ und $\kappa_{41}(III^*_\tau)$ lassen sich durch eine analytische Berechnung ausrechnen. Aus der Zerlegung von $\boldsymbol{N}'_\tau \otimes \boldsymbol{N}'_\tau$ mit Hilfe isotroper Projektoren ergibt sich

$$\Gamma_{\mathrm{iso}}(III^*_\tau) = 12 \int\limits_{SO(3)} \boldsymbol{N}'_\tau \otimes \boldsymbol{N}'_\tau\,\mathrm{d}Q \cdot \tilde{\boldsymbol{M}}_\alpha \otimes \tilde{\boldsymbol{M}}_\alpha$$

$$= 12\frac{(\boldsymbol{N}'_0 \otimes \boldsymbol{N}'_0) \cdot \mathbb{P}^I_2}{\|\mathbb{P}^I_2\|}\mathbb{P}^I_2 \cdot \tilde{\boldsymbol{M}}_\alpha \otimes \tilde{\boldsymbol{M}}_\alpha = \frac{6}{5} = \mathrm{const}, \qquad \forall \alpha. \tag{6.118}$$

Für die Berechnung von $\kappa_{41}(III^*_\tau)$ kann die tensorielle Gleichung

$$\sum_{\alpha}^{12} \mathrm{sym}(\tilde{\boldsymbol{M}}_\alpha) \otimes \mathrm{sym}(\tilde{\boldsymbol{M}}_\alpha) = \Gamma_{\mathrm{iso}}(III^*_\tau)\mathbb{P}^I_2 + \kappa_{41}(III^*_\tau)\mathbb{V}'^{C0}_{\langle 4\rangle} \tag{6.119}$$

angewendet werden. Daraus folgt

$$\kappa_{41}(III^*_\tau) = \frac{\| \sum_\alpha^{12} \mathrm{sym}(\tilde{\boldsymbol{M}}_\alpha) \otimes \mathrm{sym}(\tilde{\boldsymbol{M}}_\alpha) - \Gamma_{\mathrm{iso}}(III^*_\tau)\mathbb{P}^I_2 \|}{\| \mathbb{V}'^{C0}_{\langle 4 \rangle} \|}$$

$$= 4\frac{\sqrt{30}}{15} = \mathrm{const.} \tag{6.120}$$

Dieselben Ergebnisse resultieren aus der harmonischen Zerlegung (5.66) für $\sum_\alpha^{12} \mathrm{sym}(\tilde{\boldsymbol{M}}_\alpha) \otimes \mathrm{sym}(\tilde{\boldsymbol{M}}_\alpha)$. Die texturbasierte Approximation des Spannungspotentials

$$\Psi^\tau(\boldsymbol{Q}^\mathsf{T}\boldsymbol{\tau}'\boldsymbol{Q}, m = 1) = \frac{\dot{\gamma}_0 \tau^C}{2}\left(\frac{\|\boldsymbol{\tau}'\|}{\tau^C}\right)^2\left(\frac{6}{5} + \frac{4\sqrt{30}}{15}\mathbb{V}'^C_{\langle 4 \rangle}(\boldsymbol{Q}) \cdot \left(\boldsymbol{N}'_\tau \otimes \boldsymbol{N}'_\tau\right)\right) \tag{6.121}$$

entspricht dem quadratischen Fließkriterium von Hill (1948). Die daraus folgende Darstellung des Hill'schen Tensors in dieser Form wurde bereits in Kapitel 4 angegeben (vgl. (4.75) und Böhlke et al. (2008)).

Analog zu der Berechnung von Ψ^τ können die Koeffizienten des Dualpotentials Ψ^D für $m = 1$ berechnet werden, da der analytische Ausdruck (6.53) bekannt ist. Für diesen Fall ist die Approximation auch quadratisch in $\boldsymbol{N}'_D$. Die Approximation hängt nur von $\Gamma_{\mathrm{iso}}(III^*_D)$ und $\kappa_{41}(III^*_D)$ ab

$$\left(\sum_\alpha^{12} \mathrm{sym}(\tilde{\boldsymbol{M}}_\alpha) \otimes \mathrm{sym}(\tilde{\boldsymbol{M}}_\alpha)\right)^{-1} = \Gamma_{\mathrm{iso}}(III^*_D)\mathbb{P}^I_2 + \kappa_{41}(III^*_D)\mathbb{V}'^{C0}_{\langle 4 \rangle}. \tag{6.122}$$

Der Tensor 4. Stufe

$$\left(\sum_\alpha^{12} \mathrm{sym}(\tilde{\boldsymbol{M}}_\alpha) \otimes \mathrm{sym}(\tilde{\boldsymbol{M}}_\alpha)\right)^{-1} = -\mathbb{D} - \frac{\boldsymbol{I} \otimes \boldsymbol{I}}{6} + \frac{3}{2}\mathbb{I}^S \tag{6.123}$$

besitzt die kubische Symmetrie und folgende harmonische Zerlegung

$$\left(\sum_\alpha^{12} \mathrm{sym}(\tilde{\boldsymbol{M}}_\alpha) \otimes \mathrm{sym}(\tilde{\boldsymbol{M}}_\alpha)\right)^{-1} = h_2\mathbb{P}^I_2 + \left(\sum_\alpha^{12} \mathrm{sym}(\tilde{\boldsymbol{M}}_\alpha) \otimes \mathrm{sym}(\tilde{\boldsymbol{M}}_\alpha)\right)^{-1\prime}. \tag{6.124}$$

Damit gilt

$$\Gamma_{\mathrm{iso}}(III^*_D) = h_2 = \left(\sum_\alpha^{12} \mathrm{sym}(\tilde{\boldsymbol{M}}_\alpha) \otimes \mathrm{sym}(\tilde{\boldsymbol{M}}_\alpha)\right)^{-1} \cdot \frac{\mathbb{P}^I_2}{\|\mathbb{P}^I_2\|} = \frac{11}{10} = \mathrm{const.} \tag{6.125}$$

Der irreduzible Anteil der harmonischen Zerlegung lautet

$$\left(\sum_\alpha^{12} \mathrm{sym}(\tilde{\boldsymbol{M}}_\alpha) \otimes \mathrm{sym}(\tilde{\boldsymbol{M}}_\alpha)\right)^{-1\prime} = -\frac{\sqrt{30}}{5}\mathbb{V}'^{C0}_{\langle 4 \rangle}. \tag{6.126}$$

Daraus folgt für $\kappa_{41}(III_D^*)$

$$\kappa_{41}(III_D^*) = -\frac{\sqrt{30}}{5} = \text{const} \tag{6.127}$$

und das Dualpotential wird für $m = 1$ exakt durch

$$\Psi^D(Q^\mathsf{T} D' Q, m = 1) = \frac{\dot{\gamma}_0 \tau_C}{2} \left\| \frac{D'}{\dot{\gamma}_0} \right\|^2 \left(\frac{11}{10} - \frac{\sqrt{30}}{5} \mathbb{V}_{\langle 4 \rangle}^{\prime C}(Q) \cdot \left(N_D' \otimes N_D' \right) \right) \tag{6.128}$$

abgebildet.

Für höhere Exponenten m werden die isotropen Materialfunktionen für die Approximation des Spannungs- und Dehnratenpotentials im nächsten Kapitel angegeben.

Kapitel 7

Anwendungen der texturbasierten Fließpotentiale

7.1 Approximation für Einkristalle

7.1.1 Spannungspotential

Das Spannungspotential $\Psi^\tau(\tau')$ ist eine homogene Funktion vom Grade $m+1$ der deviatorischen Spannung τ'. Der Anteil $\Omega^\tau(N'_\tau)$ von $\Psi^\tau(\tau')$ ist ebenso eine homogene Funktion vom Grade $m+1$ in N'_τ. $\Psi^\tau(\tau')$ und $\Omega^\tau(N'_\tau)$ sind gerade Funktionen in τ' und N'_τ

$$\Psi^\tau(\tau') = \Psi^\tau(-\tau'), \quad \forall \tau', \quad \forall m, \tag{7.1}$$

$$\Omega^\tau(N'_\tau) = \Omega^\tau(-N'_\tau), \quad \forall N'_\tau, \quad \forall m. \tag{7.2}$$

Aus diesem Grund müssen die isotropen Materialfunktionen $\Gamma_{\mathrm{iso}}(III^*_\tau)$ und $\kappa_{\beta\lambda}(III^*_\tau)$, die sich in der Approximation von $\Omega^\tau(N'_\tau)$ vor einem geraden Polynom von N'_τ befinden, im Allgemeinen gerade Funktionen von N'_τ sein. Die unbekannten Materialfunktionen vor einem Polynom ungeraden Grades müssen dagegen ungerade Funktionen von N'_τ sein. Diese Tatsache beruht darauf, dass die Funktion $\Omega^\tau(N'_\tau)$ eine gerade Funktion in N'_τ ist und dass das Produkt zweier gerader sowie ungerader Funktionen eine gerade Funktion ergibt (Siehe Tabelle 7.1.).

Der typische Verlauf der isotropen Funktionen $\Gamma_{\mathrm{iso}}(III^*_\tau)$ und $\kappa_{\beta\lambda}(III^*_\tau)$ ($\lambda = 1, \ldots, \beta/2 + 1$) ist in Abb. 7.1 für Approximationen bis zur 6. Stufe für $m = 100$ gegeben.

	Dyade	Polynomgrad	Materialfunktion
$\Gamma_{\mathrm{iso}}(III_\tau^*)$	$-$	0	gerade
$\kappa_{41}(III_\tau^*)$	$\boldsymbol{N}_\tau' \otimes \boldsymbol{N}_\tau'$	2	gerade
$\kappa_{42}(III_\tau^*)$	$\boldsymbol{N}_\tau' \otimes \boldsymbol{N}_\tau'^2$	3	ungerade
$\kappa_{43}(III_\tau^*)$	$\boldsymbol{N}_\tau'^2 \otimes \boldsymbol{N}_\tau'^2$	4	gerade
$\kappa_{61}(III_\tau^*)$	$\boldsymbol{N}_\tau' \otimes \boldsymbol{N}_\tau' \otimes \boldsymbol{N}_\tau'$	3	ungerade
$\kappa_{62}(III_\tau^*)$	$\boldsymbol{N}_\tau' \otimes \boldsymbol{N}_\tau' \otimes \boldsymbol{N}_\tau'^2$	4	gerade
$\kappa_{63}(III_\tau^*)$	$\boldsymbol{N}_\tau' \otimes \boldsymbol{N}_\tau'^2 \otimes \boldsymbol{N}_\tau'^2$	5	ungerade
$\kappa_{64}(III_\tau^*)$	$\boldsymbol{N}_\tau'^2 \otimes \boldsymbol{N}_\tau'^2 \otimes \boldsymbol{N}_\tau'^2$	6	gerade
$\kappa_{81}(III_\tau^*)$	$\boldsymbol{N}_\tau' \otimes \boldsymbol{N}_\tau' \otimes \boldsymbol{N}_\tau' \otimes \boldsymbol{N}_\tau'$	4	gerade
$\kappa_{82}(III_\tau^*)$	$\boldsymbol{N}_\tau' \otimes \boldsymbol{N}_\tau' \otimes \boldsymbol{N}_\tau' \otimes \boldsymbol{N}_\tau'^2$	5	ungerade
$\kappa_{83}(III_\tau^*)$	$\boldsymbol{N}_\tau' \otimes \boldsymbol{N}_\tau' \otimes \boldsymbol{N}_\tau'^2 \otimes \boldsymbol{N}_\tau'^2$	6	gerade
$\kappa_{84}(III_\tau^*)$	$\boldsymbol{N}_\tau' \otimes \boldsymbol{N}_\tau'^2 \otimes \boldsymbol{N}_\tau'^2 \otimes \boldsymbol{N}_\tau'^2$	7	ungerade
$\kappa_{85}(III_\tau^*)$	$\boldsymbol{N}_\tau'^2 \otimes \boldsymbol{N}_\tau'^2 \otimes \boldsymbol{N}_\tau'^2 \otimes \boldsymbol{N}_\tau'^2$	8	gerade

Tabelle 7.1: Allgemeiner Charakter der isotropen Funktionen $\Gamma_{\mathrm{iso}}(III_\tau^*)$ und $\kappa_{\beta\lambda}(III_\tau^*)$ von der Determinante III_τ^*

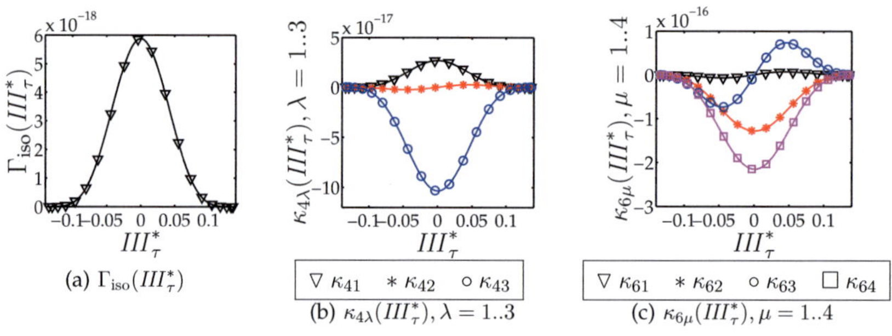

(a) $\Gamma_{\mathrm{iso}}(III_\tau^*)$

(b) $\kappa_{4\lambda}(III_\tau^*),\, \lambda = 1..3$

(c) $\kappa_{6\mu}(III_\tau^*),\, \mu = 1..4$

Abbildung 7.1: Funktionen $\Gamma_{\mathrm{iso}}(III_\tau^*)$, $\kappa_{4\lambda}(III_\tau^*)$ und $\kappa_{6\mu}(III_\tau^*)$ für $m = 100$

Für ungerade Dehnratensensitivitätsparameter m bzw. gerade $m + 1$ kann die Funktion $\Omega^\tau(\boldsymbol{N}_\tau')$ ohne Betrag betrachtet werden

$$\Omega^\tau(\boldsymbol{N}_\tau') = \sum_\alpha^{12} \left| \boldsymbol{N}_\tau' \cdot \tilde{\boldsymbol{M}}_\alpha \right|^{m+1} = \sum_\alpha^{12} \left(\boldsymbol{N}_\tau' \cdot \tilde{\boldsymbol{M}}_\alpha \right)^{m+1}$$

$$= \boldsymbol{N}_\tau'^{\otimes(m+1)} \cdot \sum_\alpha^{12} \tilde{\boldsymbol{M}}_\alpha^{\otimes(m+1)}, \qquad \forall m + 1 = 2k,\, k \in N. \qquad (7.3)$$

Damit stellt $\Omega^\tau(\boldsymbol{N}'_\tau)$ ein homogenes Polynom in den Komponenten von $\boldsymbol{N}'_\tau$ dar. Die isotropen materiellen Funktionen $\Gamma_{\mathrm{iso}}(III^*_\tau)$ und $\kappa_{\beta\lambda}(III^*_\tau)$ können somit als homogene gerade oder ungerade Polynome der Invarianten von $\boldsymbol{N}'_\tau$ nach Tabelle 6.3 ausgedrückt werden. Ist beispielsweise die Funktion $\kappa_{63}(III^*_\tau)$ für $m + 1 = 10$ gesucht, dann soll diese für die Approximation eines homogenen geraden Polynoms vom Grade 10 bestimmt werden. Das homogene gerade Polynom $\kappa_{63}(III^*_\tau)\mathbb{V}'^C_{\langle 6\rangle} \cdot \boldsymbol{N}'_\tau \otimes \boldsymbol{N}'^{2\otimes 2}_\tau$ kann als Produkt zweier Polynome, die homogen vom Grade 5 sind, dargestellt werden. Dabei ist das eine Polynom $\mathbb{V}'^C_{\langle 6\rangle} \cdot \boldsymbol{N}'_\tau \otimes \boldsymbol{N}'^{2\otimes 2}_\tau$. Damit folgt für $\kappa_{63}(III^*_\tau)$ mit $m = 9$ eine lineare Abhängigkeit von der Determinante: $\kappa_{63}(III^*_\tau) = \alpha III^*_\tau$ ($\alpha \in R$).

Die allgemeinen Ausdrücke für die ersten ungeraden Ratensensitivitätsparameter m und eine Approximation bis zu Texturkoeffizienten 10. Stufe sind in den Tabellen 7.2-7.3 aufgelistet. Die Anzahl unbekannter Koeffizienten beträgt für eine Approximation 8. Stufe mit $m = 5$ insgesamt zehn und mit $m = 7$ insgesamt 14. Für eine exakte Darstellung mit $m = 5$ bis zur 12. Stufe sind 13 Koeffizienten notwendig, wobei zwölf Materialfunktionen $\Gamma_{\mathrm{iso}}(III^*_\tau)$ und $\kappa_{\beta\lambda}(III^*_\tau)$ nicht verschwinden. Für $m = 7$ besteht die exakte Approximation aus 22 Materialfunktionen $\Gamma_{\mathrm{iso}}(III^*_\tau)$ und $\kappa_{\beta\lambda}(III^*_\tau)$ verschieden null bzw. aus 24 Koeffizienten. Im Vergleich dazu hängt die nichtquadratische Fließfunktion Yld2004-18p von Barlat et al. (2005) von 18 Parametern für den Sonderfall eines orthotropen Materialverhaltens ab. Das texturbasierte Fließpotential 8. Grades vom Arminjon-Typ hat für den ebenen Spannungszustand 25 Anisotropiekoeffizienten, für den orthotropen Fall 135 und für den triklinen schließlich 490 (vgl. Tabelle 4.1 und Savoie und MacEwen (1996)).

Die Kenntnis der exakten Darstellung der Materialfunktionen $\Gamma_{\mathrm{iso}}(III^*_\tau)$ und $\kappa_{\beta\lambda}(III^*_\tau)$ hat den Vorteil, dass die von null verschiedenen Koeffizienten in der Approximation auch phänomenologisch durch makroskopische Messungen von R-Werten und Fließspannungen bestimmt werden können. Wird angenommen, dass eine Approximation mit den führenden Fourier-Koeffizienten der exakten Abbildung entspricht, ist der Ansatz von einer geringeren Anzahl von Anisotropieparametern abhängig.

κ	Dyade	PG	$m=1$		$m=3$		$m=5$		$m=7$		$m=9$	
			$m+1=2$		$m+1=4$		$m+1=6$		$m+1=8$		$m+1=10$	
			P	K	P	K	P	K	P	K	P	K
Γ_{iso}	-	0	α	1	α	1	$\alpha+\beta III_\tau^{*2}$	2	$\alpha+\beta III_\tau^{*2}$	2	$\alpha+\beta III_\tau^{*2}$	2
Koeffizienten für Appr. 0. Stufe:			$\sum=1$		$\sum=1$		$\sum=2$		$\sum=2$		$\sum=2$	
κ_{41}	$\boldsymbol{N}_\tau^{\prime\otimes2}$	2	α	1	α	1	α	1	$\alpha+\beta III_\tau^{*2}$	2	$\alpha+\beta III_\tau^{*2}$	2
κ_{42}	$\boldsymbol{N}_\tau^{\prime}\otimes\boldsymbol{N}_\tau^{\prime2\prime}$	3	0	0	0	0	αIII_τ^{*}	1	αIII_τ^{*}	1	αIII_τ^{*}	1
κ_{43}	$\boldsymbol{N}_\tau^{\prime2\prime\otimes2}$	4	0	0	α	1	α	1	α	1	$\alpha+\beta III_\tau^{*2}$	2
Koeffizienten für Appr. 4. Stufe:			$\sum=1$		$\sum=2$		$\sum=3$		$\sum=4$		$\sum=5$	
Koeffizienten bis Appr. 4. Stufe:			$\sum=2$		$\sum=3$		$\sum=5$		$\sum=6$		$\sum=7$	
κ_{61}	$\boldsymbol{N}_\tau^{\prime\otimes3}$	3	0	0	0	0	αIII_τ^{*}	1	αIII_τ^{*}	1	αIII_τ^{*}	1
κ_{62}	$\boldsymbol{N}_\tau^{\prime\otimes2}\otimes\boldsymbol{N}_\tau^{\prime2\prime}$	4	0	0	α	1	α	1	α	1	$\alpha+\beta III_\tau^{*2}$	2
κ_{63}	$\boldsymbol{N}_\tau^{\prime}\otimes\boldsymbol{N}_\tau^{\prime2\prime\otimes2}$	5	0	0	0	0	0	0	αIII_τ^{*}	1	αIII_τ^{*}	1
κ_{64}	$\boldsymbol{N}_\tau^{\prime2\prime\otimes3}$	6	0	0	0	0	α	1	α	1	α	1
Koeffizienten für Appr. 6. Stufe:			$\sum=0$		$\sum=1$		$\sum=3$		$\sum=4$		$\sum=5$	
Koeffizienten bis Appr. 6. Stufe:			$\sum=2$		$\sum=4$		$\sum=8$		$\sum=10$		$\sum=12$	

Tabelle 7.2: Isotrope Funktionen $\Gamma_{\mathrm{iso}}(III_\tau^{*})$ und $\kappa_{\beta\lambda}(III_\tau^{*})$ in Abhängigkeit von der Determinante III_τ^{*} für Approximationen bis zur 6. Stufe und ungerade $m^{\dagger}$ (PG: Polynomgrad, P: Polynom, K: Anzahl der Koeffizienten)

† Die für die Approximation nicht relevanten Einträge von höherem Polynomgrad sind grau hinterlegt.

| κ | Dyade | PG | $m=1$ | | $m=3$ | | $m=5$ | | $m=7$ | | $m=9$ | |
| | | | $m+1=2$ | | $m+1=4$ | | $m+1=6$ | | $m+1=8$ | | $m+1=10$ | |
			P	K	P	K	P	K	P	K	P	K
κ_{81}	$N'^{\otimes4}_\tau$	4	0	0	α	1	α	1	α	1	$\alpha+\beta III^{*2}_\tau$	2
κ_{82}	$N'^{\otimes3}_\tau \otimes N'^{2'}_\tau$	5	0	0	0	0	0	0	αIII^{*}_τ	1	αIII^{*}_τ	1
κ_{83}	$N'^{\otimes2}_\tau \otimes N'^{2'\otimes2}_\tau$	6	0	0	0	0	α	1	α	1	α	1
κ_{84}	$N'_\tau \otimes N'^{2'\otimes3}_\tau$	7	0	0	0	0	0	0	0	0	αIII^{*}_τ	1
κ_{85}	$N'^{2'\otimes4}_\tau$	8	0	0	0	0	0	0	α	1	α	1
Koeffizienten für Appr. 8. Stufe:			$\sum=0$		$\sum=1$		$\sum=2$		$\sum=4$		$\sum=6$	
Koeffizienten bis Appr. 8. Stufe:			$\sum=2$		$\sum=5$		$\sum=10$		$\sum=14$		$\sum=18$	
κ_{101}	$N'^{\otimes5}_\tau$	5	0	0	0	0	0	0	αIII^{*}_τ	1	αIII^{*}_τ	1
κ_{102}	$N'^{\otimes4}_\tau \otimes N'^{2'}_\tau$	6	0	0	0	0	α	1	α	1	α	1
κ_{103}	$N'^{\otimes3}_\tau \otimes N'^{2'\otimes2}_\tau$	7	0	0	0	0	0	0	0	0	αIII^{*}_τ	1
κ_{104}	$N'^{\otimes2}_\tau \otimes N'^{2'\otimes3}_\tau$	8	0	0	0	0	0	0	α	1	α	1
κ_{105}	$N'_\tau \otimes N'^{2'\otimes4}_\tau$	9	0	0	0	0	0	0	0	0	0	0
κ_{106}	$N'^{2'\otimes5}_\tau$	10	0	0	0	0	0	0	0	0	α	1
Koeffizienten für Appr. 10. Stufe:			$\sum=0$		$\sum=0$		$\sum=1$		$\sum=3$		$\sum=5$	
Koeffizienten bis Appr. 10. Stufe:			$\sum=2$		$\sum=5$		$\sum=11$		$\sum=17$		$\sum=23$	

Tabelle 7.3: Isotrope Funktionen $\Gamma_{\mathrm{iso}}(III^{*}_\tau)$ und $\kappa_{\beta\lambda}(III^{*}_\tau)$ in Abhängigkeit von der Determinante III^{*}_τ für Approximationen 8. und 10. Stufe und ungerade m[‡] (PG: Polynomgrad, P: Polynom, K: Anzahl der Koeffizienten)

[‡] Die für die Approximation nicht relevanten Einträge von höherem Polynomgrad sind grau hinterlegt.

Für kleine Exponenten m können die isotropen Funktionen ebenso null oder konstant sein, wie Tabelle 7.4 für $m = 1, 3, 5$ zeigt. Die isotropen Funktionen $\Gamma_{\mathrm{iso}}(III_\tau^*)$ für beliebige Exponenten m wurden auch von Böhlke und Bertram (2003) für den Sonderfall einer grauen Textur bestimmt.

κ	Dyade	PG	$m = 1$ $m+1 = 2$ P	$m = 3$ $m+1 = 4$ P	$m = 5$ $m+1 = 6$ P
Γ_{iso}	-	0	$6/5$	$0{,}2571$	$0{,}07343 - 0{,}3237 III_\tau^{*2}$
κ_{41}	$\boldsymbol{N}_\tau^{\prime\otimes2}$	2	$4\sqrt{30}/15$	$0{,}5362$	$0{,}1960$
κ_{42}	$\boldsymbol{N}_\tau^{\prime} \otimes \boldsymbol{N}_\tau^{\prime 2}$	3	0	0	$-0{,}1217 III_\tau^*$
κ_{43}	$\boldsymbol{N}_\tau^{\prime 2\otimes2}$	4	0	$-0{,}6665$	$-0{,}3751$
κ_{61}	$\boldsymbol{N}_\tau^{\prime\otimes3}$	3	0	0	$0{,}1872 III_\tau^*$
κ_{62}	$\boldsymbol{N}_\tau^{\prime\otimes2} \otimes \boldsymbol{N}_\tau^{\prime 2}$	4	0	$-0{,}2978$	$-0{,}2078$
κ_{63}	$\boldsymbol{N}_\tau^{\prime\otimes1} \otimes \boldsymbol{N}_\tau^{\prime 2\otimes2}$	5	0	0	0
κ_{64}	$\boldsymbol{N}_\tau^{\prime 2\otimes3}$	6	0	0	$-0{,}0462$
κ_{81}	$\boldsymbol{N}_\tau^{\prime\otimes4}$	4	0	$0{,}1350$	$0{,}1058$
κ_{82}	$\boldsymbol{N}_\tau^{\prime\otimes3} \otimes \boldsymbol{N}_\tau^{\prime 2}$	5	0	0	0
κ_{83}	$\boldsymbol{N}_\tau^{\prime\otimes3} \otimes \boldsymbol{N}_\tau^{\prime 2\otimes2}$	6	0	0	$-0{,}5432$
κ_{84}	$\boldsymbol{N}_\tau^{\prime} \otimes \boldsymbol{N}_\tau^{\prime 2\otimes3}$	7	0	0	0
κ_{85}	$\boldsymbol{N}_\tau^{\prime 2\otimes5}$	8	0	0	0

Tabelle 7.4: Isotrope Funktionen $\Gamma_{\mathrm{iso}}(III_\tau^*)$ und $\kappa_{\beta\lambda}(III_\tau^*)$ in Abhängigkeit der Determinante III_τ^* für Approximationen bis zur 8. Stufe und $m = 1, 3, 5^\dagger$ (PG: Polynomgrad, P: Polynom)

† Die für die Approximation nicht relevanten Einträge von höherem Polynomgrad sind grau hinterlegt.

Für den Sonderfall einer Zugbelastung $III_\tau^* = +\sqrt{6}/18$ nach Formel (6.33) sind $\Gamma_{\mathrm{iso}}(III_\tau^*)$ und $\kappa_{\beta1}(III_\tau^*)$ für $\beta = 4, 6, 8$ in Abb. 7.2 dargestellt. Bei uniaxialem Druck ($III_\tau^* = -\sqrt{6}/18$) sind die Funktionswerte bis auf das Vorzeichen von

$\kappa_{61}(III_\tau^*)$ gleich

$$\Gamma_{\mathrm{iso}}(III_\tau^* = +\sqrt{6}/18) = \Gamma_{\mathrm{iso}}(III_\tau^* = -\sqrt{6}/18), \tag{7.4}$$

$$\kappa_{41}(III_\tau^* = +\sqrt{6}/18) = \kappa_{41}(III_\tau^* = -\sqrt{6}/18), \tag{7.5}$$

$$\kappa_{61}(III_\tau^* = +\sqrt{6}/18) = -\kappa_{61}(III_\tau^* = -\sqrt{6}/18), \tag{7.6}$$

$$\kappa_{81}(III_\tau^* = +\sqrt{6}/18) = \kappa_{81}(III_\tau^* = -\sqrt{6}/18). \tag{7.7}$$

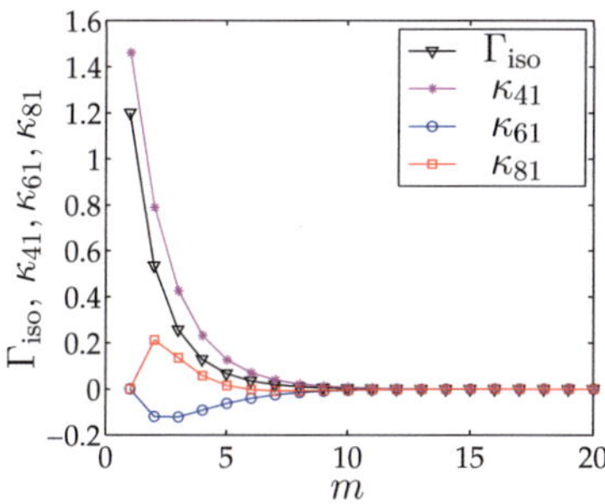

Abbildung 7.2: Funktionen $\Gamma_{\mathrm{iso}}(III_\tau^*)$ und $\kappa_{\beta 1}(III_\tau^*)$ ($\beta = 4, 6, 8$) für $III_\tau^* = +\sqrt{6}/18$ in Abhängigkeit vom Dehnratensensitivitätsparameter m

Sonderfall $m = 1$: Für $m = 1$ kann die quadratische Funktion des Spannungspotentials nur durch Texturkoeffizienten 4. Stufe exakt abgebildet werden. In diesem Fall sind $\Gamma_{\mathrm{iso}}(III_\tau^*)$ und $\kappa_{41}(III_\tau^*)$ Konstanten und hängen nicht von dem Belastungsfall ab (vgl. Formel (6.121)). Wie die Beispiele in Anhang H.1 zeigen, können quadratische Fließpotentiale wie die Fließfunktion von Hill (1948) nur elliptische oder kreisförmige Äquidissipationslinien reproduzieren.

Sonderfall $m = 3$: Bei dem nichtlinearen Fall von $m = 3$ stellt das Spannungspotential Ψ^τ ein Polynom vom Grade 4 in τ' dar. Aus diesem Grund entfallen in der mikromechanisch motivierten Approximation die Beiträge mit Tensoren 6. Stufe $N_\tau' \otimes N_\tau'^{2'\otimes 2}$ und $N_\tau'^{2'\otimes 3}$ sowie alle Beiträge von 8. Stufe bis auf die erste Dyade $N_\tau'^{\otimes 4}$. Die Einträge der Fourier-Reihe, die für die Approximation nicht relevant sind, sind in Tabelle 7.4 grau hinterlegt. Die Approximation 8. Stufe für $m = 3$ hängt nur von fünf nichtverschwindenden Konstanten ab.

Der Einfluss der einzelnen Fourier-Reihenglieder auf die Approximation wird hier im Folgenden beispielhaft für den ebenen Spannungszustand

$$\boldsymbol{\tau} = \begin{bmatrix} \tau_{11} & \tau_{12} & 0 \\ \tau_{12} & 0 & 0 \\ 0 & 0 & 0 \end{bmatrix} \boldsymbol{e}_i \otimes \boldsymbol{e}_j \tag{7.8}$$

diskutiert. Der Sonderfall der Zug- und Druckbelastung (6.33) wird in den Beispielen bis auf diejenigen in Abb. 7.30-7.32 nicht gesondert betrachtet. Die Werte der Approximation für $\xi = \pm 1/2$ werden durch die angepassten Ergebnisse für die isotropen Funktionen $\kappa_{\beta\lambda}(III_\tau^*)$ nach (6.32) bestimmt.

Die Form der Isolinien der Approximation 0. Stufe ist elliptisch (Abb. 7.3(c)). Durch Erhöhung des Approximationsgrades nähern die Isolinien die Form des exakten Spannungspotentials an, bis schließlich mit der 8. Stufe (Abb. 7.3(f)) das Spannungspotential Ψ^τ (Abb. 7.3(b)) exakt abgebildet wird.

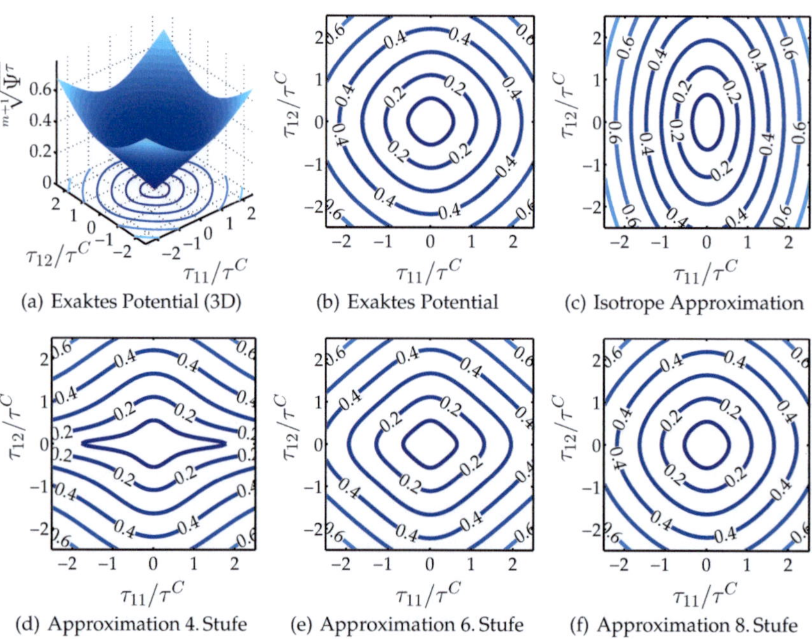

(a) Exaktes Potential (3D) (b) Exaktes Potential (c) Isotrope Approximation

(d) Approximation 4. Stufe (e) Approximation 6. Stufe (f) Approximation 8. Stufe

Abbildung 7.3: Isolinien des Spannungspotentials Ψ^τ für einen Einkristall ($\boldsymbol{Q} = \boldsymbol{I}$, $m = 3$, $\boldsymbol{\tau} = \tau_{11}\boldsymbol{e}_1 \otimes \boldsymbol{e}_1 + 2\tau_{12}\mathrm{sym}(\boldsymbol{e}_1 \otimes \boldsymbol{e}_2)$) (grafische Darstellung von $^{m+1}\!\sqrt{\Psi^\tau}$)

Die grafische Darstellung der relativen Fehlerabschätzung für den betrachteten Belastungszustand zwischen dem exakten Einkristallpotential und seiner Approximation 8. Stufe

$$\Delta \Psi^\tau = \frac{|\Psi^\tau - \Psi^\tau_A|}{\Psi^\tau} \tag{7.9}$$

ist in Abb. 7.4 gegeben. Der relative Fehler bei dieser Approximation ist im Rahmen der numerischen Genauigkeit null.

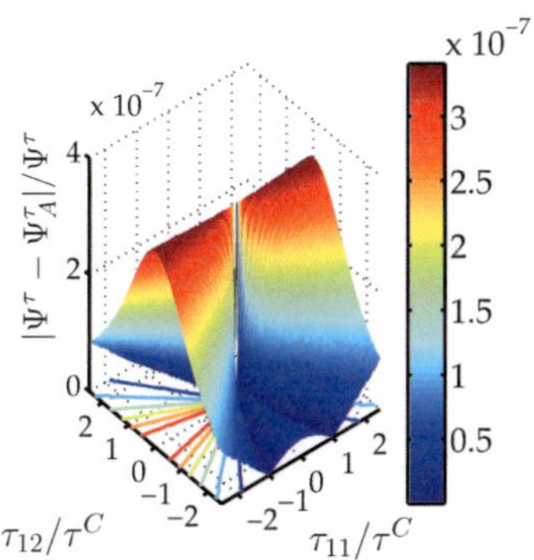

Abbildung 7.4: Relative Fehlerabschätzung der Approximation 8. Stufe für einen Einkristall ($m = 3$)

Da für die Approximation des Spannungspotentials mit $m = 3$ die vollständige Fourier-Reihenentwicklung bis zu Texturkomponenten 8. Stufe in Betracht genommen wird, ist die Güte der Approximation stets unabhängig vom Belastungszustand. Für weitere Beispiele sei hier auf den Anhang H.2 verwiesen.

Sonderfall $m = 5$: Das Spannungspotential Ψ^τ für $m = 5$ ist ein Polynom 6. Grades in der Spannungsrichtung N'_τ. Trotz dieser Tatsache wird hier nur der Einfluss der Texturkoeffizienten bis zur 8. Stufe betrachtet. Für den Fall einer Belastung durch zwei Hauptspannungen erhält man durch eine tensorielle Fourier-Reihe unter Berücksichtigung irreduzibler Tensoren 8. Stufe eine gute Übereinstimmung mit dem exakten Potential (siehe Bsp. 1, Anhang H.3). Zur Diskussion der Approximation durch eine Fourier-Summe bis zur 8. Stufe wird hier wieder der ebene Spannungszustand (7.8) gewählt. Für diesen

Beanspruchungszustand ist die isotrope Approximation (Abb. 7.5(b)) wie bei $m = 3$ (Abb. 7.3(c)) elliptisch.

Eine Approximation nur durch Texturkoeffizienten 4. und 6. Stufe (Abb. 7.5(c)-7.5(d)) kann negative Werte für das Spannungspotential liefern. Durch Erhöhung des Approximationsgrades (8. Stufe, Abb. 7.5(e)) werden die berechneten Werte der Approximation positiv und die Form der Isolinien nähert sich der Form des exakten Potentials an. Für eine exakte Abbildung des Spannungspotentials Ψ^τ sind für $m = 5$ zusätzlich die Texturkoeffizienten 10. und 12. Stufe relevant, die hier nicht berücksichtigt werden. Wie die weiteren Beispiele in Anhang H.3 zeigen, hängt die Qualität der Approximation 8. Stufe für $m = 5$ vom Belastungsfall ab.

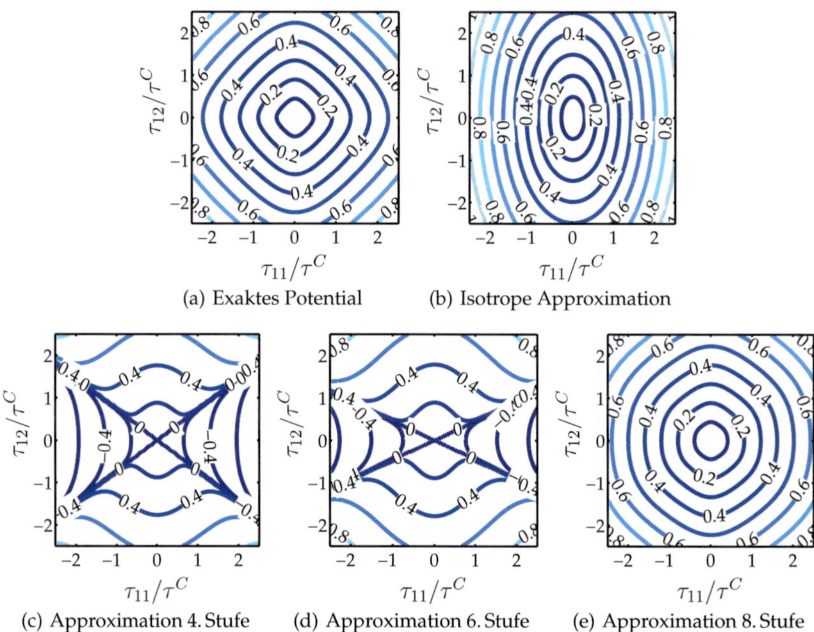

(a) Exaktes Potential

(b) Isotrope Approximation

(c) Approximation 4. Stufe

(d) Approximation 6. Stufe

(e) Approximation 8. Stufe

Abbildung 7.5: Isolinien des Spannungspotentials Ψ^τ für einen Einkristall ($Q = I$, $m = 5$, $\tau = \tau_{11}e_1 \otimes e_1 + 2\tau_{12}\mathrm{sym}(e_1 \otimes e_2)$) (grafische Darstellung von $\mathrm{sgn}\,(\Psi^\tau)\ ^{m+1}\!\sqrt{|\Psi^\tau|}$)

Höhere Exponenten. Je höher die Exponenten m sind, desto schwieriger lässt sich das Spannungspotential approximieren. Einerseits stellen die Spannungspotentiale mit höheren ungeraden Werten von m Polynome höheren Grades in τ' bzw. N'_τ dar, deren Approximation prinzipiell viele Fourier-Koeffizienten benötigt. Andererseits ist der Grenzwert von $\Omega^\tau(N'_\tau)$ für $m \to \infty$ null

$$\lim_{m\to\infty} \Omega^\tau(N'_\tau) = 0. \tag{7.10}$$

In diesem Fall wird auch die rechte Seite des linearen Gleichungssystems $\underline{b}$ (vgl. Vektor $(6.73)_2$) null. Die materiellen Funktionen $\Gamma_{\mathrm{iso}}(III^*_\tau)$ und $\kappa_{\beta\lambda}(III^*_\tau)$ konvergieren gegen null mit Erhöhung von m und entsprechen der trivialen Lösung des linearen Gleichungssystems. Die isotropen Materialfunktionen $\Gamma_{\mathrm{iso}}(III^*_\tau)$ und $\kappa_{\beta\lambda}(III^*_\tau)$ für $m = 100$ wurden schon in Abb. 7.1 dargestellt. Ihre Werte sind ungefähr null.

Bei einer Approximation für höhere Exponenten m durch die führenden Fourier-Koeffizienten kann das regularisierte Spannungspotential in Betracht gezogen werden. Durch die Texturkoeffizienten wird anstatt $\Omega^\tau(N'_\tau)$ die normierte kubische Funktion

$$\Omega^{\tau*}(N'_\tau) = \sqrt[m+1]{\sum_\alpha^{12} \left| N'_\tau \cdot \tilde{M}_\alpha \right|^{m+1}} \approx \Omega^{\tau*}_A(Q, III^*_\tau) \tag{7.11}$$

approximiert. Für einen Einkristall besitzen $\Psi^\tau(\tau')$ und

$$\sqrt[m+1]{\Psi^\tau(\tau')} = \sqrt[m+1]{\frac{\dot{\gamma}_0 \tau^C}{m+1}} \left\| \frac{\tau'}{\tau^C} \right\| \Omega^{\tau*}(N'_\tau) \tag{7.12}$$

die gleiche Form der Äquidissipationslinien bzw. die gleiche Richtung der Ableitung. Die normierte Darstellung des Spannungspotentials wurde bereits in Kapitel 6 diskutiert. Die regularisierte Funktion $\Omega^{\tau*}(N'_\tau)$ ist homogen vom 1. Grad und fällt mit Erhöhung von m monoton. Die obere Schranke ist

$$\Omega^{\tau*}(N'_\tau) = \sqrt[m+1]{\sum_\alpha^{12} \left| N'_\tau \cdot \tilde{M}_\alpha \right|^{m+1}} \leq \sqrt[m+1]{12} \max_\alpha \left| N'_\tau \cdot \tilde{M}_\alpha \right|. \tag{7.13}$$

Da die Wurzel-Funktion $\Omega^{\tau*}(N'_\tau)$ einer L^{m+1}-Norm entspricht, ist diese äquivalent der Maximumnorm für $m \to \infty$

$$\lim_{m\to\infty} \Omega^{\tau*}(N'_\tau) = \lim_{m\to\infty} \sqrt[m+1]{\sum_\alpha^{12} \left| N'_\tau \cdot \tilde{M}_\alpha \right|^{m+1}} = \max_\alpha \left| N'_\tau \cdot \tilde{M}_\alpha \right|. \tag{7.14}$$

Somit liegen die Werte der regularisierten Funktion $\Omega^{\tau*}(N'_\tau)$ und die Werte der isotropen Funktionen von III^*_τ, dargestellt in Abb. 7.6, nicht mehr nahezu null. Die geraden, isotropen Funktionen sind hier für den Wertebereich $\xi \in (-1/2, +1/2)$ an gerade Polynome und die ungeraden, isotropen Funktionen an ungerade Polynome von III_τ^* mit der folgenden Form angepasst worden

$$g(III_\tau^*) = \begin{cases} \sum_{k=0} a_{2k}(III_\tau^*)^{2k}, & g(-III_\tau^*) = g(III_\tau^*), \\ \sum_{k=0} a_{2k+1}(III_\tau^*)^{2k+1}, & g(-III_\tau^*) = -g(III_\tau^*), \end{cases} \tag{7.15}$$

$$k \in N_0, \qquad a_{2k}, a_{2k+1} \in R.$$

Zu beachten ist, dass die Funktion $\Omega^{\tau*}$ nicht polynomial in N'_τ ist, so dass ihre Materialfunktionen allgemeine Funktionen (keine Polynome) der Invarianten sind (vgl. Boehler (1987)).

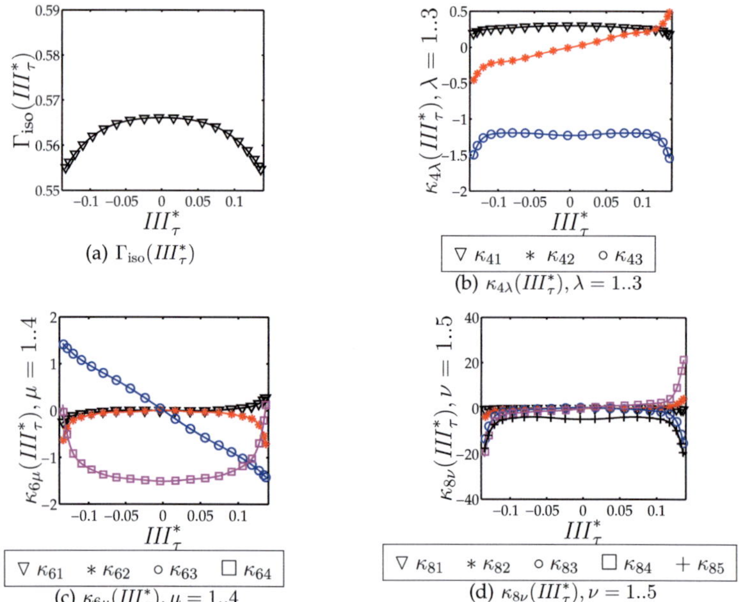

(a) $\Gamma_{\mathrm{iso}}(III_\tau^*)$

(b) $\kappa_{4\lambda}(III_\tau^*), \lambda = 1..3$

(c) $\kappa_{6\mu}(III_\tau^*), \mu = 1..4$

(d) $\kappa_{8\nu}(III_\tau^*), \nu = 1..5$

Abbildung 7.6: Isotrope Funktionen für die Approximation von $\sqrt[m+1]{\Psi^\tau}$ für $m = 100$ in Abhängigkeit von der Determinante III_τ^*

Abb. 7.7 zeigt die Ergebnisse der Approximation für den zweidimensionalen Hauptspannungszustand

$$\boldsymbol{\tau} = \begin{bmatrix} \tau_{11} & 0 & 0 \\ 0 & \tau_{22} & 0 \\ 0 & 0 & 0 \end{bmatrix} \boldsymbol{e}_i \otimes \boldsymbol{e}_j. \tag{7.16}$$

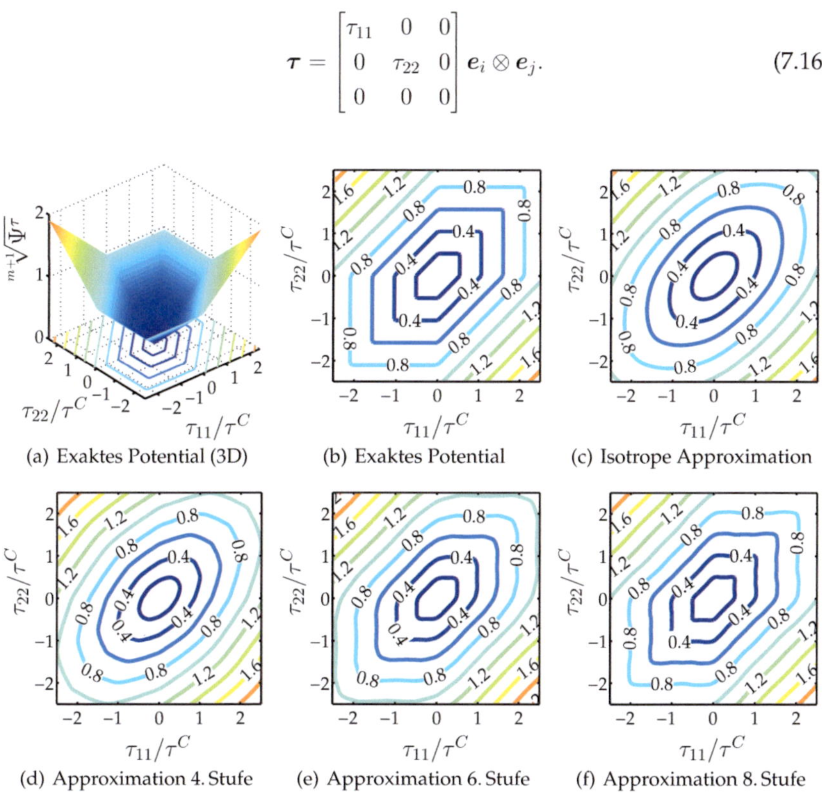

(a) Exaktes Potential (3D)   (b) Exaktes Potential   (c) Isotrope Approximation

(d) Approximation 4. Stufe   (e) Approximation 6. Stufe   (f) Approximation 8. Stufe

Abbildung 7.7: Isolinien des normierten Spannungspotentials $\sqrt[m+1]{\Psi^\tau}$ für einen Einkristall ($\boldsymbol{Q} = \boldsymbol{I}$, $m = 100$, $\boldsymbol{\tau} = \sum_{i=1}^{2} \tau_{ii} \boldsymbol{e}_i \otimes \boldsymbol{e}_i$)

Aus der Abbildung 7.7(d) geht hervor, dass eine Approximation 4. Stufe nicht ausreichend ist, um die Form der Isolinien des exakten Potentials abzubilden. Erst ab einer Approximation 6. Stufe (Abb. 7.7(e)) sind die Ergebnisse qualitativ und quantitativ zufriedenstellend. Jedoch verliert das Potential seine Konvexitätseigenschaften. Die Texturkoeffizienten 8. Stufe verbessern zwar die Qualität der Approximation, führen aber nicht auf eine konvexe Approximation von $\sqrt[m+1]{\Psi^\tau(\boldsymbol{\tau}')}$ (Abb. 7.7(f)).

Der Konvexitätsverlust ist auf die fehlenden Fourier-Koeffizienten in der

Approximation zurückzuführen. Für eine exakte Abbildung sind die Isolinien konvex. Um diese Aussage zu veranschaulichen, wird im Folgenden ein zweites Beispiel mit der Schubbelastung (siehe Abb. 7.8)

$$\boldsymbol{\tau} = \begin{bmatrix} 0 & \tau_{12} & \tau_{13} \\ \tau_{12} & 0 & 0 \\ \tau_{13} & 0 & 0 \end{bmatrix} \boldsymbol{e}_i \otimes \boldsymbol{e}_j \tag{7.17}$$

diskutiert. Die Form des exakten Potentials Ψ^τ wird für den betrachteten Belastungszustand mit Texturkoeffizienten 4. Stufe relativ gut reproduziert. Jedoch ist der nichtkonvexe Charakter der Isolinien stark ausgeprägt. Das Erhöhen des Approximationsgrades führt nicht nur zu einer höheren Approximationsgüte sondern nähert die Approximation einer konvexen Form an. Das Problem der Konvexität wird in Kapitel 8 näher diskutiert.

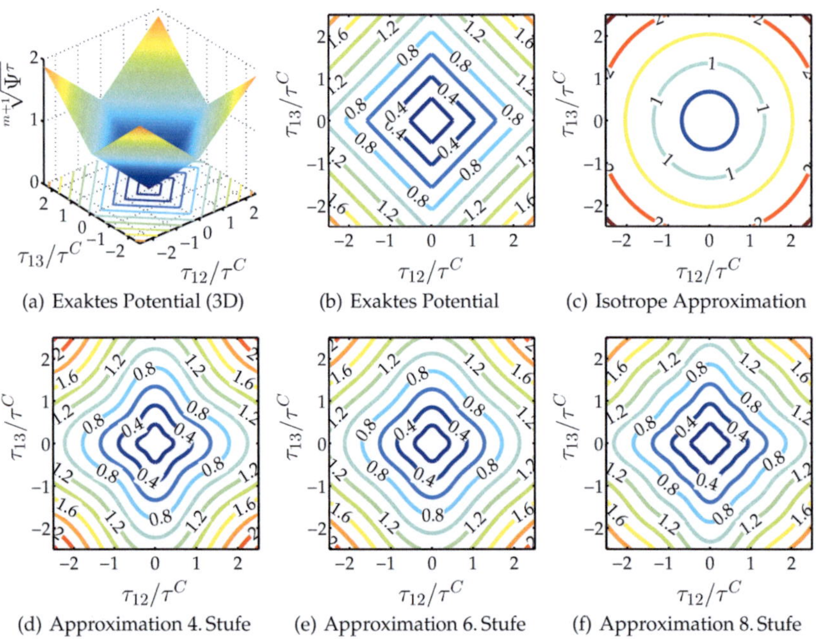

(a) Exaktes Potential (3D) (b) Exaktes Potential (c) Isotrope Approximation

(d) Approximation 4. Stufe (e) Approximation 6. Stufe (f) Approximation 8. Stufe

Abbildung 7.8: Isolinien des Spannungspotentials $^{m+1}\!\sqrt{\Psi^\tau}$ für einen Einkristall ($\boldsymbol{Q} = \boldsymbol{I}$, $m = 100$, $\boldsymbol{\tau} = 2\,\mathrm{sym}(\tau_{12}\boldsymbol{e}_1 \otimes \boldsymbol{e}_2 + \tau_{13}\boldsymbol{e}_1 \otimes \boldsymbol{e}_3)$)

7.1.2 Dehnratenpotential

Die Berechnung der unbekannten isotropen Funktionen von N'_D in der Approximation des Dualpotentials Ψ^D läuft analog zum Spannungspotential Ψ^τ, wobei die Berechnung der linken Seite des linearen Gleichungssystems exakt und der rechten Seite numerisch erfolgt. Obwohl ein analytischer Ausdruck für das Dehnratenpotential nicht bekannt ist, lässt sich aus (3.78) erkennen, dass die Funktion Ψ^D eine gerade Funktion in N'_D sein muss. Aus diesem Grund sind die gesuchten isotropen Funktionen $\Gamma_{\text{iso}}(III^*_D)$ und $\kappa_{\beta\lambda}(III^*_D)$, die vor geraden Polynomen von N'_D stehen, gerade und diejenigen, die vor ungeraden Polynomen von N'_D stehen, ungerade (vgl. Tabelle 7.1).

Die isotropen Funktionen $\Gamma_{\text{iso}}(III^*_D)$ und $\kappa_{\beta\lambda}(III^*_D)$ der Approximation 8. Stufe sind in Abb. 7.9 für $m = 1, 3, 5, 100$ dargestellt, wobei bei dem Anpassen der numerischen Ergebnisse die Ausdrücke (7.15) verwendet wurden. Die Werte von $\Gamma_{\text{iso}}(III^*_D)$ und $\kappa_{\beta\lambda}(III^*_D)$ für $III^*_D = \pm\sqrt{6}/18$ wurden in den Beispielen der Äquidissipationslinien durch die angepassten Ergebnisse für $III^*_D \in \left(-\sqrt{6}/18, +\sqrt{6}/18\right)$ eingesetzt und nicht separat ausgerechnet. Die Funktionen $\Gamma_{\text{iso}}(III^*_D)$ für beliebige Exponenten m können Böhlke (2004) entnommen werden.

Die Funktion des Dehnratenpotentials $\Omega^D(N'_D)$ ist mit Erhöhung des Exponenten m wegen ihres Homogenitätsgrades $(m + 1)/m$ monoton steigend. Diese Funktion verhält sich äquivalent zu der Maximumnorm für große Exponenten m. Dieses Verhalten wird anhand von einer positiven Funktion homogen vom Grade $(m + 1)/m$ in der Form

$$f(N'_D) = \sum_{\alpha}^{12} \left|f_\alpha(N'_D)\right|^{\frac{m+1}{m}}, \qquad |f_\alpha| < 1. \tag{7.18}$$

veranschaulicht. Der Grenzwert von $f(N'_D)$ für $m \to \infty$ lautet

$$\lim_{m\to\infty} f(N'_D) = \lim_{m\to\infty} \sum_{\alpha}^{12} \left|f_\alpha(N'_D)\right|^{\frac{m+1}{m}}$$

$$\leq 12 \lim_{m\to\infty} \max_{\alpha} \left|f_\alpha(N'_D)\right|^{\frac{m+1}{m}} = 12 \max_{\alpha} \left|f_\alpha(N'_D)\right|. \tag{7.19}$$

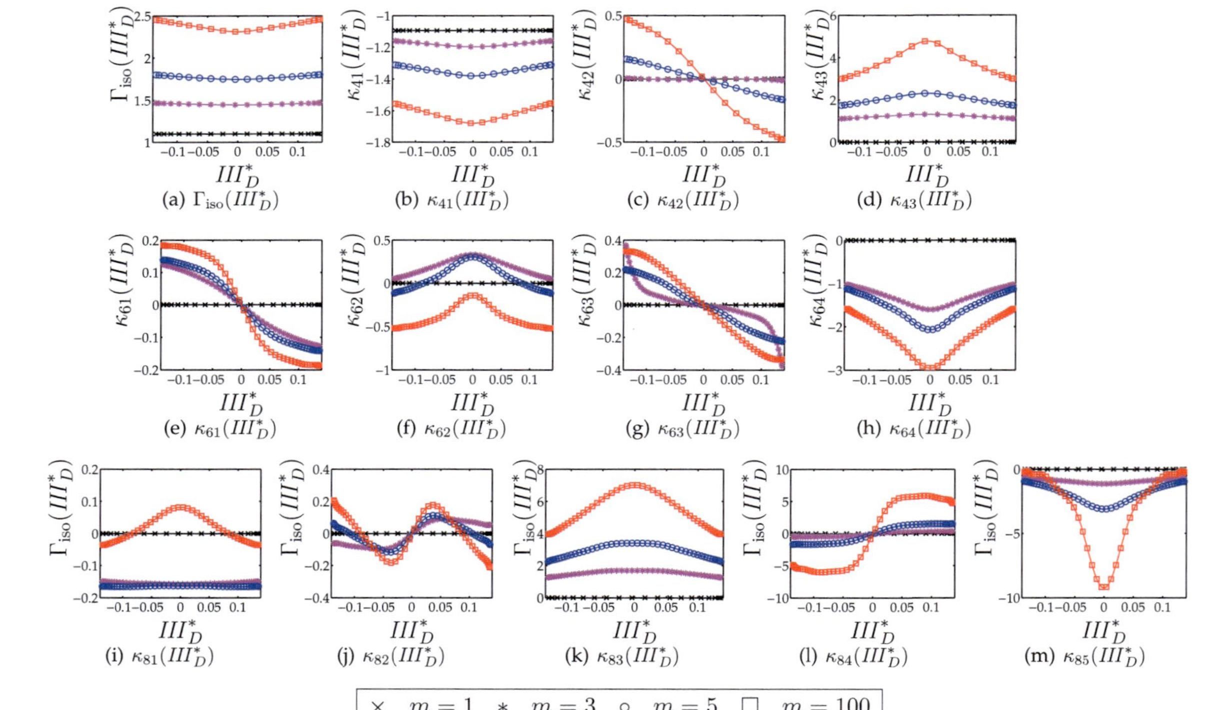

Abbildung 7.9: Isotrope Funktionen $\Gamma_{\text{iso}}(III_D^*)$ und $\kappa_{\beta\lambda}(III_D^*)$ in Abhängigkeit der Determinante III_D^* für Approximationen bis zur 8. Stufe und $m = 1, 3, 5, 100$ (Alle Werte in den Grafiken sind mit $m/(m+1)$ multipliziert.)

Für die Änderungsrate der Funktionswerte mit Erhöhen von m gilt nach dem Quotientenkriterium

$$\frac{f(\boldsymbol{N}'_D, m)}{f(\boldsymbol{N}'_D, m+1)} = \frac{\sum_\alpha^{12} \left| f_\alpha(\boldsymbol{N}'_D) \right|^{\frac{m+1}{m}}}{\sum_\alpha^{12} \left| f_\alpha(\boldsymbol{N}'_D) \right|^{\frac{m+2}{m+1}}}$$

$$\leq \frac{12 \max_\alpha \left| f_\alpha(\boldsymbol{N}'_D) \right|^{\frac{m+1}{m}}}{12 \max_\alpha \left| f_\alpha(\boldsymbol{N}'_D) \right|^{\frac{m+2}{m+1}}} = \sqrt[m(m+1)]{\max_\alpha \left| f_\alpha(\boldsymbol{N}'_D) \right|}. \tag{7.20}$$

Der Grenzwert des Quotienten für $m \to \infty$ zeigt

$$\lim_{m \to \infty} \frac{f(\boldsymbol{N}'_D, m)}{f(\boldsymbol{N}'_D, m+1)} = 1, \tag{7.21}$$

dass sich die Funktionswerte ab einem bestimmten Exponenten m nicht signifikant verändern. Damit bleibt die Anzahl der dominanten Fourier-Reihenglieder konstant. Diese Schlussfolgerung wird auch durch die folgenden numerischen Ergebnisse für verschiedene Dehnratensensitivitätsparameter bestätigt.

Sonderfall $m = 1$: Für den linearen Fall $m = 1$ sind nur die Konstanten $\Gamma_{\text{iso}}(III^*_D)$ und $\kappa_{41}(III^*_D)$ relevant, welche in Kapitel 6 analytisch bestimmt wurden. Beispiele für das exakte Potential und die exakte Approximation 4. Stufe sind in Anhang H.5 zu finden. Die reproduzierten Isolinien sind, wie im Falle des Spannungspotentials, elliptisch oder kreisförmig.

Sonderfälle $m = 3$ **und** $m = 5$: Die Approximationsergebnisse für kleine Exponenten $m = 3$ und $m = 5$ mit verschiedenen Dehnratentensoren sind in Anhang H.6-H.7 gegeben. An dieser Stelle werden nur zwei Beispiele für Einkristalle mit $m = 5$ präsentiert. Die gleichen Beispiele werden danach für $m = 100$ diskutiert.

Für den Dehnratenzustand

$$\boldsymbol{D} = \begin{bmatrix} D_{11} & 0 & 0 \\ 0 & D_{22} & 0 \\ 0 & 0 & 0 \end{bmatrix} \boldsymbol{e}_i \otimes \boldsymbol{e}_j \tag{7.22}$$

bilden die Isolinien der isotropen Approximation (0. Stufe) die Form des exakten Potentials Ψ^D am besten ab (Abb. 7.10). Jedoch werden die Höhenniveaus quantitativ nicht korrekt abgebildet, was durch eine Erhöhung des Approximationsgrades zwar verbessert wird aber zu einer abweichenden Form führt. Die größte Abweichung entsteht bei der Approximation 6. Stufe. Die Approximation 8. Stufe reproduziert konvexe Isolinien, deren Gestalt nahe der Approximation 4. Stufe liegt und die Polyederform des exakten Potentials nicht richtig abbildet. Eine gute Approximation der Form erfordert für den Hauptdehnratenzustand (7.22) weitere Fourier-Reihenglieder. Eine ausführliche Fehlerabschätzung dieses Falls wird für $m = 100$ diskutiert.

Bei allen anderen betrachteten Dehnratenzustände lässt sich das exakte Potential Ψ^D für einen Einkristall und $m = 5$ gut mit den führenden Fourier-Reihengliedern approximieren.

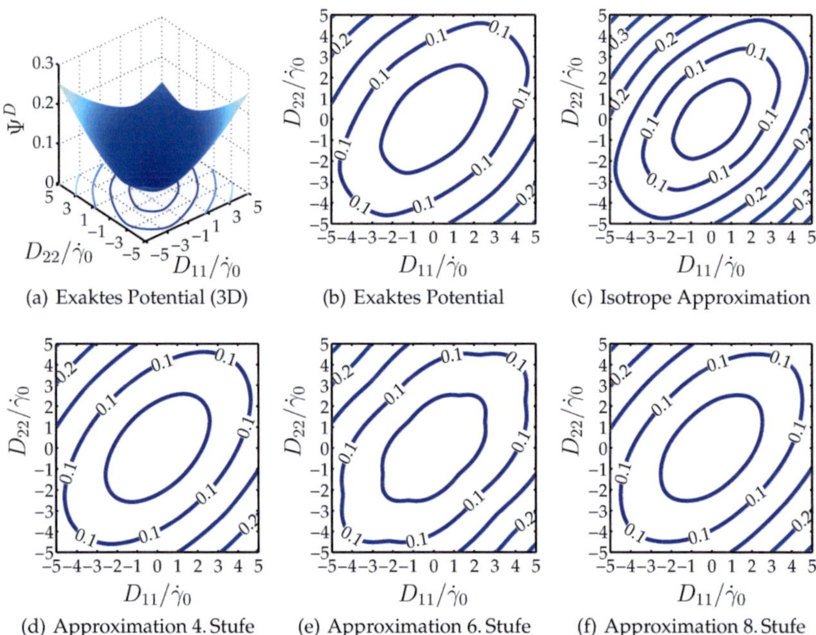

(a) Exaktes Potential (3D) (b) Exaktes Potential (c) Isotrope Approximation

(d) Approximation 4. Stufe (e) Approximation 6. Stufe (f) Approximation 8. Stufe

Abbildung 7.10: Isolinien des Dehnratenpotentials Ψ^D für einen Einkristall ($\boldsymbol{Q} = \boldsymbol{I}$, $m = 5$, $\boldsymbol{D} = \sum_{i=1}^{2} D_{ii}\boldsymbol{e}_i \otimes \boldsymbol{e}_i$)

Für den dreidimensionalen Dehnratenzustand

$$\boldsymbol{D} = \begin{bmatrix} D_{11} & 0 & D_{13} \\ 0 & -D_{11} & 0 \\ D_{13} & 0 & 0 \end{bmatrix} \boldsymbol{e}_i \otimes \boldsymbol{e}_j \tag{7.23}$$

ergibt sich eine Darstellung wie in Abb. 7.11 gezeigt. Wie bei den Ergebnissen in Abb. 7.10 ist auch in Abb. 7.11 zu erkennen, dass der relative Fehler bei einer Approximation 6. Stufe größer als bei einer der 4. Stufe ist und bei einer Approximation 8. Stufe wieder wesentlich kleiner ist.

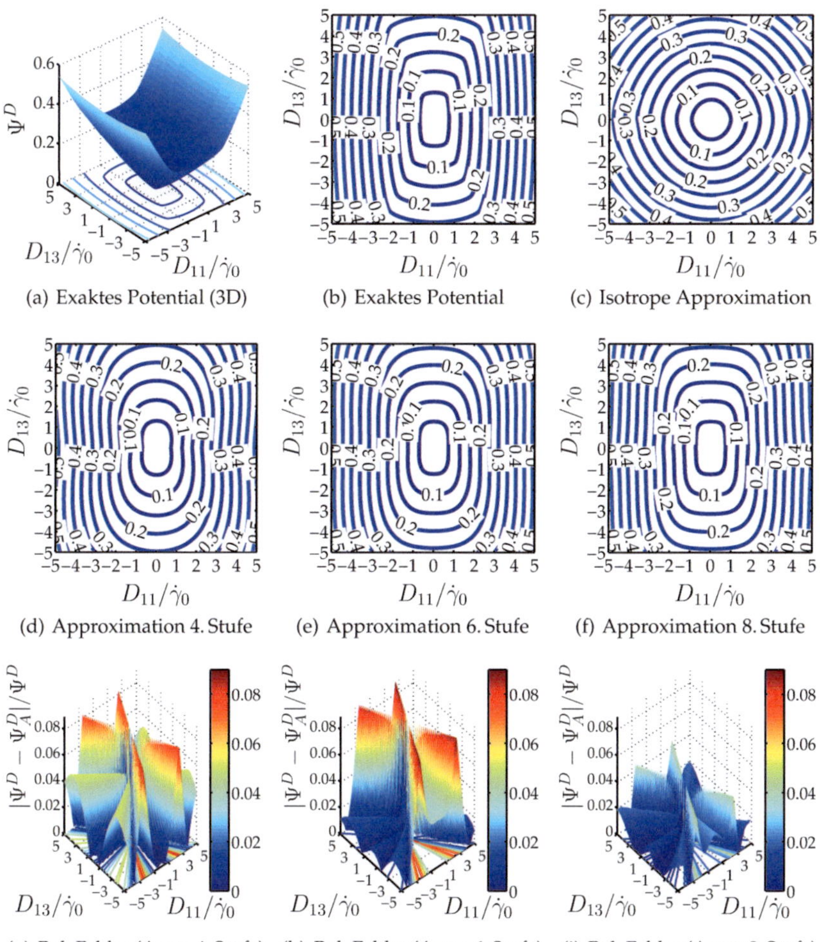

(a) Exaktes Potential (3D) (b) Exaktes Potential (c) Isotrope Approximation

(d) Approximation 4. Stufe (e) Approximation 6. Stufe (f) Approximation 8. Stufe

(g) Rel. Fehler (Appr. 4. Stufe) (h) Rel. Fehler (Appr. 6. Stufe) (i) Rel. Fehler (Appr. 8. Stufe)

Abbildung 7.11: Isolinien des Dehnratenpotentials Ψ^D für einen Einkristall ($\boldsymbol{Q} = \boldsymbol{I}$, $m = 5$, $\boldsymbol{D} = D_{11}(\boldsymbol{e}_1 \otimes \boldsymbol{e}_1 - \boldsymbol{e}_2 \otimes \boldsymbol{e}_2) + 2D_{13}\mathrm{sym}(\boldsymbol{e}_1 \otimes \boldsymbol{e}_3))$ und Fehlerabschätzung der Approximation

Für mehrere Beispiele des Dehnratenpotentials Ψ^D mit $m = 5$ siehe Anhang H.7.

Sonderfall $m = 100$: Die Qualität der Approximation für $m = 5$ bleibt unverändert für höhere Exponenten. Bei hohen Ratensensitivitätsparametern wie z.B. $m = 100$ ist die Approximation mit Texturkoeffizienten 8. Stufe für den Hauptdehnratenzustand (7.22) nicht zufriedenstellend (Abb. 7.12).

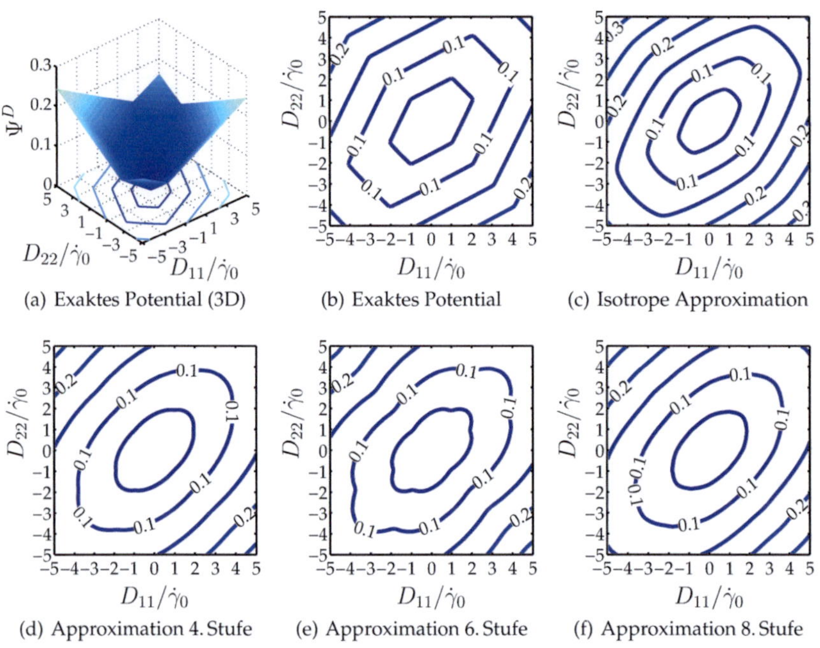

(a) Exaktes Potential (3D) (b) Exaktes Potential (c) Isotrope Approximation

(d) Approximation 4. Stufe (e) Approximation 6. Stufe (f) Approximation 8. Stufe

Abbildung 7.12: Isolinien des Dehnratenpotentials Ψ^D für einen Einkristall ($Q = I$, $m = 100$, $D = \sum_{i=1}^{2} D_{ii} e_i \otimes e_i$)

Die Isolinien des exakten Dualpotentials Ψ^D stellen in diesem Fall, wie Abb. 7.12(a) und Abb. 7.12(b) zeigen, ein Polyeder dar. Der isotrope Anteil der Approximation (Abb. 7.12(c)) liegt qualitativ am nächsten zu der exakten Potentialform. Eine quantitative Übereinstimmung in den Werten der Höhenniveaus liegt jedoch nicht vor. Eine Approximation 4. Stufe (Abb. 7.12(d)) ergibt eine nahezu elliptische Form, bei der die Höhenwerte schon viel näher an denjenigen des exakten Potentials Ψ^D liegen. Eine noch größere Abweichung von der gewünschten Form zeigt die Approximation durch irreduzible Tensoren

6. Stufe (Abb. 7.12(e)). Die Isolinien entsprechen mehr der Form des Spannungspotentials und nicht der des Dehnratenpotentials. Die Approximation 8. Stufe (Abb. 7.12(f)) transformiert wieder die Isolinien in eine konvexe, nahezu elliptische Form.

Das exakte Potential Ψ^D und die Approximation 8. Stufe aus Abb. 7.12 sind nochmal in Abb. 7.13(a) neben der grafischen Darstellung der Werte von ξ (Abb. 7.13(b)) für die betrachteten Dehnratenzustände gegeben. Die größte Abweichung zwischen dem exakten Dualpotential und der Approximation 8. Stufe entsteht an den Ecken des Polyeders für $\xi = 0$.

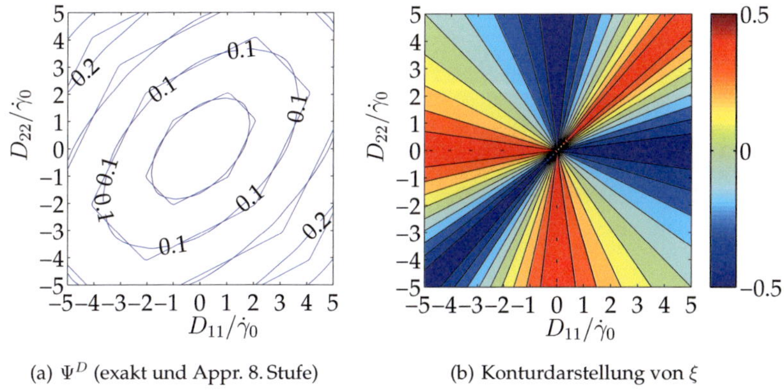

(a) Ψ^D (exakt und Appr. 8. Stufe)   (b) Konturdarstellung von ξ

Abbildung 7.13: Verteilung des Parameters ξ für Ψ^D für einen Einkristall ($Q = I$, $m = 100$, $D = \sum_{i=1}^{2} D_{ii} e_i \otimes e_i$)

Der relative Fehler in der Approximation ist sowohl von $Q \in SO(3)$ als auch von der Determinante III_D^* bzw. von ξ abhängig. Die Funktion

$$\Delta\Omega^D(Q,\xi) = 100 \frac{\left| \Omega^D(Q,\xi) - \Omega_A^D(Q,\xi) \right|}{\Omega^D(Q,\xi)}, \qquad [\%] \qquad (7.24)$$

ist in Abb. 7.14 grafisch für verschiedene Werte von ξ und die drei Eulerwinkel $\varphi_1, \Phi, \varphi_2 \in [0°, 90°]$ dargestellt.

Die Farbkodierung der Punktgrafik und die Größe der Punkte entsprechen dem relativen Fehler in Prozent. Die Ergebnisse zeigen, dass der größte Approximationsfehler für $\xi = III_D^* = 0$ auftritt (Abb. 7.14(a)) und zwar für die Eulerwinkel nahezu null oder $90°$, wobei der relative Fehler einen Wert von fast 12% erreicht. Diese Beobachtung bestätigt den betrachteten Trend der Ergebnisse des

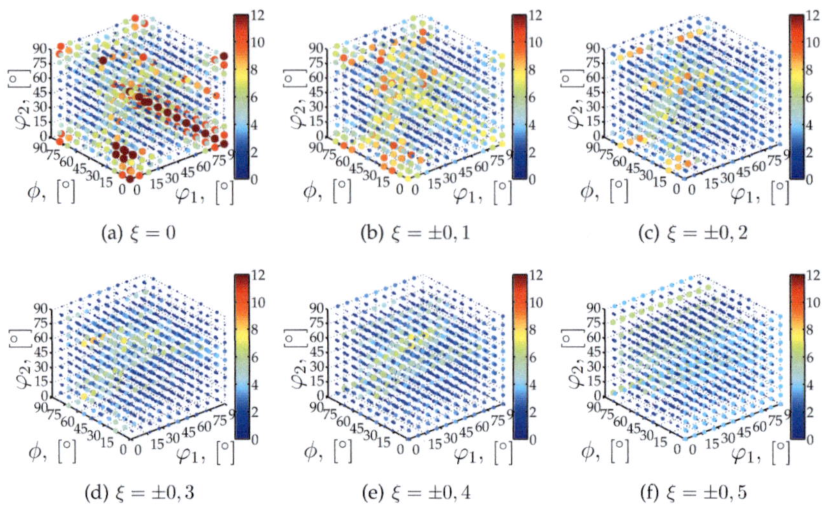

Abbildung 7.14: Relative Fehlerabschätzung der Approximation 8. Stufe für $m = 100$ in Abhängigkeit von ξ und $\boldsymbol{Q}$

Dualpotentials für $m = 5$ und $m = 100$ und erklärt, warum die Beispiele mit dem Hauptdehnratenzustand keine gute Übereinstimmung mit dem exakten Dualpotential ergeben.

Für alle anderen, betrachteten Spannungszustände für $m = 100$ ergibt die Approximation 4. Stufe eine gute Übereinstimmung mit dem exakten Dualpotential (siehe Abb. 7.15 für den Dehnratenzustand (7.23)). Zudem minimiert eine Erhöhung des Approximationsgrades den relativen Fehler. Die größte Abweichung tritt an den Stellen der Polyederecken auf (Abb. 7.15(g)-7.15(i)). Neben der guten Qualität der Approximation ist hier ebenfalls das Problem der nichtkonvexen Form von Ψ_A^D zu erwähnen, welche bedingt durch die fehlenden Glieder der Fourier-Reihe auftritt. Weitere Beispiele des Dehnratenpotentials für Einkristalle mit $m = 100$ werden im Anhang H.8 dargestellt.

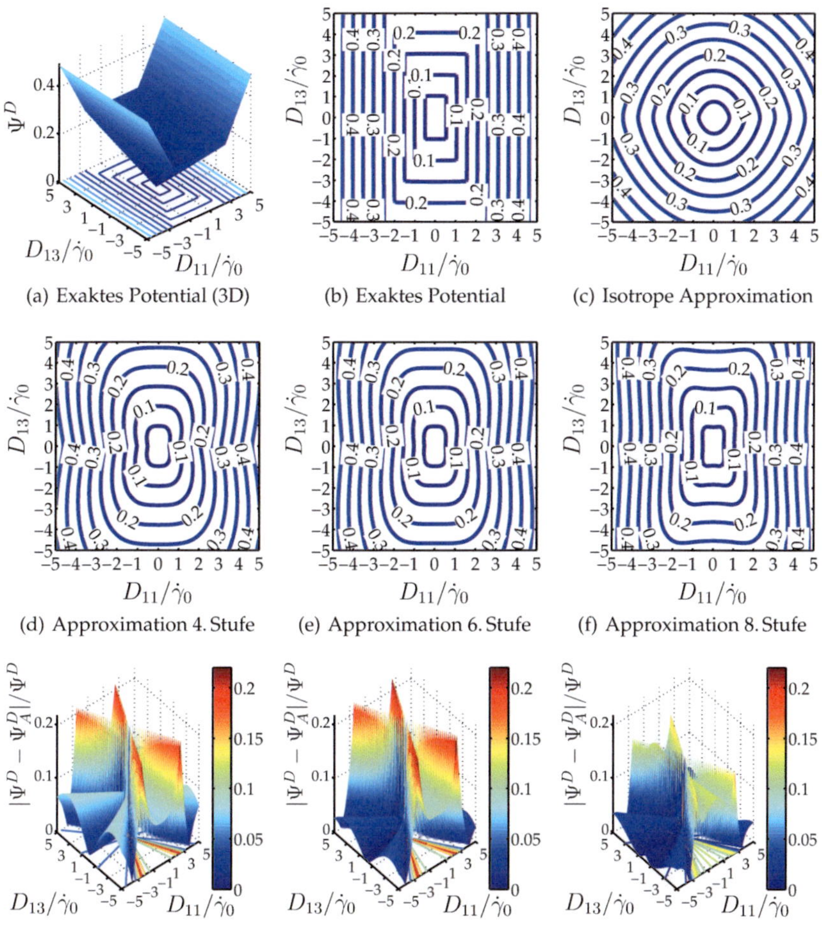

(a) Exaktes Potential (3D) (b) Exaktes Potential (c) Isotrope Approximation

(d) Approximation 4. Stufe (e) Approximation 6. Stufe (f) Approximation 8. Stufe

(g) Rel. Fehler (Appr. 4. Stufe) (h) Rel. Fehler (Appr. 6. Stufe) (i) Rel. Fehler (Appr. 8. Stufe)

Abbildung 7.15: Isolinien des Dehnratenpotentials Ψ^D für einen Einkristall ($\boldsymbol{Q} = \boldsymbol{I}$, $m = 100$, $\boldsymbol{D} = D_{11}(\boldsymbol{e}_1 \otimes \boldsymbol{e}_1 - \boldsymbol{e}_2 \otimes \boldsymbol{e}_2) + 2D_{13}\mathrm{sym}(\boldsymbol{e}_1 \otimes \boldsymbol{e}_3))$ und Fehlerabschätzung der Approximation

7.2 Approximation für Polykristalle

Die Reuss-Schranke des Spannungspotentials $\bar{\Psi}^R(\bar{\tau}')$ und die Voigt-Schranke des Dehnratenpotentials $\bar{\Psi}^V(\bar{D}')$ sowie ihre texturbasierten Approximationen wurden für eine synthetische Zug- und Walztextur miteinander verglichen. Beide Texturen (siehe Abb. 7.16) sind mit Hilfe des Taylor-Modells für 1000 Kristalle berechnet worden. Die Dickenreduktion für die Walztextur beträgt 50% und die Streckung der Zugtextur 400%.

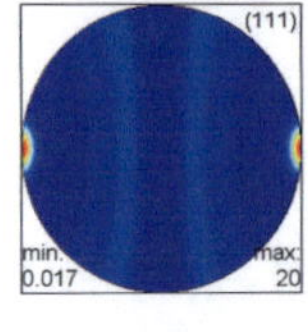 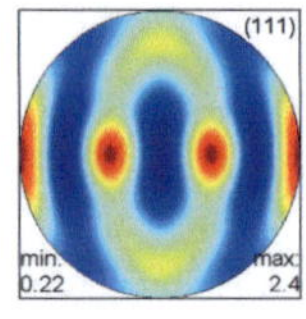

(a) Zugtextur   (b) Walztextur

Abbildung 7.16: $\langle 111 \rangle$-Polfiguren der für die numerischen Beispiele verwendeten Texturen mit 1000 Kristallen

Die Frobenius-Normen der Texturkoeffizienten der beiden Texturen sind in Tabelle 7.5 zusammengefasst. Die Zugtextur ist wesentlich schärfer als die betrachtete Walztextur. Die größte Anisotropie für die beiden Texturen zeigen die Texturkoeffizienten 6. Stufe.

	$\|\mathbb{V}'_{\langle 4 \rangle}\|$	$\|\mathbb{V}'_{\langle 6 \rangle}\|$	$\|\mathbb{V}'_{\langle 8 \rangle}\|$
Zugtextur	0,206459527	0,532090993	0,290777432
Walztextur	0,170201942	0,389694342	0,161942108

Tabelle 7.5: Frobenius-Norm der Texturkoeffizienten der Texturen aus Abb. 7.16

7.2.1 Reuss-Schranke

Sonderfälle $m = 3$ **und** $m = 5$: Die Ergebnisse der texturbasierten Approximation der Reuss-Schranke des Spannungspotentials $\bar{\Psi}^R$ für die Exponenten $m = 3$ und $m = 5$ sind im Anhang H.9-H.12 dargestellt. Für die Dehnratensensitivitätsparameter $m = 3$ und $m = 5$ besitzen die Isolinien der Approximation eine elliptische Form. Die Ergebnisse für die Walztextur für den homogenen Hauptspannungszustand (7.16) und $m = 3$ sind in Abb. 7.17 dargestellt.

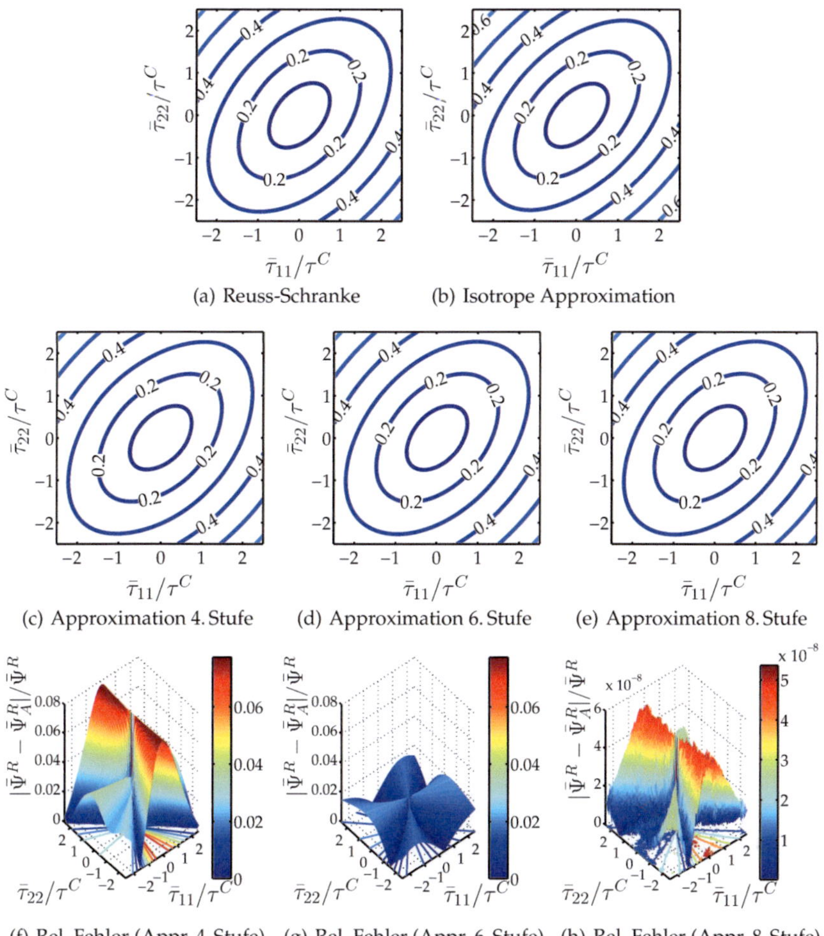

(a) Reuss-Schranke   (b) Isotrope Approximation

(c) Approximation 4. Stufe   (d) Approximation 6. Stufe   (e) Approximation 8. Stufe

(f) Rel. Fehler (Appr. 4. Stufe)   (g) Rel. Fehler (Appr. 6. Stufe)   (h) Rel. Fehler (Appr. 8. Stufe)

Abbildung 7.17: Isolinien der Reuss-Schranke $\bar{\Psi}^R$ für die Walztextur ($m = 3$, $\bar{\tau} = \sum_{i=1}^2 \bar{\tau}_{ii}(e_i \otimes e_i)$) (grafische Darstellung von $\sqrt[m+1]{\bar{\Psi}^R}$) und relative Fehlerabschätzung

Da die Form der Reuss-Schranke gut approximiert wird, ist für die Polykristalle nicht die Form der Isolinien sondern die Auswertung des Approximationsfehlers wichtig. Der relative Fehler, der bei einer Approximation 4. Stufe $7,7\%$ und bei einer Approximation 6. Stufe $2,0\%$ beträgt, ist für die Texturkoeffizienten

8. Stufe im Rahmen der numerischen Genauigkeit null. Bei $m = 3$ ist die Abbildung der Reuss-Schranke durch Texturkoeffizienten 8. Stufe exakt.

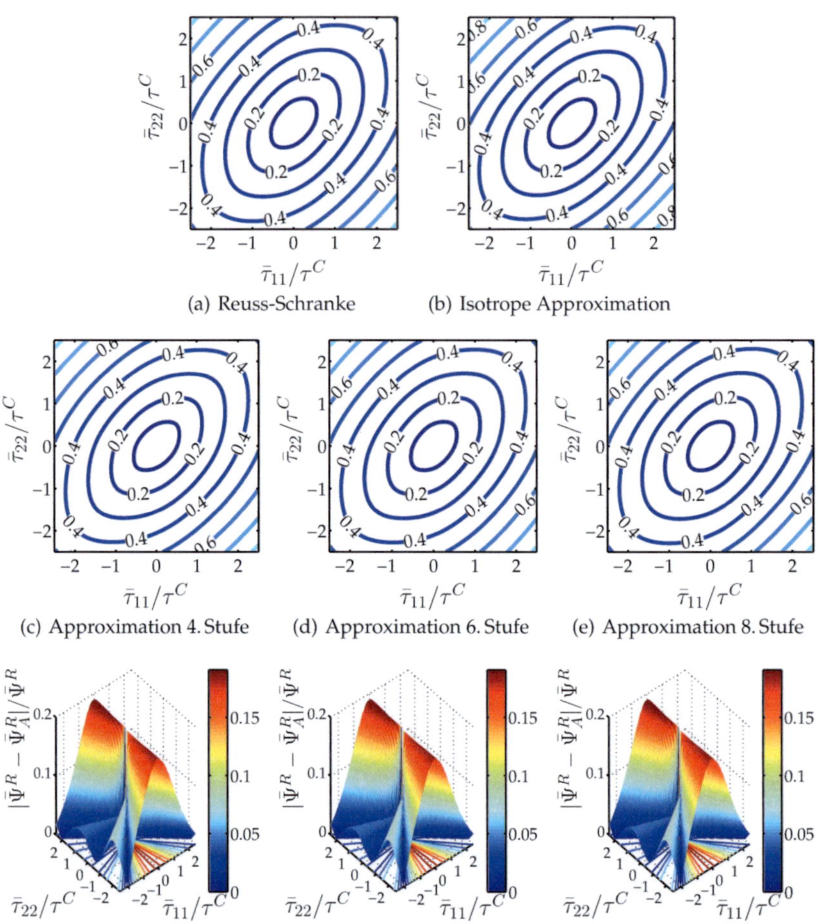

(a) Reuss-Schranke   (b) Isotrope Approximation

(c) Approximation 4. Stufe   (d) Approximation 6. Stufe   (e) Approximation 8. Stufe

(f) Rel. Fehler (Appr. 4. Stufe)   (g) Rel. Fehler (Appr. 6. Stufe)   (h) Rel. Fehler (Appr. 8. Stufe)

Abbildung 7.18: Isolinien der Reuss-Schranke $\bar{\Psi}^R$ für die Walztextur ($m = 5$, $\bar{\tau} = \sum_{i=1}^{2} \bar{\tau}_{ii}(e_i \otimes e_i)$) (grafische Darstellung von $^{m+1}\!\sqrt{\bar{\Psi}^R}$) und relative Fehlerabschätzung

Für dieselbe Belastung und $m = 5$ (Abb. 7.18) ist der relative Fehler bei einer Approximation 8. Stufe kleiner als 4%. Die Werte der Approximation für diesen

Spannungszustand sind für Einkristalle stets positiv. Negative Werte für Einkristalle bei Polykristallen mit $m = 5$ haben keinen erheblichen Einfluss auf die Approximationsqualität. Zum Vergleich sind die Ergebnisse für den ebenen Spannungszustand von Abb. 7.5 in Abb. 7.19 für die Zugtextur dargestellt.

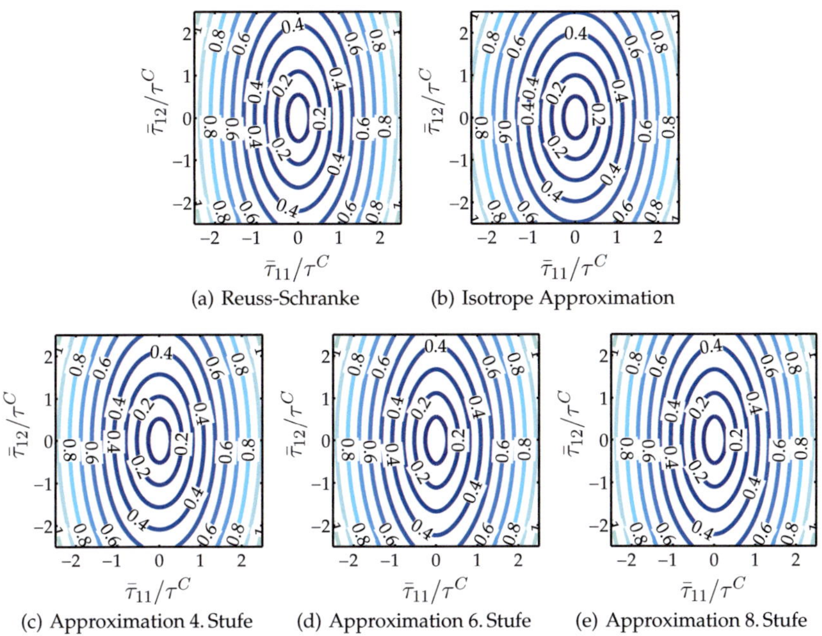

(a) Reuss-Schranke   (b) Isotrope Approximation

(c) Approximation 4. Stufe   (d) Approximation 6. Stufe   (e) Approximation 8. Stufe

Abbildung 7.19: Isolinien der Reuss-Schranke $\bar{\Psi}^R$ für die Zugtextur ($m = 5$, $\bar{\boldsymbol{\tau}} = \bar{\tau}_{11}(\boldsymbol{e}_1 \otimes \boldsymbol{e}_1) + 2\bar{\tau}_{12}\mathrm{sym}(\boldsymbol{e}_1 \otimes \boldsymbol{e}_2))$ (grafische Darstellung von $\sqrt[m+1]{\bar{\Psi}^R}$)

Sonderfall $m = 100$: Da die Approximation des normierten Spannungspotentials $\sqrt[m+1]{\Psi^\tau(\tau')}$ mit den führenden Texturkoeffizienten qualitativ und quantitativ gut die Isolinien reproduziert, folgt damit auch eine gute Übereinstimmung des Volumenmittelwerts der Approximation mit $\langle\,\sqrt[m+1]{\Psi^\tau(\bar{\tau}')}\,\rangle$. Für Polykristalle entsprechen die Ergebnisse jedoch nicht mehr der Dissipation. Im Folgenden werden zwei Beispiele diskutiert, um die Eigenschaften der Approximation zu demonstrieren. Abb. 7.20 und Abb. 7.21 zeigen die Ergebnisse der Volumenmittelwerte des normierten Spannungspotentials für die Zug- und Walztextur.

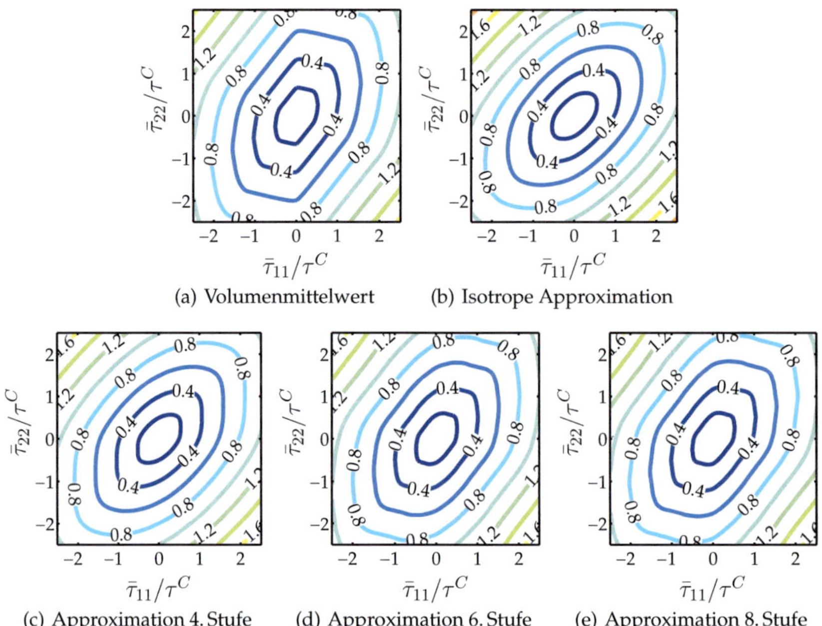

(a) Volumenmittelwert (b) Isotrope Approximation

(c) Approximation 4. Stufe (d) Approximation 6. Stufe (e) Approximation 8. Stufe

Abbildung 7.20: Isolinien des Volumenmittelwerts $\langle\,\sqrt[m+1]{\Psi^\tau}\,\rangle$ für die Zugtextur ($m = 100$, $\bar{\tau} = \sum_{i=1}^{2}\bar{\tau}_{ii}(\boldsymbol{e}_i \otimes \boldsymbol{e}_i)$)

Beide Beispiele zeigen Ergebnisse, die in guter Übereinstimmung mit dem Volumenmittelwert des normierten exakten Potentials stehen. Wie auch beim Einkristallpotential sind die Approximationen im Allgemeinen nicht konvex. Die Konvexität zeigt eine Abhängigkeit von der Texturschärfe. Die schlechtesten

Konvexitätseigenschaften werden in den Beispielen für Einkristalle beobachtet.
Für Polykristalle sind die Eigenschaften bzgl. der Konvexität besser.

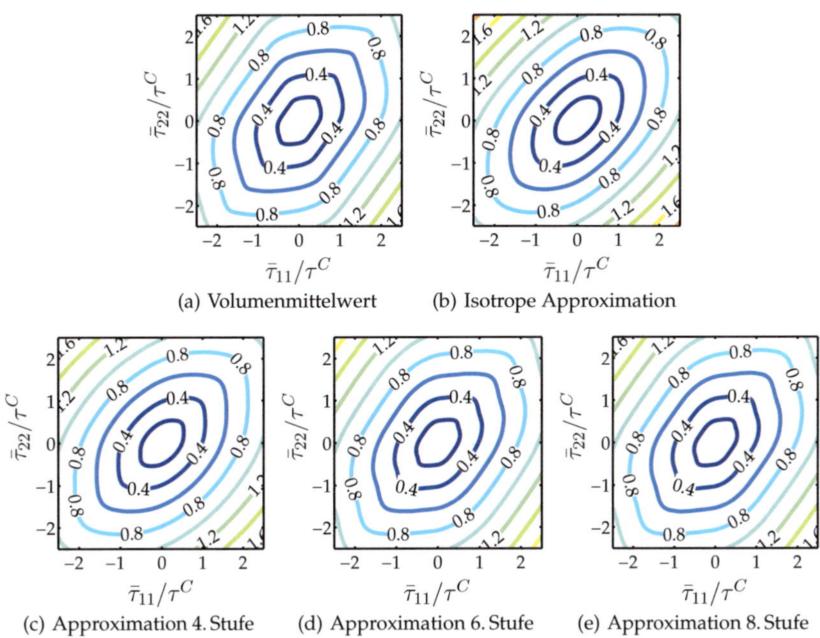

(a) Volumenmittelwert   (b) Isotrope Approximation

(c) Approximation 4. Stufe   (d) Approximation 6. Stufe   (e) Approximation 8. Stufe

Abbildung 7.21: Isolinien des Volumenmittelwerts $\langle \sqrt[m+1]{\Psi^\tau} \rangle$ für die Walztextur $(m = 100,\ \bar{\boldsymbol{\tau}} = \sum_{i=1}^{2} \bar{\tau}_{ii}(\boldsymbol{e}_i \otimes \boldsymbol{e}_i))$

7.2.2 Voigt-Schranke

Für das Dehnratenpotential wurden die obere Schranke $\bar{\Psi}^V(\bar{\boldsymbol{D}}')$ und ihre texturbasierte Approximation $\bar{\Psi}_A^V(\bar{\boldsymbol{D}}')$ ebenso für die beiden Texturen berechnet. Da die Approximation $\Psi_A^D(\boldsymbol{D}')$ für Einkristalle das Potential $\Psi^D(\boldsymbol{D}')$ qualitativ und quantitativ für kleine m gut abbildet, werden hier nur die Ergebnisse für die Zug- und Walztextur für $m = 100$ und den homogenen Hauptdehnraten-zustand (7.22) dargestellt. Für Polykristalle mit $m = 3$ und $m = 5$ wird auf den Anhang H.15-H.18 verwiesen.

Bei der Zugtextur (Abb. 7.22) ist die gleiche Tendenz wie beim Dehnraten-potential Ψ^D für Einkristalle mit $m = 100$ zu beobachten. Die Approximation 6. Stufe ergibt im Vergleich zur Approximation 4. Stufe wieder einen höheren relativen Fehler von $7,2\%$, welcher mit den Texturkoeffizienten 8. Stufe auf einen Wert von $4,1\%$ sinkt.

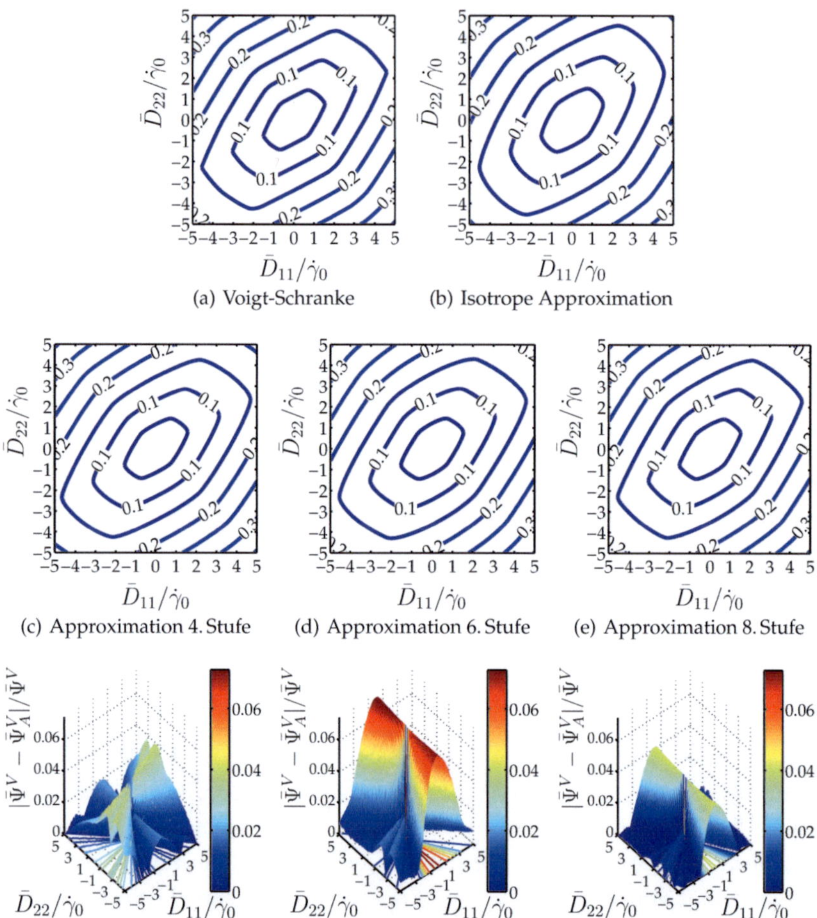

(a) Voigt-Schranke

(b) Isotrope Approximation

(c) Approximation 4. Stufe

(d) Approximation 6. Stufe

(e) Approximation 8. Stufe

(f) Rel. Fehler (Appr. 4. Stufe)

(g) Rel. Fehler (Appr. 6. Stufe)

(h) Rel. Fehler (Appr. 8. Stufe)

Abbildung 7.22: Isolinien der Voigt-Schranke $\bar{\Psi}^V$ für die Zugtextur ($m = 100$, $\bar{\boldsymbol{D}} = \sum_{i=1}^{2} \bar{D}_{ii} \boldsymbol{e}_i \otimes \boldsymbol{e}_i$) und relative Fehlerabschätzung

Zum Vergleich mit der Reuss-Schranke ist die Approximation 8. Stufe für die Zugtextur im deviatorischen Dehnratenraum für $\bar{\Psi}^V = \dot{\gamma}_0 \tau^C m/(m+1)$ grafisch in Abb. 7.23(a) dargestellt. Die Vorhersage der Spannungen $\bar{\tau}'^V$ wird mit den Spannungen $\bar{\tau}'$ der Reuss-Schranke für die gleiche Dissipation ($\bar{\Psi}^R = \dot{\gamma}_0 \tau^C/(m+1)$) verglichen (Abb. 7.23(b)). Wie erwartet, zeigen die Isolinien der beiden Schranken die gleiche Form im deviatorischen Spannungsraum. Die Reuss-Schranke erreicht bei einer geringeren Belastung $\bar{\tau}'$ dasselbe Dissipationsniveau der Isolinien wie die Voigt-Schranke mit $\bar{\tau}'^V$.

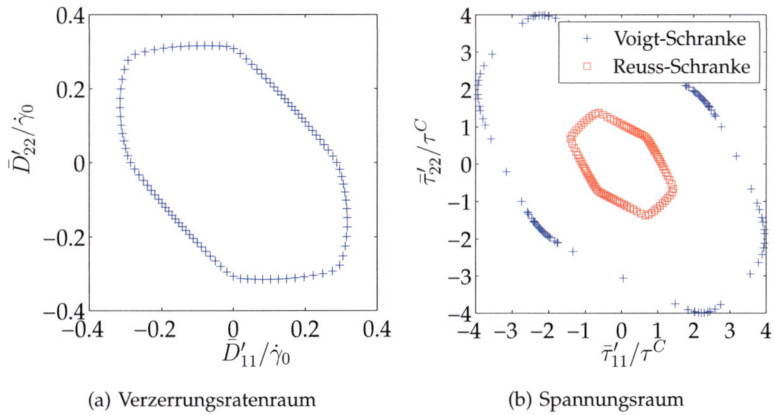

(a) Verzerrungsratenraum   (b) Spannungsraum

Abbildung 7.23: Vergleich der Spannungen der Reuss-Schranke mit der Vorhersage der Approximation 8. Stufe der Voigt-Schranke für gleiche Dissipation der Zugtextur

Dagegen treten bei der Walztextur (Abb. 7.24) im Vergleich zur Zugtextur keine großen Unterschiede in den relativen Fehlern zwischen der Approximation mit Texturkoeffizienten 4., 6. und 8. Stufe auf.

Zu beachten ist, dass alle Ergebnisse unabhängig vom Belastungsfall für die Voigt-Schranke konvex sind. Für weitere Beispiele mit den beiden Texturen und $m = 100$ sei auf den Anhang H.19-H.20 verwiesen.

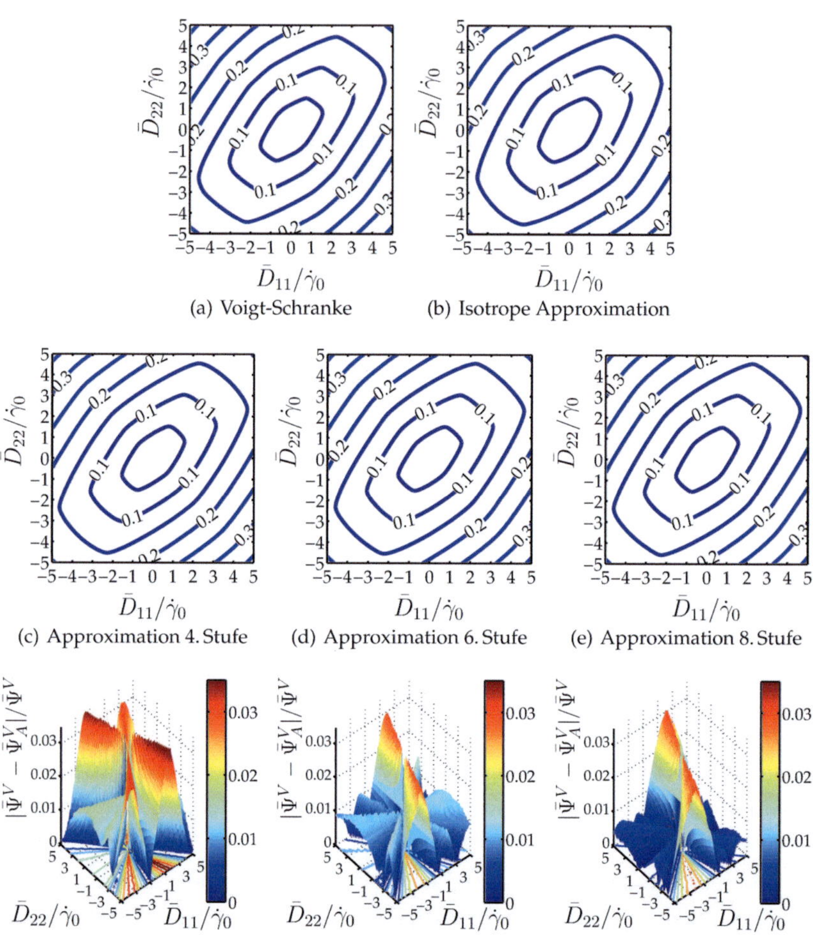

(a) Voigt-Schranke

(b) Isotrope Approximation

(c) Approximation 4. Stufe

(d) Approximation 6. Stufe

(e) Approximation 8. Stufe

(f) Rel. Fehler (Appr. 4. Stufe)

(g) Rel. Fehler (Appr. 6. Stufe)

(h) Rel. Fehler (Appr. 8. Stufe)

Abbildung 7.24: Isolinien der Voigt-Schranke $\bar{\Psi}^V$ für die Walztextur ($m = 100$, $\bar{D} = \sum_{i=1}^{2} \bar{D}_{ii} e_i \otimes e_i$) und relative Fehlerabschätzung

7.3 Anwendungsbeispiele

In diesem Unterkapitel werden die Vorhersagen der Reuss-Schranke für die R-Werte, Fließspannungen und Zipfel mit anderen Modellen und experimentellen Befunden verglichen. Die Vorhersage der R-Werte, Fließspannungen und Zipfelprofile anhand des Dehnratenpotentials wird in dieser Arbeit nicht behandelt.

Berechnung der R-Werte. Eine Abschätzung der R-Werte des Polykristalls kann mit Hilfe der Approximation $\bar{\Psi}_A^R(\bar{\tau}')$ der Reuss-Schranke durchgeführt werden, da deren Ableitung direkt den Dehnratentensor ergibt. Unter der Reuss-Annahme eines homogenen Spannungsfelds $\bar{\tau}' = \tau'$ folgt

$$R(\theta) = \frac{\bar{D}'^R \cdot n_\mathrm{w}(\theta) \otimes n_\mathrm{w}(\theta)}{\bar{D}'^R \cdot n_\mathrm{t}(\theta) \otimes n_\mathrm{t}(\theta)}. \tag{7.25}$$

Für die numerische Berechnung der R-Werte wird in dieser Arbeit eine numerische Differentiation der Approximation $\bar{\Psi}_A^R$ nach dem zentralen Differenzenschema mit einem Schritt von $\delta = 10^{-5}$ (Aretz, 2003) durchgeführt.

Fließspannung. Da die Form der Äquidissipationslinien des starrviskoplastischen Potentials für dasselbe m gleich ist und da das Potential eine positiv homogene Funktion ist, ist die Richtung des Dehnratentensors N'_D für eine gegebene Richtung des Spannungstensors N'_τ eindeutig. Eine Änderung der Norm des Dehnratentensors $\|D'\|$ beeinflusst nur die Norm des Spannungstensors $\|\tau'\|$. Aus diesem Grund ist es ausreichend, für alle Winkel θ zwischen den Belastungs- und den Anisotropieachsen die Zugspannungen σ in (4.49) so auszuwählen, dass die Dissipation bzw. das Fließpotential konstant ist. Die Berechnung kann beispielsweise für das folgende Dissipationsniveau erfolgen

$$\bar{\tau}' \cdot \bar{D}'^R = \tau^C \dot{\gamma}_0, \qquad \bar{\Psi}^R(\bar{\tau}') = \frac{\tau^C \dot{\gamma}_0}{m+1}. \tag{7.26}$$

Vereinfachte geometrische Modelle für die Zipfelbildung. Eine wichtige Auswirkung der plastischen Anisotropie ist die Zipfelbildung während eines Tiefziehprozesses. Eine Vorhersage für die Höhe der Näpfe nach einem Tiefziehprozess ist anhand von vereinfachten Berechnungsmodellen möglich. Solche Modelle benötigen für die Vorhersage der Napfhöhe die R-Werte und oder die Fließspannungen des gewalzten Blechs. Yoon et al. (2006) schlagen einen Ausdruck in Abhängigkeit der R-Werte mit $R_c = (R_d + R_p)/2$ vor

$$H(\theta) = r_p + (R_b - R_c) + \frac{R(\theta + 90°)}{R(\theta + 90°) + 1}\left(R_c - R_b + R_b \ln\left(\frac{R_b}{R_c}\right)\right). \qquad (7.27)$$

Das Modell berücksichtigt die Werkzeuggeometrie und die anfängliche Blechgeometrie. Abb. 7.25 zeigt die Geometrieparameter, wobei folgende Bezeichnungen verwendet werden:

R_d: Matrizenöffnungsradius, R_b: anfänglicher Blechradius,

R_p: Stempelradius, t_0: anfängliche Blechdicke,

r_p: Stempelprofilradius.

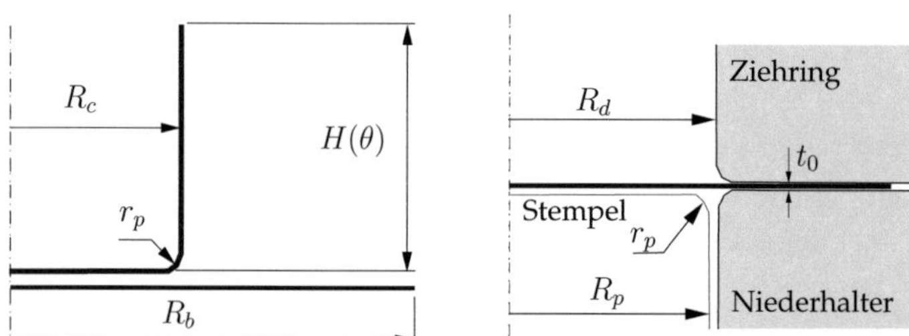

Abbildung 7.25: Schematische Darstellung des Tiefziehprozesses (Notation nach Yoon et al. (2006))

Das Modell beruht auf den Annahmen eines ebenen Spannungszustandes im Blech und eines inkompressiblen plastischen Werkstoffverhaltens mit Zug-Druck-symmetrischen R-Werten und Spannungen, die in der Querrichtung des Blechs größer als in der Radialrichtung sind.

In einer späteren Arbeit (Yoon et al., 2008) wurde ein modifizierter Ausdruck von (7.27) veröffentlicht, in dem der Einfluss der Fließspannungen in die Berechnung der Zipfelhöhe nach Barlat et al. (1991b) einbezogen wurde

$$H(\theta) = h_c + \alpha\Delta h^r(\theta) + \beta\Delta h^y(\theta), \qquad (7.28)$$

$$h_c = t_0 + r_p + (R_b - R_c), \qquad (7.29)$$

$$\Delta h^r(\theta) = \frac{R(\theta + 90°)}{R(\theta + 90°) + 1}\left(R_c - R_b + R_b \ln\left(\frac{R_b}{R_c}\right)\right), \qquad (7.30)$$

$$\Delta h^y(\theta) = (R_b - R_c)\left(\frac{\sigma(90°)}{\sigma(\theta + 90°)} - 1\right). \qquad (7.31)$$

Damit kann auch die Schubbelastung berücksichtigt werden, die bei uniaxialem Zug oder Druck in den Richtungen entsteht, die nicht mit den Anisotropieachsen übereinstimmen. Die Parameter α und β sind Wichtungsparameter, die in Yoon et al. (2008) gleich eins gesetzt wurden.

Ein Berechnungsmodell in Abhängigkeit der Q-Werte wurde von Van Houtte et al. (1993) vorgeschlagen, indem zunächst die Fließortskurven basierend auf gemessener Orientierungsverteilungsfunktion nach der Taylor-Annahme (Van Houtte et al., 1989) und daraus die Q-Werte bestimmt werden. Der Q-Wert (Kontraktionszahl)

$$Q(\theta) = \frac{R(\theta)}{R(\theta) + 1} = -\frac{\boldsymbol{D} \cdot (\boldsymbol{n}_{\mathrm{w}}(\theta) \otimes \boldsymbol{n}_{\mathrm{w}}(\theta))}{\boldsymbol{D} \cdot (\boldsymbol{n}_{\sigma}(\theta) \otimes \boldsymbol{n}_{\sigma}(\theta))} \tag{7.32}$$

variiert zwischen null und eins und kann durch den R-Wert dargestellt werden. Der Ausdruck für die Napfhöhe lautet somit

$$H(\theta) = t_0 + \left(1 - \frac{\pi}{4}\right)(2r_p + t_0) + \frac{R_b^{Q(\theta)+1} - (R_p + t_0)^{Q(\theta)+1}}{(Q(\theta) + 1)(R_p + t_0/2)^{Q(\theta)}}. \tag{7.33}$$

Alle vereinfachten Berechnungsmodelle haben den Vorteil, dass sie eine erste und einfache Abschätzung des Zipfelprofils erlauben, ohne numerisch aufwendige FE-Modelle anwenden zu müssen. Im Folgenden wird das Modell von Yoon et al. (2006) für die Vorhersage der Zipfelhöhe eingesetzt, da dieses die besten Ergebnisse mit experimentellen R-Werten liefert.

Vorhersagen der Reuss-Schranke $\bar{\Psi}^R$ und ihrer Approximation $\bar{\Psi}_A^R$. Für die in Abb. 7.16(b) dargestellte Walztextur wird zunächst der Einfluss der verschiedenen Approximationsstufen auf die Vorhersage der Fließspannungen und R-Werte untersucht. Die Ergebnisse für $m = 3$ sind in Abb. 7.26 angegeben.

Für eine isotrope Approximation sind die normierten Spannungen und R-Werte gleich eins. Eine Approximation 4. Stufe kann den allgemeinen Verlauf der Fließspannungen der Reuss-Schranke abbilden, wobei eine quantitative Übereinstimmung nicht vorliegt. Der Texturkoeffizient 6. Stufe ergibt eine gute Approximation im Bereich von $0°$ bis ca. $75°$. Im Bereich zwischen ca. $75°$ und $90°$ zeigt diese aber signifikante Unterschiede vom homogenisierten exakten Potential Ψ^τ. Bei einer Approximation 8. Stufe liegt eine exakte Übereinstimmung der Ergebnisse der Reuss-Schranke und der texturbasierten Approximation für $m = 3$ vor.

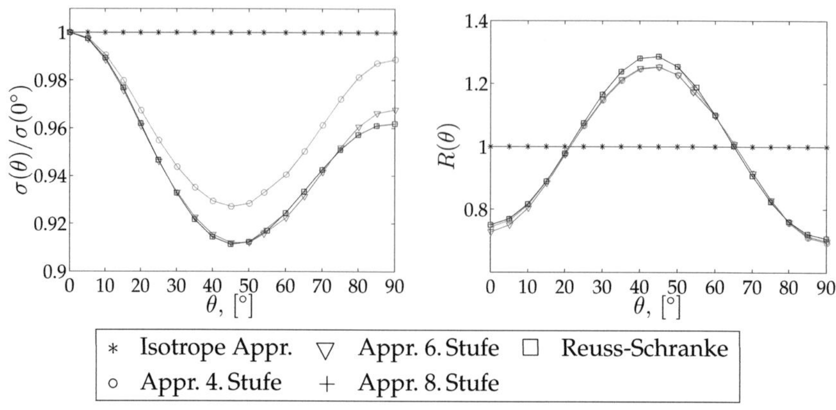

Abbildung 7.26: Vorhersage der R-Werte und der normierten Fließspannung für die Walztextur ($m = 3$)

Bei der Vorhersage der R-Werte liegen die Kurven der Approximation 4. und 6. Stufe nah beieinander und in der Nähe der Werte der Reuss-Schranke $\bar{\Psi}^R$. Da die Approximation 8. Stufe alle von null verschiedene Fourier-Koeffizienten enthält, stimmen die R-Werte für diese Approximationsstufe exakt mit denen der Reuss-Schranke überein.

Die Napfhöhe wird für die betrachtete Walztextur nach dem Modell von Yoon et al. (2006) berechnet. Die hier verwendeten Werkzeuggeometrien der Matrize und des Stempels sowie die ursprüngliche Blechgeometrie sind ebenfalls Yoon et al. (2006) entnommen und haben die folgenden Werte:

$$R_p = 48,73\,\text{mm}, \quad r_p = 12,7\,\text{mm}, \quad R_d = 50,74\,\text{mm}, \quad R_b = 79,38\,\text{mm}. \quad (7.34)$$

Wie Abbildung 7.27 zeigt, ist eine Approximation 0. Stufe mit einer konstanten Napfhöhe verbunden. Die Approximationen höherer Stufen unterscheiden sich geringfügig im Zipfelprofil und sind an den Übergangsstellen der Napfhöhe gleich.

Für den Fall mit $m = 5$ stimmen die Vorhersagen der normierten Zugspannung der Approximation 6. und 8. Stufe mit denjenigen der Reuss-Schranke für θ zwischen $0°$ und ca. $20°$ überein (Abb. 7.28). Für andere Winkel θ sind die Werte der normierten Spannung größer als die der Reuss-Schranke. Eine Verbesserung der Vorhersage der Approximation 8. Stufe im Vergleich zur Approximation 6. Stufe kann nur bei Winkeln zwischen $80°$ und $90°$ festgestellt werden.

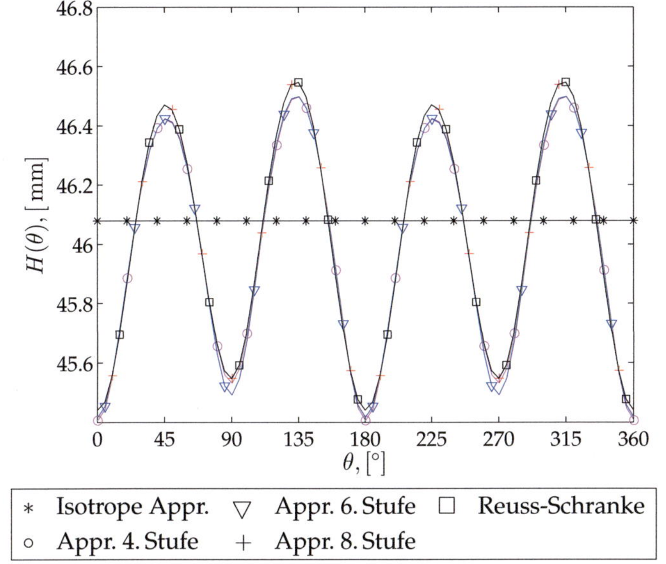

Abbildung 7.27: Vorhersage der Napfhöhe für die Walztextur ($m = 3$)

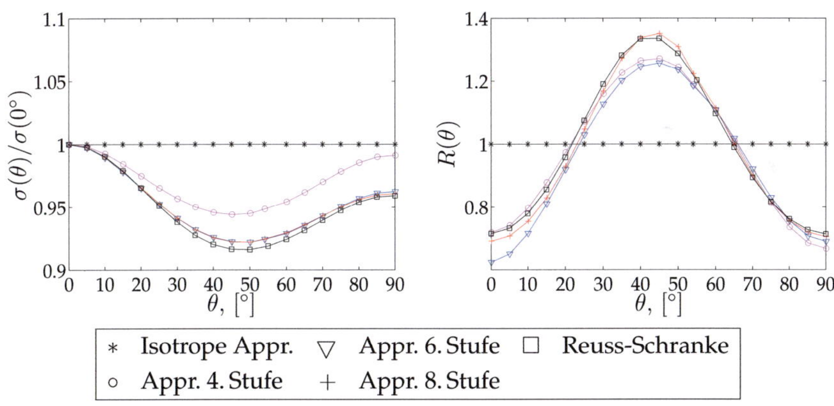

Abbildung 7.28: Vorhersage der R-Werte und der normierten Fließspannung für die Walztextur ($m = 5$)

Bei der Vorhersage der R-Werte liegt die Approximation 8. Stufe nahe an der Vorhersage der Reuss-Schranke. Eine exakte Übereinstimmung kann nicht erreicht werden, da die Texturkoeffizienten der 10. und 12. Stufe in der Approximation unberücksichtigt bleiben.

Bei der Vorhersage der Napfhöhe ergibt die Approximation 8. Stufe für die Zipfel eine gute Übereinstimmung mit der Reuss-Schranke (Abb. 7.29). Abweichungen in den Vorhersagen treten in den Minima des Zipfelprofils infolge unterschiedlicher R-Werte der Reuss-Schranken des exakten Potentials Ψ^τ und seiner texturbasierten Approximation Ψ^τ_A auf.

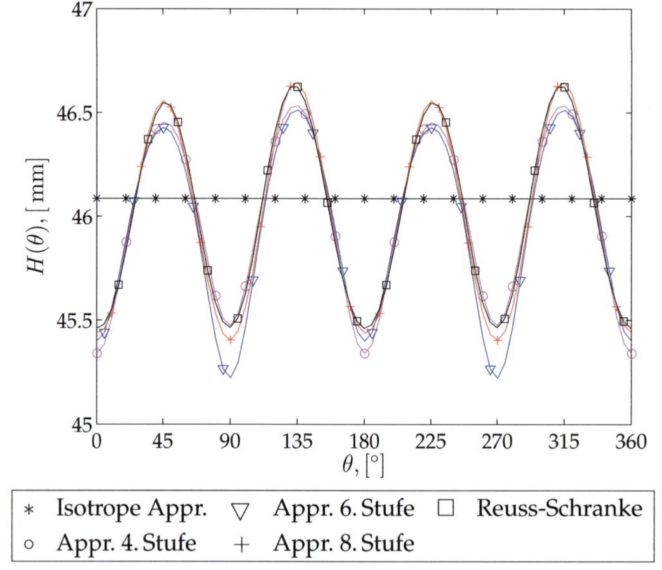

Abbildung 7.29: Vorhersage der Napfhöhe für die Walztextur ($m = 5$)

Um die Approximation für höhere Exponenten untersuchen zu können, werden die Fließspannungen mit den isotropen Materialfunktionen nach Abb. 7.2 für den Sonderfall $III^*_\tau = \pm\sqrt{6}/18$ berechnet. Betrachtet werden die Fließspannungen sowohl für Einkristalle mit $Q = I$ als auch für die beiden synthetischen Texturen (Zug- und Walztextur) in Abb. 7.16. Die Ergebnisse sind in einer polaren Darstellung in Abhängigkeit vom Winkel θ zwischen den Belastungs- und den Anisotropieachsen in Abb. 7.30-7.32 gezeigt.

Bei Einkristallen weist die Approximation 8. Stufe eine gute Übereinstimmung mit den Ergebnissen des exakten Potentials für Exponenten $m < 7$ auf (vgl.

Abb. 7.30). Für größere Exponenten liegt eine Übereinstimmung der Fließspannung nur für die Winkel $\theta \cong 0°, 45°, 90°$ etc. vor.

Für die Zugtextur liegen die Werte der Fließspannungen bis $m = 7$ bei nahezu den Ergebnissen des exakten Potentials (Abb. 7.31). Größere Exponenten führen bei einer Approximation 6. Stufe zu besseren Ergebnissen als bei 8. Stufe, da mit steigenden Exponenten immer mehr Kristalle einen negativen Wert der Approximation aufweisen. Der größte Ratensensitivitätsparameter, bei dem die Approximation 8. Stufe für die Zugtextur immer noch positiv ist, ist $m = 11$ (Abb. 7.31(f)).

Bessere Ergebnisse liefert die Walztextur (Abb. 7.32), bei der sogar mit $m = 20$ die Werte der Approximation der Reuss-Schranke positiv sind und bei nahezu denjenigen des exakten Potentials liegen.

Die Ergebnisse zeigen, dass die texturbasierte Approximation durch eine Fourier-Reihe bis zur 8. Stufe gute Ergebnisse für die Fließspannungen für nicht zu scharfe Texturen ergibt. Laut Tabelle 7.5 sind die Frobenius-Normen der Texturkoeffizienten für die Walztextur deutlich kleiner als diejenigen der Zugtextur.

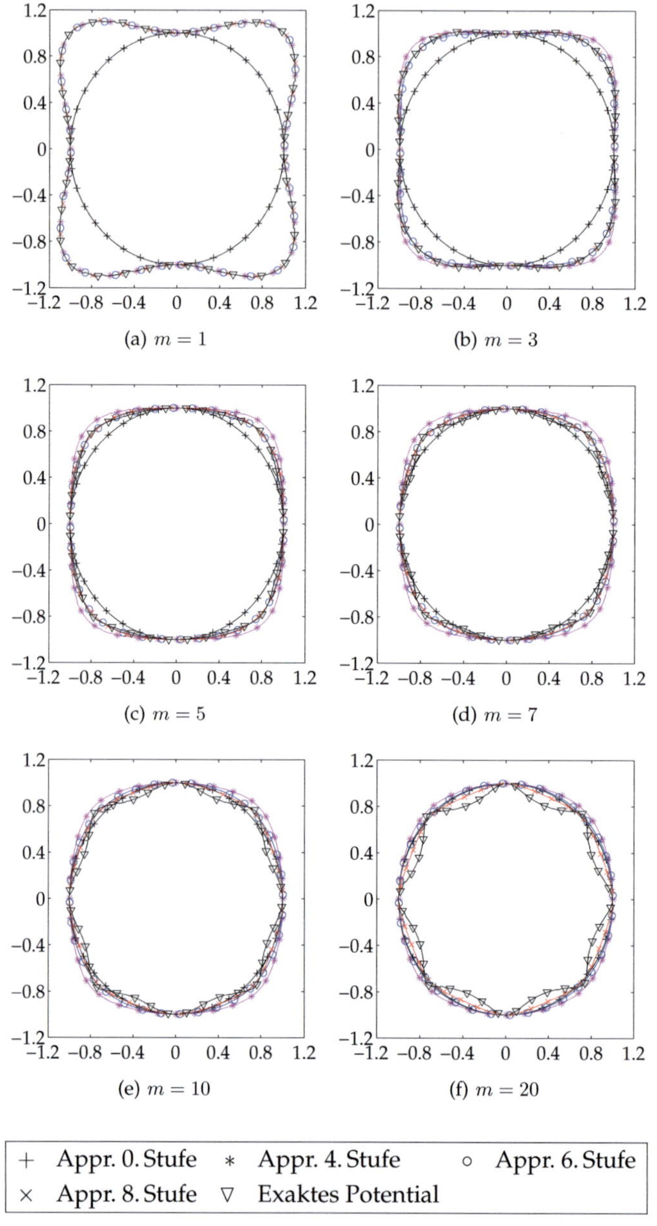

Abbildung 7.30: Polare grafische Darstellung der Fließzugspannung $\sigma(\theta)/\sigma(0°)$ in Abhängigkeit vom Winkel θ für Einkristalle $\boldsymbol{Q} = \boldsymbol{I}$

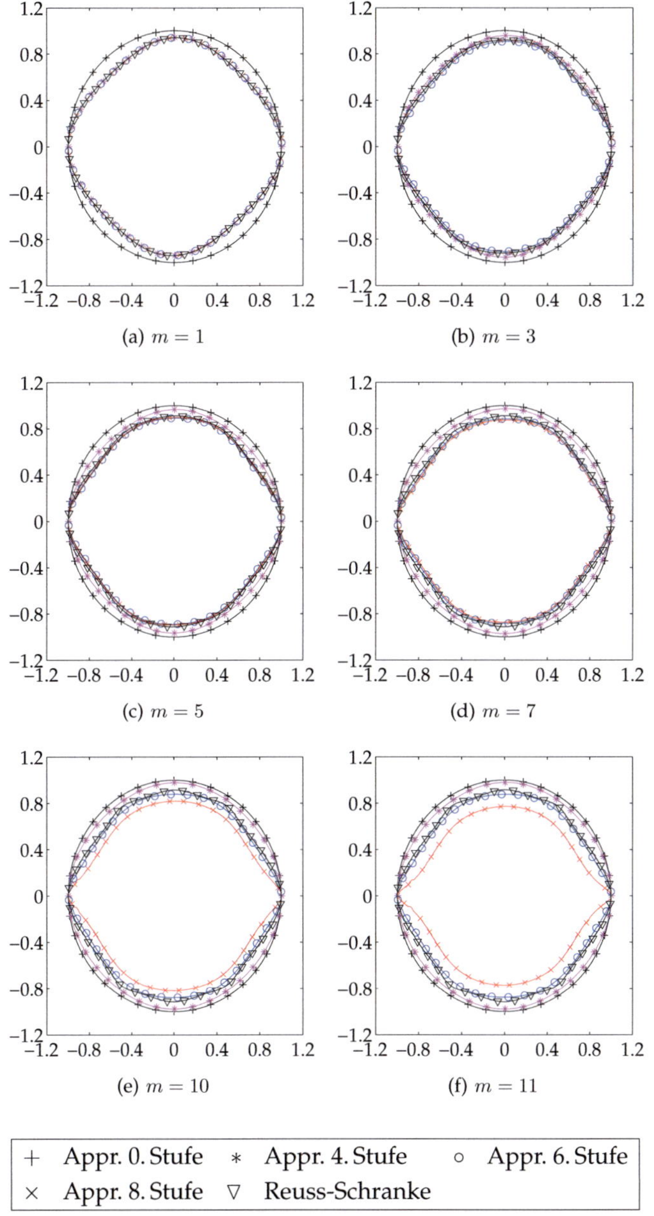

Abbildung 7.31: Polare grafische Darstellung der Fließzugspannung $\sigma(\theta)/\sigma(0°)$ in Abhängigkeit vom Winkel θ für die Zugtextur

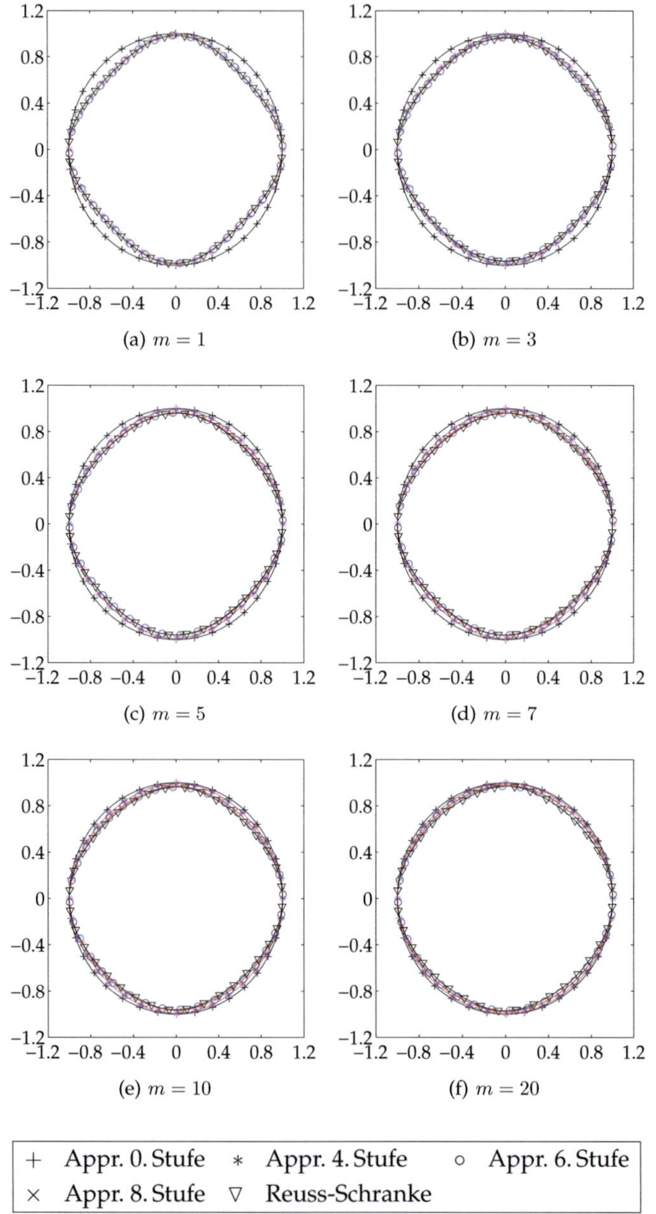

(a) $m = 1$ (b) $m = 3$

(c) $m = 5$ (d) $m = 7$

(e) $m = 10$ (f) $m = 20$

Abbildung 7.32: Polare grafische Darstellung der Fließzugspannung $\sigma(\theta)/\sigma(0°)$ in Abhängigkeit vom Winkel θ für die Walztextur

Vergleich mit experimentell bestimmten Napfhöhen. Die Ergebnisse des Spannungspotentials für die Vorhersage der Zipfelbildung von Einkristallen werden im Folgenden mit den experimentellen Werten von Tucker (1961) verglichen. Aus den sieben Orientierungen, die in Tabelle 7.6 aufgelistet sind, werden hier die ersten drei diskutiert. Die Ergebnisse für die restlichen Einkristalle sind in Anhang I dargestellt. Die von Tucker (1961) verwendeten Geometrieparameter lauten

$$
\begin{aligned}
R_p &= 0{,}8125\,\text{in} \quad \approx 20{,}64\,\text{mm}, & r_p &= 0{,}18\,\text{in} \quad \approx 4{,}57\,\text{mm}, \\
R_d &= 0{,}8675\,\text{in} \quad \approx 22{,}03\,\text{mm}, & R_b &= 1{,}555\,\text{in} \quad \approx 39{,}50\,\text{mm}, \\
t_0 &= 0{,}032\,\text{in} \quad \approx 0{,}81\,\text{mm}.
\end{aligned}
\tag{7.35}
$$

	$(hkl)\,[uvw]$	Eulerwinkel, [°]
A	$(001)\,[100]$	$0°,\ 0°,\ 0°$
B	$(011)\,[100]$	$0°,\ 45°,\ 0°$
C	$(111)\,[1\bar{1}0]$	$0°,\ 55°,\ 45°$
D	$(012)\,[100]$	$0°,\ 27°,\ 0°$
E	$(112)\,[1\bar{1}0]$	$0°,\ 35°,\ 45°$
F	$(122)\,[0\bar{1}1]$	$72°,\ 48°,\ 27°$
G	$(123)\,[\bar{1}\bar{1}1]$	$105°,\ 37°,\ 27°$

Tabelle 7.6: Orientierungen der Einkristalle in Tucker (1961)

Für alle betrachteten Orientierungen ist die Zipfelhöhe nach dem Yoon-Modell kleiner als die experimentelle. Der qualitative Verlauf der Zipfelprofile wird bis auf einige Feinheiten richtig wiedergegeben. Für die Würfel-Lage (A, Abb. 7.33(a)-7.33(b)) weisen die Näpfe vier gleiche Zipfel bei $0°$ und $90°$ auf, was dem typischen Zipfelverlauf bei einer kubischen Symmetrie entspricht. In allen Abbildungen stellt die Strich-Punkt-Linie die Napfhöhe für eine radiale Dehnung gleich null dar (vgl. Tucker (1961))

$$
\frac{4(R_b - R_p) + (4 - \pi)(2r_p + t_0)}{4} \approx 0{,}827\,\text{in} \approx 21{,}00\,\text{mm}.
\tag{7.36}
$$

Für die Goss-Lage (B, Abb. 7.33(c)-7.33(d)) werden die größten Zipfel bei $0°$ und $180°$ und kleinere bei $90°$ abgebildet. Jedoch kann das Modell den kompletten Verlauf, welcher durch ein lokales Minimum bei $180°$ gekennzeichnet ist, nicht richtig darstellen.

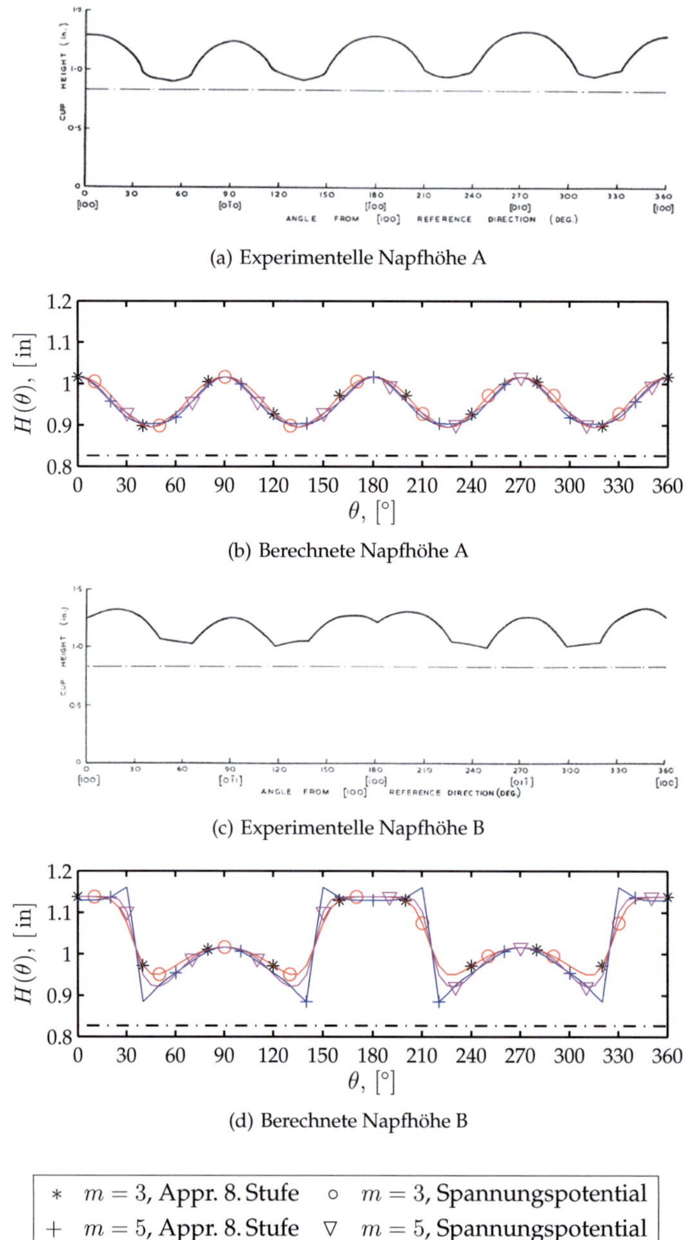

(a) Experimentelle Napfhöhe A

(b) Berechnete Napfhöhe A

(c) Experimentelle Napfhöhe B

(d) Berechnete Napfhöhe B

$*$ $m=3$, Appr. 8. Stufe	$\circ$	$m=3$, Spannungspotential
$+$ $m=5$, Appr. 8. Stufe	∇	$m=5$, Spannungspotential

Abbildung 7.33: Experimentelle und berechnete Napfhöhe für Orientierungen A und B aus Tucker (1961)

Bei der Orientierung C werden die Lagen aller sechs Zipfel richtig abgebildet, wobei die Vorhersage mit einem Exponenten $m = 3$ eine kleinere Zipfelhöhe als mit $m = 5$ ergibt. Die Feinheiten in den Extremstellen der Zipfel können durch das verwendete Zipfelmodell nicht reproduziert werden. Eine bessere Vorhersage der Zipfelprofile ist mit FE-Berechnungen möglich, was von Miehe und Schotte (2004) für die Orientierungen A und C durchgeführt wurde.

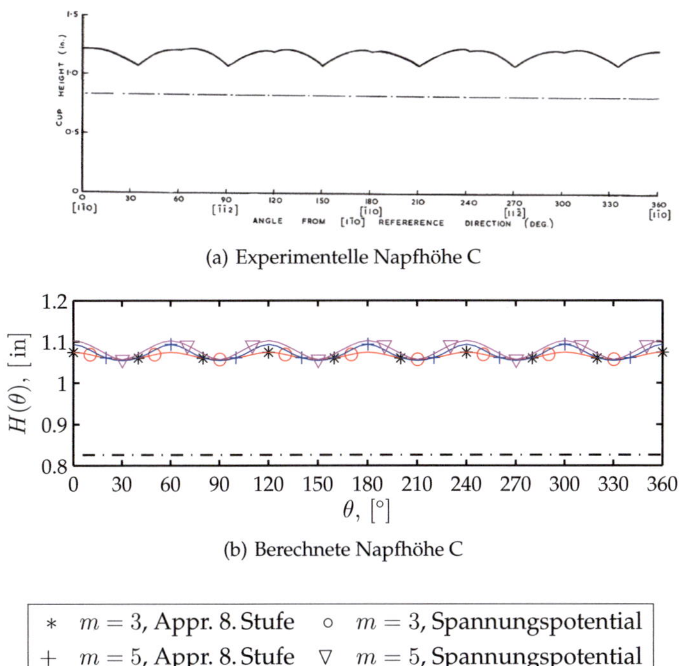

(a) Experimentelle Napfhöhe C

(b) Berechnete Napfhöhe C

*	$m = 3$, Appr. 8. Stufe	◦	$m = 3$, Spannungspotential
+	$m = 5$, Appr. 8. Stufe	▽	$m = 5$, Spannungspotential

Abbildung 7.34: Experimentelle und berechnete Napfhöhe für Orientierung C aus Tucker (1961)

Vergleich mit Yld96. Im Folgenden werden die Reuss-Schranke und ihre texturbasierte Approximation für die Vorhersage der R-Werte und der Fließspannungen von Polykristallen verwendet. Als Referenz werden Ergebnisse von Barlat et al. mit Yld96 (Barlat et al., 1997b) angegeben. Barlat et al. (1997b) untersuchen die Vorhersagen von Yld96 für die 50% Würfel- und Goss-

Texturkomponenten mit Gaussverteilung (Halbwertsbreite 15°) gemischt mit 50% grauer Textur. Die entsprechenden Polfiguren sind in Abb. 7.35 dargestellt.

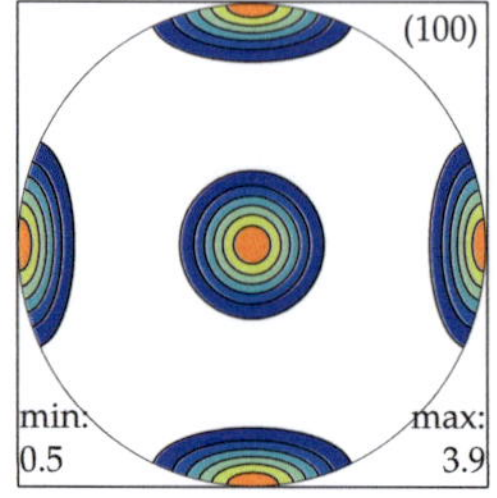

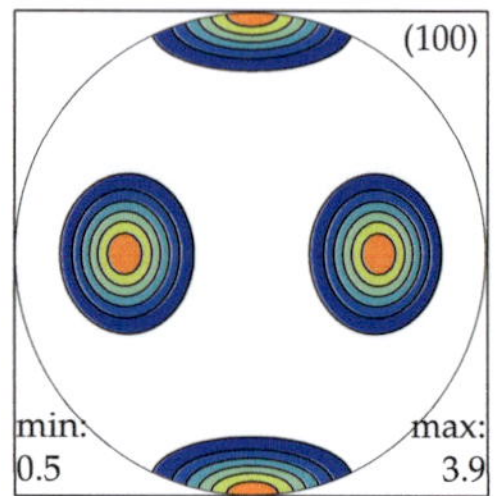

(a) 50% Würfel (15°) + 50% isotrop   (b) 50% Goss (15°) + 50% isotrop

Abbildung 7.35: $\langle 100\rangle$-Polfiguren der Texturkomponenten aus Barlat et al. (1997b)

Die Koeffizienten für Yld96 für beide Texturen sind in Tabelle 7.7 angegeben. Diese wurden von Barlat et al. (1997b) mit Hilfe der Ergebnisse (Fließspannungen und R-Werte) eines Taylor-Bishop-Hill-Modells bestimmt.

	a	c_1	c_2	c_3	c_4	c_5	c_6	α_x	α_y	α_{z0}	α_{z1}
$\{100\}\,\langle 001\rangle$	8	1	1	1	0	0	1,017	1	1	1	0,18
$\{110\}\,\langle 001\rangle$	8	1,09	1,069	1,064	0	0	1,033	0,177	0,930	1	0,48

Tabelle 7.7: Anisotropieparameter der Fließfunktion Yld96 für Würfel- und Goss-Textur von Barlat et al. (1997b)

Die Referenzkurven der normierten Fließspannung und der R-Werte für beide Texturen sind in Abb. 7.36 gezeigt. Die Berechnungen der normierten Fließspannung mit der Reuss-Schranke des Spannungspotentials (Abb. 7.37) ergeben für die Würfel-Textur die beste Übereinstimmung mit Yld96 für $m = 5$. Der allgemeine Verlauf der normierten Fließspannung wird qualitativ auch für die Goss-Textur abgebildet. Das Erhöhen des Exponenten bewirkt eine kleinere Anisotropie für beide Texturen.

Einen charakteristisch ähnlichen Verlauf zeigen auch die Ergebnisse der Approximation 8. Stufe, welche für $m = 3$ und $m = 5$ in Abb. 7.38 grafisch dargestellt sind. Bei der Vorhersage der R-Werte ist die Anisotropie für die beiden Texturen im Vergleich zu Yld96 kleiner. Bessere Ergebnisse weisen die Kurven mit der

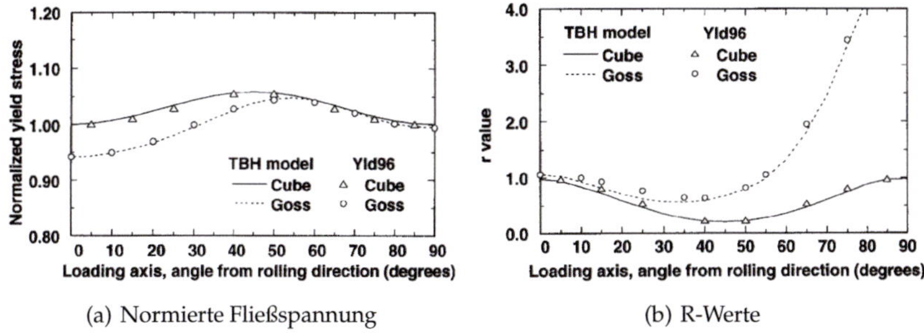

(a) Normierte Fließspannung

(b) R-Werte

Abbildung 7.36: Vorhersage der Fließspannung, normiert durch die biaxiale Fließspannung und der R-Werte für eine Würfel- und eine Goss-Textur nach Yld96 mit Eingabedaten aus dem Taylor-Bishop-Hill-Modell (Ergebnisse aus Barlat et al. (1997b))

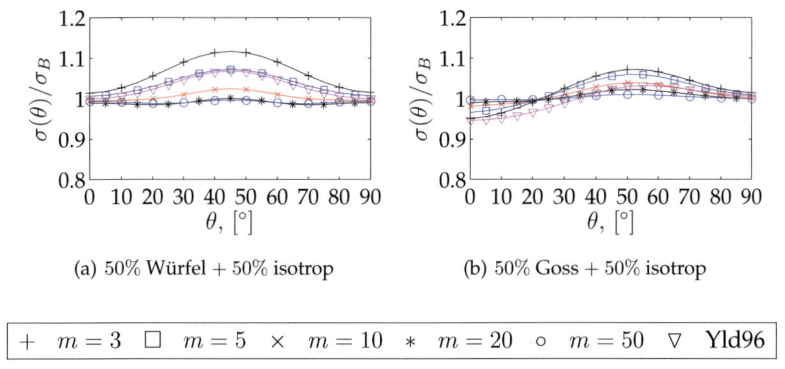

(a) 50% Würfel + 50% isotrop

(b) 50% Goss + 50% isotrop

$$+ \quad m = 3 \quad \square \quad m = 5 \quad \times \quad m = 10 \quad * \quad m = 20 \quad \circ \quad m = 50 \quad \nabla \quad \text{Yld96}$$

Abbildung 7.37: Vorhersage der Fließspannung, normiert durch die biaxiale Fließspannung und berechnet durch die Reuss-Schranke $\bar{\Psi}^R$

Würfel-Textur auf. Für die Goss-Textur liegt nur für Winkel kleiner als $45°$ eine relativ gute Übereinstimmung vor. In den Abbildungen 7.39 und 7.40 sind die Ergebnisse mit der Reuss-Schranke für verschiedene Exponenten m und mit der Approximation 8. Stufe für $m = 3$ und $m = 5$ gezeigt. Die großen Unterschiede in Abb. 7.39(b) sind damit zu erklären, dass die Koeffizienten in Yld96 auf den Ergebnissen eines Taylor-Modells basieren, welches im Allgemeinen die Anisotropie überschätzt. Dagegen ist die Reuss-Schranke mit einem homogenen Spannungsfeld verbunden, so dass die Vorhersage der Fließspannungen und der R-Werte unterschätzt wird.

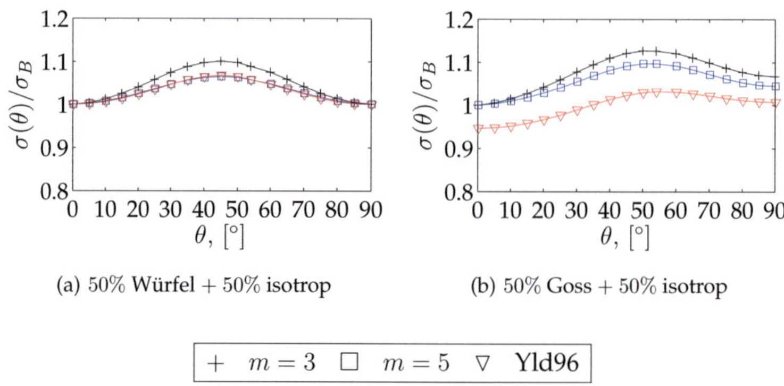

(a) 50% Würfel + 50% isotrop

(b) 50% Goss + 50% isotrop

$$+ \quad m = 3 \qquad \square \quad m = 5 \qquad \triangledown \quad \text{Yld96}$$

Abbildung 7.38: Vorhersage der Fließspannung, normiert durch die biaxiale Fließspannung und berechnet durch die Approximation 8. Stufe der Reuss-Schranke $\bar{\Psi}_A^R$

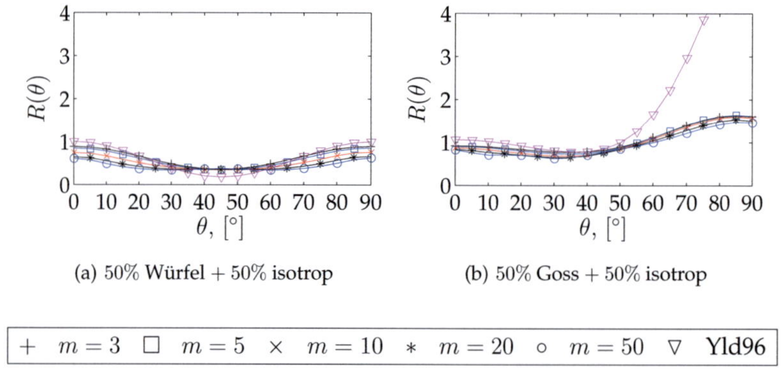

(a) 50% Würfel + 50% isotrop

(b) 50% Goss + 50% isotrop

$$+ \quad m = 3 \qquad \square \quad m = 5 \qquad \times \quad m = 10 \qquad * \quad m = 20 \qquad \circ \quad m = 50 \qquad \triangledown \quad \text{Yld96}$$

Abbildung 7.39: Vorhersage der R-Werte, berechnet durch die Reuss-Schranke $\bar{\Psi}^R$

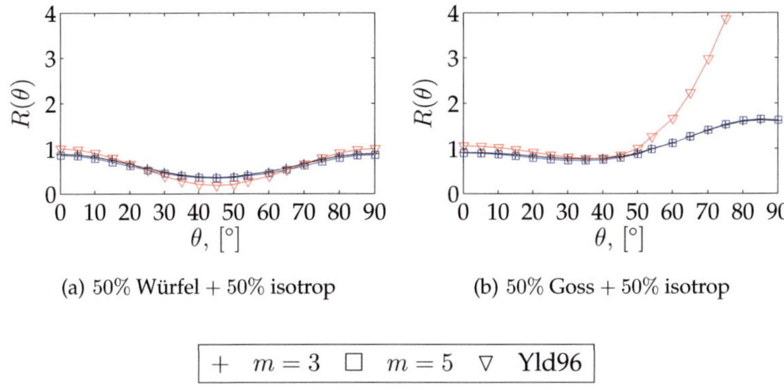

(a) 50% Würfel + 50% isotrop   (b) 50% Goss + 50% isotrop

$$+ \quad m = 3 \quad \square \quad m = 5 \quad \triangledown \quad \text{Yld96}$$

Abbildung 7.40: Vorhersage der R-Werte, berechnet durch die Approximation 8. Stufe der Reuss-Schranke $\bar{\Psi}_A^R$

Vergleich mit experimentellen Napfhöhen für Polykristalle. Zuletzt wird ein Beispiel für die Berechnung der Napfhöhe einer gemischten Würfel- und Goss-Textur gegeben. Die experimentellen Daten stammen aus Engler und Kalz (2004). Die verwendete Orientierungsverteilungsfunktion ist in Abb. 7.41 dargestellt und wurde durch die v. Mises-Fisher-Verteilung in Tabelle 7.8 aus Böhlke et al. (2008) reproduziert.

i	b_i, [°]	c_i	φ_1^i, [°]	Φ^i, [°]	φ_2^i, [°]
1 (Würfel)	32,5	0,6	0	0	0
2	27,5	0,06	0	15	0
3	27,5	0,08	0	30	0
4 (Goss)	27,5	0,12	0	45	0
5	27,5	0,08	0	60	0
6	27,5	0,06	0	75	0

Tabelle 7.8: Halbwertsbreite b, Volumenfraktion c und Eulerwinkel $(\varphi_1, \Phi, \varphi_2)$ der v. Mises-Fisher-Verteilung der Textur in Abb. 7.41 nach Böhlke et al. (2008)

Die Geometrie des Tiefziehprozesses ist Engler und Kalz (2004) entnommen worden:

$$R_p = 16{,}65\,\text{mm}, \quad r_p = 6\,\text{mm}, \quad R_d = 17{,}5\,\text{mm}, \quad R_b = 30\,\text{mm}, \tag{7.37}$$

wobei die Werte der fehlenden Daten in dem Artikel von Engler und Kalz (2004) (r_p und R_d) wie bei Böhlke et al. (2008) angenommen worden sind.

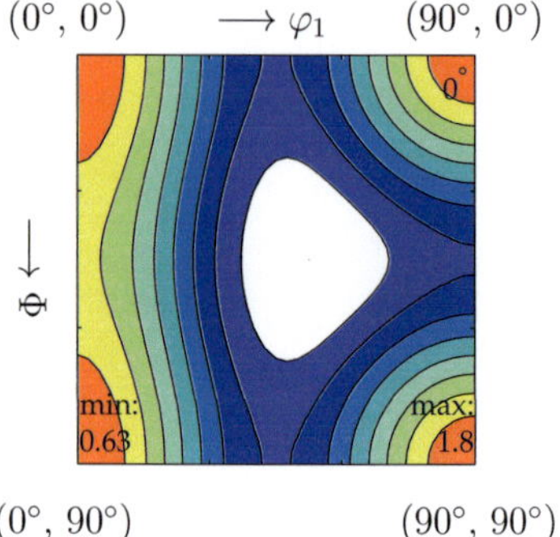

Abbildung 7.41: Orientierungsverteilungsfunktion für $\varphi_2 = 0$ nach Engler und Kalz (2004), reproduziert aus Böhlke et al. (2008)

In Abb. 7.42 ist die normierte, experimentelle und durch die Reuss-Schranke berechnete Napfhöhe dargestellt.

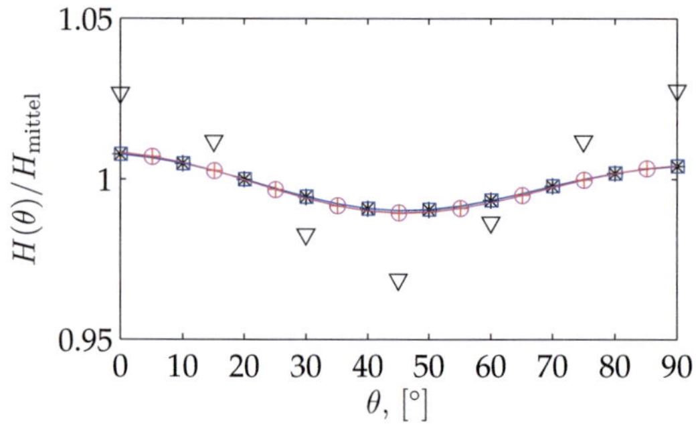

Abbildung 7.42: Vergleich der experimentellen Napfhöhe nach Engler und Kalz (2004) mit der Berechnung

Die Reuss-Schranke und ihre Approximation 8. Stufe können den Verlauf des normierten Zipfelprofils qualitativ wiedergeben. Die berechneten Zipfel sind im Vergleich zum Experiment kleiner. Ein Grund dafür sind einerseits die

Annahmen der Modellvorhersage von Yoon et al. (2006), die für Einkristalle im Allgemeinen kleinere Zipfel als die experimentellen Zipfel reproduziert und andererseits die Sachs-Annahme für den Polykristall. Die Vorhersage der Reuss-Schranke und ihre texturbasierte Approximation mit $m = 3$ und $m = 5$ unterscheiden sich quantitativ nicht voneinander.

Kapitel 8

Konvexifizieren der Approximation

Für die Konvexität einer Funktion sind hier zunächst zwei wichtige Sätze zu erwähnen. Die allgemeine Definition einer konvexen Funktion lautet (Rockafellar, 1970, Theorem 4.1): Sei $f \in (-\infty, +\infty]$ eine Funktion der konvexen Menge $\mathcal{C}$ (z.B. $\mathcal{C} = R^n$). f ist konvex in $\mathcal{C}$ nur dann, wenn

$$f((1-\lambda)x + \lambda y) \le (1-\lambda)f(x) + \lambda f(y), \qquad 0 < \lambda < 1, \qquad \forall x, y \in \mathcal{C}. \tag{8.1}$$

Sei f eine zweimal stetig differenzierbare, reellwertige Funktion der offenen konvexen Menge $\mathcal{C} \in R^n$. f ist konvex in $\mathcal{C}$ nur dann, wenn die Hesse'sche Matrix

$$\underline{\underline{H}}_{ij} = \frac{\partial^2 f(x_1, \ldots, x_n)}{\partial(x_i)\partial(x_j)} \tag{8.2}$$

positiv semidefinit für alle $x \in \mathcal{C}$ ist (Rockafellar, 1970, Theorem 4.5).

Das Prinzip der maximalen Dissipation im starr-viskoplastischen Fall impliziert, dass die Richtung des Dehnratentensors mit der Normalen zu den Äquidissipationslinien assoziiert wird. Dies gilt für den Fall von glatten Dissipationslinien. Wenn die Isolinien des Fließpotentials für $m \to \infty$ Vertexes besitzen, lässt sich die Normalitätsregel generalisieren. In diesem Fall befindet sich die Richtung des Dehnratentensors innerhalb eines Kegels von Normalen zu den Isolinien des Potentials (Han und Reddy, 1999).

Die zweite Folge des Prinzips der maximalen Dissipation besagt, dass die Fließpotentiale konvex sein müssen. Aus der strikten Konvexität des Fließpotentials Ψ^τ folgt für die Punkte der Äquidissipationslinien (Toth et al., 1988)

$$(\boldsymbol{\tau}' - \boldsymbol{\tau}'^*) \cdot \boldsymbol{D}'(\boldsymbol{\tau}') \ge 0 \tag{8.3}$$

für einen vorgegebenen Dehnratentensor $\boldsymbol{D}'$, identifiziert mit der Spannung $\boldsymbol{\tau}'$ und einen Spannungstensor $\boldsymbol{\tau}'^*$, der zu derselben Äquidissipationslinie wie $\boldsymbol{\tau}'$ gehört ($\Psi^\tau(\boldsymbol{\tau}') = \Psi^\tau(\boldsymbol{\tau}'^*)$).

Für das Spannungspotential Ψ^τ formuliert Hutchinson (1976) das folgende Extremalprinzip

$$\boldsymbol{\tau}' \cdot \boldsymbol{D}'(\boldsymbol{\tau}') - \Psi^\tau(\boldsymbol{\tau}') \geq \hat{\boldsymbol{\tau}}' \cdot \boldsymbol{D}'(\boldsymbol{\tau}') - \Psi^\tau(\hat{\boldsymbol{\tau}}') \tag{8.4}$$

für beliebige Spannungszustände $\hat{\boldsymbol{\tau}}'$. Dieses Prinzip wurde von Toth et al. (1988) mit Hilfe der Funktion

$$\Xi(\hat{\boldsymbol{\tau}}', \boldsymbol{\tau}') = \Psi^\tau(\hat{\boldsymbol{\tau}}') - \Psi^\tau(\boldsymbol{\tau}') + (\boldsymbol{\tau}' - \hat{\boldsymbol{\tau}}') \cdot \boldsymbol{D}'(\boldsymbol{\tau}') \geq 0 \tag{8.5}$$

bewiesen. Die Spannung $\hat{\boldsymbol{\tau}}'$ hat die Richtung eines Spannungstensors $\boldsymbol{\tau}'^*$ aus der Äquidissipationslinie von $\boldsymbol{\tau}'$. Die Beziehung zwischen $\boldsymbol{\tau}'^*$ und $\hat{\boldsymbol{\tau}}'$ kann durch einen positiven Skalar $\lambda > 0$ gegeben werden: $\hat{\boldsymbol{\tau}}' = \lambda\boldsymbol{\tau}'^*$. Aus der Homogenitätsbedingung von Ψ^τ (3.72), aus der Relation zu der Dissipation (3.76) und aus (8.3) folgt

$$\Xi(\hat{\boldsymbol{\tau}}', \boldsymbol{\tau}') = \lambda^{m+1}\Psi^\tau(\boldsymbol{\tau}'^*) - \Psi^\tau(\boldsymbol{\tau}') + (\boldsymbol{\tau}' - \lambda\boldsymbol{\tau}'^*) \cdot \boldsymbol{D}'(\boldsymbol{\tau}')$$

$$\geq \frac{\boldsymbol{\tau}' \cdot \boldsymbol{D}'(\boldsymbol{\tau}')}{m+1} \left(\lambda^{m+1} + m - \lambda(m+1)\right), \qquad \lambda > 0. \tag{8.6}$$

Die Gleichung in (8.6) ist für beliebige λ nur erfüllt, wenn $\boldsymbol{\tau}' = \boldsymbol{\tau}'^*$ gilt. Die rechte Seite in (8.6) ist positiv für $\lambda \neq 1$ und kann nur für $\lambda = 1$ und $\boldsymbol{\tau}' = \boldsymbol{\tau}'^* = \hat{\boldsymbol{\tau}}'$ null werden. Aus dem Extremalprinzip von Hutchinson (1976) folgt die Eindeutigkeit des Spannungstensors $\boldsymbol{\tau}'$, der mit einem vorgegebenen Dehnratentensor $\boldsymbol{D}'$ identifiziert wird. Die Eindeutigkeit des Dehnratentensors $\boldsymbol{D}'$ für einen vorgegebenen Spannungszustand $\boldsymbol{\tau}'$ folgt aus (3.71).

Eine Folge des Extremalprinzips ist die Notwendigkeit für technische Umsetzungen konvexe Fließpotentiale anzuwenden, damit die Relation zwischen den Spannungs- und Dehnrateninkrementen eindeutig ist. Ein wichtiger Einsatzbereich ist die Implementierung von bestimmten Integrationsmethoden wie die Return-Mapping-Prozedur von Simo und Taylor (1985). Die Berechnung des Tangentenmoduls elasto-plastischer Werkstoffe anhand von texturbasierter Fließpotentiale ist ausführlich von Van Houtte et al. (1995) in Bezug auf den Konvexitätsverlust diskutiert.

Die Nichtkonvexitäten treten ganz oft bei den texturbasierten Fließpotentialen auf. Das Problem wurde schon in den Arbeiten von Van Houtte et al. (1989), Arminjon et al. (1994) und Savoie und MacEwen (1996) erwähnt, wobei die Konvexität von der Schärfe der Textur beeinflusst wird.

Im Allgemeinen kann die Konvexität sichergestellt werden, in dem die betrachteten Fließpotentiale vom Anfang an konvex gewählt werden (Van Houtte et al., 2009). Der Definitionsbereich der Anisotropieparameter kann so bestimmt werden, dass die Hesse'sche Matrix positiv semidefinit ist (Plesek et al., 2010). Die geeignete Parameterauswahl wird für die lineare Transformation von Barlat durch konvexe Polynome verschiedener Ordnung in Soare und Barlat (2010) ausführlich diskutiert. Zu den nichtkonvexen Funktionen können quadratische, konvexe Glieder hinzugefügt werden. Die letzte Vorgehensweise wird von Zlobec (2003) durch die direkte Definition der konvexen Funktion (8.1) angewendet. In Adjiman et al. (1998b,a) wird für das Konvexifizieren der Ansatz (8.2) verwendet, wobei die minimalen Eigenwerte der Hesse'schen Matrix durch die oberen und unteren Schranken ihrer Komponenten abgeschätzt werden.

Wie die Ergebnisse für die Äquidissipationslinien zeigen, sind die hier vorgeschlagenen Fließpotentiale basierend auf tensoriellen Fourier-Reihen mit Texturkoeffizienten im Allgemeinen auch nicht konvex. Von den betrachteten Fällen gilt diese Beobachtung für die Approximation der (m+1)-ten Wurzel des Spannungspotentials für Einkristalle und $m = 100$ (Anhang H.4). Bei der Berechnung des Volumenmittelwerts ist die Approximation nur für den Hauptspannungszustand problematisch (Anhang H.13-H.14). Nichtkonvex sind auch einige der Beispiele der Approximation 8. Stufe des Dualpotentials für Einkristalle (Anhang H.8, $m = 100$), wobei die Ergebnisse für die Polykristalle stets konvex sind.

Die Nichtkonvexitäten treten bei hohen Exponenten auf und resultieren aus den fehlenden Fourier-Reihengliedern der Approximation. Die Berücksichtigung der restlichen Glieder in der Fourier-Reihenentwicklung führt neben dem Minimieren des Approximationsfehlers noch zu konvexen Äquidissipationslinien. In den Beispielen ist auch die Abhängigkeit von der Texturschärfe zu beobachten. Als schärfste Textur gilt der Fall des Einkristalls. Dementsprechend können die erhaltenen Einkristallapproximationen je nach dem Belastungsfall für große m nichtkonvex sein. Die Nichtkonvexität ist weniger stark ausgeprägt oder nicht vorhanden in den Beispielen mit schwach texturierten Polykristallen.

Prinzipiell sollten die Koeffizienten der exakt bekannten Materialfunktionen $\Gamma_{\mathrm{iso}}(III_\tau^*)$ und $\kappa_{\beta\lambda}(III_\tau^*)$ des Spannungspotentials Ψ^τ für ungerade Exponenten m so ausgewählt werden können, dass die Äquidissipationslinien konvex sind. Jedoch kann kein quantitatives Maß für die Konvexität wegen der Komplexität der betrachteten Funktionen angegeben werden. Ein Beweis der Konvexität ist nur für die Approximation 0. Stufe möglich. Die Einkristallapproximation des Spannungspotentials Ψ_A^τ mit den führenden Texturkoeffizienten kann für die weiteren Betrachtungen durch eine allgemeine Darstellung

$$\Psi_A^\tau(\boldsymbol{\tau}') = \Psi_{A\,\mathrm{iso}}^\tau(\boldsymbol{\tau}') + \Psi_{A\,\mathrm{aniso}}^\tau(\boldsymbol{\tau}') \tag{8.7}$$

mit den isotropen und anisotropen Anteilen

$$\Psi_{A\,\mathrm{iso}}^\tau(\boldsymbol{\tau}') = \frac{\dot{\gamma}_0 \tau^C}{m+1} \left\| \frac{\boldsymbol{\tau}'}{\tau^C} \right\|^{m+1} \Gamma_{\mathrm{iso}}(III_\tau^*), \tag{8.8}$$

$$\Psi_{A\,\mathrm{aniso}}^\tau(\boldsymbol{\tau}') = \frac{\dot{\gamma}_0 \tau^C}{m+1} \left\| \frac{\boldsymbol{\tau}'}{\tau^C} \right\|^{m+1}$$
$$\sum_\beta \sum_{\lambda=1}^{\beta/2+1} \kappa_{\beta\lambda}(III_\tau^*) \mathbb{V}_{\langle\beta\rangle}'^{C0} \cdot \left(\boldsymbol{N}_\tau'^{\otimes(\beta/2+1-\lambda)} \otimes \boldsymbol{N}_\tau'^{2'\otimes(\lambda-1)} \right)'. \tag{8.9}$$

ersetzt werden. Gemäß dem in (6.70) definierten, quadratischen Minimierungsproblem hat der isotrope Anteil die folgende Darstellung

$$\Psi_{A\,\mathrm{iso}}^\tau(\boldsymbol{\tau}') = \frac{\dot{\gamma}_0 \tau^C}{m+1} \left\| \frac{\boldsymbol{\tau}'}{\tau^C} \right\|^{m+1} \int_{SO(3)} \sum_\alpha^{12} \left| \boldsymbol{Q} \boldsymbol{N}_0(III_\tau^*) \boldsymbol{Q}^{\mathsf{T}} \cdot \tilde{\boldsymbol{M}}_\alpha \right| \, dQ. \tag{8.10}$$

Da das Spannungspotential von Hutchinson (3.70) strikt konvex und stets nichtnegativ ist, stellt die anisotrope Approximation eine Summe konvexer, positiver Funktionen dar. Nach Rockafellar (1970) ist dann die isotrope Approximation auch konvex. Das gleiche gilt wegen der Dualität für den isotropen Anteil des Dehnratenpotentials Ψ_A^D, da die Legendre-Fenchel-Transformation wieder konvex ist.

Die Idee, die hier zum Konvexifizieren verwendet werden kann, basiert darauf, den anisotropen Anteil der Approximation durch einen reellen Parameter $a \in [1, \infty) \in R^+$ zu dämpfen. Das Verfahren lässt sich gleich für beide Fließpotentiale anwenden. Für die Veranschaulichung der Konvexifizierung wird erneut das Spannungspotential verwendet. Das modifizierte Spannungspotential besitzt die folgende Form

$$\Psi_A^\tau(\boldsymbol{\tau}', a) = \Psi_{A\,\mathrm{iso}}^\tau(\boldsymbol{\tau}') + \frac{1}{a} \Psi_{A\,\mathrm{aniso}}^\tau(\boldsymbol{\tau}'), \qquad 1 \leq a < \infty. \tag{8.11}$$

Die gleiche Idee wurde zum Erzeugen von reproduzierbaren Orientierungsverteilungsfunktionen aus Polfiguren von Bunge und Esling (1982) verwendet. Es ist bekannt, dass wenn die Orientierungsverteilungsfunktion $f(Q)$ durch eine endliche Fourier-Reihe mit den führenden Fourier-Koeffizienten mathematisch beschrieben wird, die Bedingung der Nichtnegativität $(2.10)_1$ dann nicht unbedingt erfüllt ist (vgl. auch Böhlke (2005)). Aus diesem Grund dämpfen Bunge und Esling (1982) den anisotropen Anteil von $f(Q)$, so dass die Nichtnegativitätsbedingung sichergestellt wird.

Für die konvexe Modifikation (8.11) mit dem unbekannten Parameter a kann direkt die Definition (8.1) angewendet werden. Für beide deviatorische Spannungstensoren der Definitionsmenge des Spannungsraumes muss für a die folgende Ungleichung gelten

$$a \geq \frac{\Psi^\tau_{A\,\mathrm{aniso}}((1-\lambda)\tau'_1 + \lambda\tau'_2) - (1-\lambda)\Psi^\tau_{A\,\mathrm{aniso}}(\tau'_1) - \lambda\Psi^\tau_{A\,\mathrm{aniso}}(\tau'_2)}{(1-\lambda)\Psi^\tau_{A\,\mathrm{iso}}(\tau'_1) + \lambda\Psi^\tau_{A\,\mathrm{iso}}(\tau'_2) - \Psi^\tau_{A\,\mathrm{iso}}((1-\lambda)\tau'_1 + \lambda\tau'_2)}. \tag{8.12}$$

Die Menge der möglichen Spannungszustände kann dadurch beschränkt werden, dass nur die fünfdimensionalen Spannungszustände in Betracht genommen werden. Für die Definition der einzelnen Spannungskomponenten ist es empfehlenswert, die Darstellung einer fünfdimensionalen Einheitshypersphäre zu betrachten. Die Spannungskomponenten nach Lequeu et al. (1987) mit der Basis B_α $(\alpha = 1, \ldots, 5)$, angegeben in Anhang B, können als Einheitsvektoren in Abhängigkeit von vier Winkeln mit den Definitionsbereichen $\theta_1 \in [0, 2\pi)$ und $\theta_{2,3,4} \in [0, \pi]$ definiert werden

$$\begin{aligned}
\tau' \cdot B_1 &= \cos\theta_1 \sin\theta_2 \sin\theta_3 \sin\theta_4, & \tau' \cdot B_4 &= \cos\theta_3 \sin\theta_4, \\
\tau' \cdot B_2 &= \sin\theta_1 \sin\theta_2 \sin\theta_3 \sin\theta_4, & \tau' \cdot B_5 &= \cos\theta_4. \\
\tau' \cdot B_3 &= \cos\theta_2 \sin\theta_3 \sin\theta_4,
\end{aligned} \tag{8.13}$$

Zu beachten ist, dass wenn die Approximation für Einkristalle konvex ist, dann auch die Schranke 1. Ordnung für Polykristalle konvex ist. Diese Aussage beruht wieder auf der Tatsache, dass die Summe positiver konvexer Funktionen eine konvexe Funktion ergibt (Rockafellar, 1970). Dennoch ist die Anwendung dieses Konvexifizierungsverfahrens für eine bestimmte Textur zu empfehlen, da der Parameter a den ganzen anisotropen Anteil der Approximation beeinflusst. Wie die numerischen Beispiele zeigen, sind die Nichtkonvexitäten bei den texturierten Polykristallen weniger stark ausgeprägt. Je größer a gewählt wird, desto mehr entspricht die Form der modifizierten Approximation der Form des isotropen Anteils, was zu einer Reduktion des Einflusses der Texturkoeffizienten führt.

Kapitel 9

Zusammenfassung und Ausblick

In dieser Arbeit wurde eine texturbasierte Approximation der starr-viskoplastischen Spannungs- und Dehnratenpotentiale von Hutchinson (1976) vorgeschlagen. Die Formulierung der Approximation hat den Onat'schen Darstellungssatz (Onat, 1990) für die Fourier-Reihenentwicklung von anisotropen, tensorwertigen Skalarfunktionen von symmetrischen Tensoren 2. Stufe zur Grundlage. Der Satz wurde im Rahmen dieser Arbeit ausführlich hergeleitet.

Für die Formulierung der texturbasierten Fließpotentiale wurden die Einkristallpotentiale für kubisch-flächenzentrierte Kristalle als tensorielle Fourier-Reihen mit Texturkoeffizienten dargestellt. Die im Darstellungssatz enthaltenen Materialfunktionen wurden mit Hilfe eines quadratischen Minimierungsproblems auf $SO(3)$ bestimmt. Das Minimierungsproblem resultiert in einem linearen Gleichungssystem. Die linke Seite dieses Gleichungssystems wurde exakt durch Auswertung der Bedingung der schwachen Orthogonalität berechnet. Die analytischen Ausdrücke sind unabhängig von dem zu approximierenden Potential und dem Ratensensitivitätsparameter und können sowohl für das Spannungs- als auch für das Dehnratenpotential verwendet werden. Die Komponenten der Koeffizientenmatrix stellen isotrope skalare Funktionen dar, die durch die Integritätsbasis der Spannungs- oder Dehnratenrichtung dargestellt werden können. Nur die rechte Seite des linearen Gleichungssystems wurde durch numerische Integration über $SO(3)$ berechnet. Weitere Verfahren zur exakten Bestimmung der rechten Seite und zur expliziten Bestimmung der isotropen Materialfunktionen durch eine Dualbasis wurden ebenfalls diskutiert. Die isotropen Materialfunktionen bis zur Approximation 8. Stufe wurden für beide Potentiale jeweils für feste Determinanten der Richtungen des Spannungsdeviators und des Dehnratentensors berechnet. Für gerade Potenzen $m+1$ des Spannungspotentials sind die Materialfunktionen homogene Polynome der Richtung des Spannungstensors, deren exakte Darstellung durch die Integritätsbasis möglich ist.

Aus der Formulierung für Einkristalle wurden die Reuss- und Voigt-Schranke des makroskopischen Spannungs- und Dehnratenpotentials bestimmt. Da die texturbasierten Fließpotentiale linear in den irreduziblen, kubischen Basistensoren sind, verlangt die Homogenisierung keine Modifikation der Einkristallapproximation bis auf die Bestimmung der Texturkoeffizienten durch die Orientierungsverteilungsfunktion. Dies ist die Grundidee des verfolgten Ansatzes.

Um die Qualität der Approximation zu demonstrieren, wurden verschiedene Beispiele der Isolinien der Hutchinson'schen Potentiale und ihrer texturbasierten Approximation sowohl für den Einkristall als auch für zwei synthetische Texturen (Zug- und Walztextur) diskutiert. Betrachtet wurden verschiedene Belastungsfälle und verschiedene Dehnratenexponenten.

Die Qualität der texturbasierten Approximation des Spannungspotentials für die Vorhersage der R-Werte, der Fließspannungen und der Zipfelprofile wurde für $m = 3$ und $m = 5$ untersucht. Für die Bestimmung des Zipfelprofils von Ein- und Polykristallen wurde das Berechnungsmodell von Yoon et al. (2006) angewendet. Für Einkristalle wurde die Zipfelbildung mit den experimentellen Ergebnissen von Tucker (1961) verglichen. Für Polykristalle wurden Vergleiche mit Yld96 für die R-Werte und Fließspannungen und mit experimentell bestimmten Napfhöhen für die Zipfel einer gemischten Würfel- und Goss-Textur (Engler und Kalz, 2004) angestellt.

Die Qualität der numerischen Ergebnisse für die Approximationen bis zur 8. Stufe in den Texturkoeffizienten zeigen eine Abhängigkeit von dem Homogenitätsgrad der Fließpotentiale. Für das Spannungspotential für Einkristalle stellt die Approximation 8. Stufe eine exakte Abbildung für $m = 3$ dar. Bei höheren Exponenten ($m > 3$) müssen Texturkoeffizienten höher als 8. Stufe in Betracht genommen werden. Wie die Ergebnisse für $m = 5$ zeigen, kann eine Approximation durch eine unvollständige Fourier-Reihe auch negative Werte ergeben. Eine Approximation für große Exponenten lässt sich realisieren, wenn das Spannungspotential durch die (m+1)-te Wurzel modifiziert wird. In diesem Fall ist das Spannungspotential äquivalent zu einer L^{m+1}-Norm, ist homogen vom 1. Grad und besitzt die gleiche Form der Isolinien wie das nicht normierte Potential. Diese Anwendung hat aber keine physikalische Bedeutung für Polykristalle, da der Volumenmittelwert nicht der oberen Schranke des Spannungspotentials bzw. der Dissipation entspricht.

Da das Dehnratenpotential für Einkristalle eine homogene Funktion vom Grade $(m + 1)/m$ ist und sich seine Werte mit Erhöhen von m schwach verändern, sind die betrachteten Ergebnisse mit den führenden Fourier-Reihengliedern für alle Exponenten m und alle Belastungsfälle zufriedenstellend. Die einzige Ausnahme, bei der die Approximation 8. Stufe immer noch nicht ausreichend ist, stellt der Fall des Hauptdehnratenzustands dar. Die größten Approximationsfehler treten für den Hauptdehnratenzustand für den Fall $\xi = 0$ auf.

Die betrachteten Approximationen für hohe Exponenten sind im Allgemeinen nicht konvex, was an der Approximation durch eine endliche Fourier-Summe liegt. Die Konvexitätsbedingung ist bei einer exakten Approximation eines konvexen Potentials trivial erfüllt. Die Ausprägung der Nichtkonvexität hängt von der Schärfe der Textur ab. Durch nichtkonvexe Isolinien werden die Approximationen des normierten Spannungspotentials für $m = 100$ für Einkristalle gekennzeichnet. Die Abweichungen von einer konvexen Form werden bei der Berechnung des Volumenmittelwerts für Polykristalle reduziert. Die Approximation des Dehnratenpotentials für $m = 100$ für einen Einkristall weist konkave Äquidissipationslinien nur bei einigen der Belastungsfällen auf. Für Polykristalle ist die Approximation der Voigt-Schranke in allen betrachteten Beispielen konvex. Ein Verfahren für das Konvexifizieren der nichtkonvexen Approximationen wird in Kapitel 8 vorgeschlagen. Da der isotrope Anteil der texturbasierten Approximation (Approximation 0. Stufe) konvex ist, wird nur der anisotrope Anteil durch einen skalaren Parameter modifiziert. Das Verfahren basiert auf der Grunddefinition einer konvexen Funktion (8.1) und hat damit den großen Vorteil, die Berechnung der ersten und zweiten numerischen Ableitungen zu vermeiden.

Die Ergebnisse für die Vorhersage der Zipfelbildung mit der Reuss-Schranke können grob den Verlauf der experimentellen Zipfel mit kleinen Exponenten abbilden. Die Abweichungen in der Amplitude der Napfhöhe und in dem Wert der mittleren Höhe sind eine Folge des vereinfachten Berechnungsmodells, das hier verwendet wurde.

Zum weiteren Ausbau der hier betrachteten Thematik sollte noch eine quantitative Fehlerabschätzung der texturbasierten Approximation und eine Abschätzung der Anzahl der Fourier-Reihenglieder für das Dehnratenpotential für alle m und für das Spannungspotential für gerade m durchgeführt werden. Eine technische Umsetzung des Konvexifizierungsverfahrens und die Implementierung des Ansatzes in einem Finite-Elemente-Code sollten ebenso erfolgen. Die Ergebnisse der Voigt-Schranke sollten sowohl mit den Ergebnissen der Reuss-Schranke als auch mit experimentellen Ergebnissen verglichen werden.

Zusammenfassend ist noch festzustellen, dass der Onat'sche Darstellungssatz bei vielen weiteren Problemstellungen Anwendung finden kann. Aus diesem Grund kann diese Arbeit einerseits im Rahmen der Kristallplastizität auf weitere Kristallsymmetrien übertragen werden. Andererseits können ausgehend von den hier dokumentierten Befunden Skalarfunktionen von symmetrischen Tensoren 2. Stufe mit beliebigen Symmetrien dargestellt werden, die nicht nur für die Polykristallplastizität sondern auch für andere Gebiete der Kontinuumsmechanik und Physik von Bedeutung sind.

Anhang

A Identitätstensoren für irreduzible Tensoren

Die Identitätstensoren $\Delta_{\langle 2\beta\rangle}$ für irreduzible Tensoren von Stufe β mit

$$\Delta_{\langle 2\beta\rangle}[\mathbb{A}_{\langle\beta\rangle}] = \mathbb{A}'_{\langle\beta\rangle} \tag{A.1}$$

können bzgl. einer dreidimensionalen kartesischen Basis rekursiv berechnet werden (vgl. z.B. Hess und Köhler (1980); Ehrentraut und Muschik (1998))

$$
\begin{aligned}
\Delta_{\langle 2(\beta+1)\rangle\,\mu\mu_1\ldots\mu_\beta\,\nu\nu_1..\nu_\beta} =\ & \frac{1}{\beta+1}\left(\delta_{\mu\nu}\Delta_{\langle 2\beta\rangle\,\mu_1\ldots\mu_\beta\,\nu_1\ldots\nu_\beta} + \ldots + \delta_{\mu_\beta\nu}\Delta_{\langle 2\beta\rangle\,\mu_1\ldots\mu_{\beta-1}\mu\,\nu_1\ldots\nu_\beta}\right) \\
& -\frac{2}{(\beta+1)(2\beta+1)}\left(\delta_{\mu\mu_1}\Delta_{\langle 2\beta\rangle\,\nu\mu_2\ldots\mu_\beta\,\nu_1\ldots\nu_\beta} + \ldots\right. \\
& \left. +\ \delta_{\mu\mu_\beta}\Delta_{\langle 2\beta\rangle\,\mu_1\ldots\mu_{\beta-1}\nu\,\nu_1\ldots\nu_\beta} + \delta_{\mu_1\mu_2}\Delta_{\langle 2\beta\rangle\,\mu\nu\mu_3\ldots\mu_\beta\,\nu_1\ldots\nu_\beta} + \ldots \right. \\
& \left. +\ \delta_{\mu_{\beta-1}\mu_\beta}\Delta_{\langle 2\beta\rangle\,\mu_1\ldots\mu_{\beta-2}\mu\nu\,\nu_1\ldots\nu_\beta}\right).
\end{aligned}
\tag{A.2}
$$

Als Ausgangspunkt der rekursiven Berechnung dient der Einheitstensor

$$\Delta_{\langle 2\rangle\,\mu\nu} = \delta_{\mu\nu}, \qquad \Delta_{\langle 2\rangle} = \boldsymbol{I}. \tag{A.3}$$

Damit erhält man für die irreduzible Identität $\Delta_{\langle 4\rangle}$ von Tensoren 2. Stufe den deviatorischen Projektor

$$
\begin{aligned}
\Delta_{\langle 4\rangle\,\mu\mu_1\nu\nu_1} &= \frac{1}{2}\left(\delta_{\mu\nu}\Delta_{\langle 2\rangle\,\mu_1\nu_1} + \delta_{\mu_1\nu}\Delta_{\langle 2\rangle\,\mu\nu_1}\right) - \frac{1}{3}\delta_{\mu\mu_1}\Delta_{\langle 2\rangle\,\nu\nu_1}, \tag{A.4}\\
\Delta_{\langle 4\rangle} &= \mathbb{P}_2^I. \tag{A.5}
\end{aligned}
$$

B Fünfdimensionale Basis für deviatorische Tensoren 2. Stufe

Der irreduzible Anteil eines Tensors 2. Stufe lässt sich durch eine orthonormale fünfdimensionale Basis $\{B_\alpha\}$ $(\alpha = 1, \ldots, 5)$ mit den Basistensoren

$$
\begin{aligned}
B_1 &= \frac{\sqrt{2}}{2}\left(e_2 \otimes e_2 - e_1 \otimes e_1\right), \\
B_2 &= \frac{\sqrt{6}}{2}e_3 \otimes e_3, \\
B_3 &= \frac{\sqrt{2}}{2}\left(e_2 \otimes e_3 + e_3 \otimes e_2\right), \\
B_4 &= \frac{\sqrt{2}}{2}\left(e_1 \otimes e_3 + e_3 \otimes e_1\right), \\
B_5 &= \frac{\sqrt{2}}{2}\left(e_1 \otimes e_2 + e_2 \otimes e_1\right)
\end{aligned}
\tag{B.1}
$$

wie folgt

$$
A' = \left(A' \cdot B_\alpha\right) B_\alpha, \qquad A' \in Sym', \qquad \alpha = 1, \ldots, 5
\tag{B.2}
$$

darstellen (Lequeu et al., 1987).

C Komponenten von $\mathbb{V}'^{C0}_{\langle 4 \rangle}$, $\mathbb{V}'^{C0}_{\langle 6 \rangle}$ und $\mathbb{V}'^{C0}_{\langle 8 \rangle}$

Komponenten von Tensoren der Stufe β in R^3: (vgl. z.B. Böhlke (2006))

- Gesamtanzahl der Komponenten

$$N(\beta) = 3^\beta \tag{C.1}$$

- Gesamtanzahl der Komponenten vollständig symmetrischer Tensoren ($\beta \geq 2$)

$$N_{\mathrm{sym}}(\beta) = \frac{1}{2}(\beta + 1)(\beta + 2) \tag{C.2}$$

- Anzahl der Bedingungen für die Spurfreiheit supersymmetrischer Tensoren

$$N_{\mathrm{sym}}(\beta - 2) = \frac{1}{2}(\beta - 1)\beta \tag{C.3}$$

- Gesamtanzahl der Komponenten irreduzibler Tensoren

$$N_{\mathrm{irr}}(\beta) = N_{\mathrm{sym}}(\beta) - N_{\mathrm{sym}}(\beta - 2) = 2\beta + 1 \tag{C.4}$$

β	$N(\beta)$	$N_{\mathrm{sym}}(\beta)$	$N_{\mathrm{sym}}(\beta - 2)$	$N_{\mathrm{irr}}(\beta)$
2	9	6	1	5
4	81	15	6	9
6	729	28	15	13
8	6561	45	28	17

Tabelle C.1: Anzahl der Komponenten irreduzibler Tensoren von Stufe $\beta = 2, 4, 6, 8$

Weitere Bezeichnungen in Tabelle C.2-C.4:

- Anzahl der Indizes von 1 bis 3: N_1, N_2, N_3

- Anzahl der Indizes eines Tensors der Stufe β

$$N_1 + N_2 + N_3 = \beta \tag{C.5}$$

- Anzahl der möglichen Indexpermutationen (vgl. z.B. Guidi et al. (1992))

$$P(\beta) = \frac{(N_1 + N_2 + N_3)!}{N_1! N_2! N_3!} \tag{C.6}$$

Irreduzible Basistensoren mit kubischer Symmetrie:
Die folgenden Tabellen stellen alle Komponenten von vollständig symmetrischen Tensoren 4., 6. und 8. Stufe dar. Die linear unabhängigen Komponenten irreduzibler Tensoren sind in den grauen Feldern gegeben. Die letzte Spalte enthält die Komponenten der kubischen, irreduziblen Basistensoren (Guidi et al., 1992). Diese besitzen nur eine linear unabhängige Komponente a, die aus der Frobenius-Norm von $\mathbb{V}'^{C0}_{\langle 4 \rangle}$, $\mathbb{V}'^{C0}_{\langle 6 \rangle}$ und $\mathbb{V}'^{C0}_{\langle 8 \rangle}$ mit Hilfe der Normierungsbedingung bestimmt werden kann

$$\left\| \mathbb{V}'^{C0}_{\langle 4 \rangle} \right\| = 1 \quad \Rightarrow \quad a = \frac{\sqrt{30}}{30}, \tag{C.7}$$

$$\left\| \mathbb{V}'^{C0}_{\langle 6 \rangle} \right\| = 1 \quad \Rightarrow \quad a = \frac{\sqrt{462}}{462}, \tag{C.8}$$

$$\left\| \mathbb{V}'^{C0}_{\langle 8 \rangle} \right\| = 1 \quad \Rightarrow \quad a = \frac{\sqrt{390}}{390}. \tag{C.9}$$

N_1	N_2	N_3	P(4)	Index der Komponente	Kubische Symmetrie
4	0	0	1	1111	$2a$
3	1	0	4	1112	0
3	0	1	4	1113	0
2	2	0	6	1122	$-a$
2	1	1	12	1123	0
2	0	2	6	1133	$\Rightarrow -a$
1	3	0	4	1222	0
1	2	1	12	1223	0
1	1	2	12	1233	$\Rightarrow 0$
1	0	3	4	1333	$\Rightarrow 0$
0	4	0	1	2222	$2a$
0	3	1	4	2223	0
0	2	2	6	2233	$\Rightarrow -a$
0	1	3	4	2333	$\Rightarrow 0$
0	0	4	1	3333	$\Rightarrow 2a$

Tabelle C.2: Komponenten des irreduziblen kubischen Basistensors $\mathbb{V}'^{C0}_{\langle 4 \rangle}$ *

---

*Die linear unabhängigen Komponenten für irreduzible Tensoren 4. Stufe sind grau hinterlegt.

N_1	N_2	N_3	P(6)	Index der Komponente	Kubische Symmetrie
6	0	0	1	111111	$2a$
5	1	0	6	111112	0
5	0	1	6	111113	0
4	2	0	15	111122	$-a$
4	1	1	30	111123	0
4	0	2	15	111133	$\Rightarrow -a$
3	3	0	20	111222	0
3	2	1	60	111223	0
3	1	2	60	111233	$\Rightarrow 0$
3	0	3	20	111333	$\Rightarrow 0$
2	4	0	15	112222	$-a$
2	3	1	60	112223	0
2	2	2	90	112233	$\Rightarrow 2a$
2	1	3	60	112333	$\Rightarrow 0$
2	0	4	15	113333	$\Rightarrow -a$
1	5	0	6	122222	0
1	4	1	30	122223	0
1	3	2	60	122233	$\Rightarrow 0$
1	2	3	60	122333	$\Rightarrow 0$
1	1	4	30	123333	$\Rightarrow 0$
1	0	5	6	133333	$\Rightarrow 0$
0	6	0	1	222222	$2a$
0	5	1	6	222223	0
0	4	2	15	222233	$\Rightarrow -a$
0	3	3	20	222333	$\Rightarrow 0$
0	2	4	15	223333	$\Rightarrow -a$
0	1	5	6	233333	$\Rightarrow 0$
0	0	6	1	333333	$\Rightarrow 2a$

Tabelle C.3: Komponenten des irreduziblen kubischen Basistensors $\mathbb{V}'^{C0}_{\langle 6 \rangle}$ [†]

[†]Die linear unabhängigen Komponenten für irreduzible Tensoren 6. Stufe sind grau hinterlegt.

Tabelle C.4 – Anfang

N_1	N_2	N_3	P(8)	Index der Komponente	Kubische Symmetrie
8	0	0	1	1111 1111	$2a$
7	1	0	8	1111 1112	0
7	0	1	8	1111 1113	0
6	2	0	28	1111 1122	$-a$
6	1	1	56	1111 1123	0
6	0	2	28	1111 1133	$\Rightarrow -a$
5	3	0	56	1111 1222	0
5	2	1	168	1111 1223	0
5	1	2	168	1111 1233	$\Rightarrow 0$
5	0	3	56	1111 1333	$\Rightarrow 0$
4	4	0	70	1111 2222	a
4	3	1	280	1111 2223	0
4	2	2	420	1111 2233	$\Rightarrow 0$
4	1	3	280	1111 2333	$\Rightarrow 0$
4	0	4	70	1111 3333	$\Rightarrow a$
3	5	0	56	1112 2222	0
3	4	1	280	1112 2223	0
3	3	2	560	1112 2233	$\Rightarrow 0$
3	2	3	560	1112 2333	$\Rightarrow 0$
3	1	4	280	1112 3333	$\Rightarrow 0$
3	0	5	56	1113 3333	$\Rightarrow 0$
2	6	0	28	1122 2222	$-a$
2	5	1	168	1122 2223	0
2	4	2	420	1122 2233	$\Rightarrow 0$
2	3	3	560	1122 2333	$\Rightarrow 0$
2	2	4	420	1122 3333	$\Rightarrow 0$
2	1	5	168	1123 3333	$\Rightarrow 0$
2	0	6	28	1133 3333	$\Rightarrow -a$
1	7	0	8	1222 2222	0
1	6	1	56	1222 2223	0
1	5	2	168	1222 2233	$\Rightarrow 0$

siehe nächste Seite

Tabelle C.4 – Fortsetzung

N_1	N_2	N_3	P(8)	Index der Komponente	Kubische Symmetrie
1	4	3	280	1222 2333	$\Rightarrow 0$
1	3	4	280	1222 3333	$\Rightarrow 0$
1	2	5	168	1223 3333	$\Rightarrow 0$
1	1	6	56	1233 3333	$\Rightarrow 0$
1	0	7	8	1333 3333	$\Rightarrow 0$
0	8	0	1	2222 2222	$2a$
0	7	1	8	2222 2223	0
0	6	2	28	2222 2233	$\Rightarrow -a$
0	5	3	56	2222 2333	$\Rightarrow 0$
0	4	4	70	2222 3333	$\Rightarrow a$
0	3	5	56	2223 3333	$\Rightarrow 0$
0	2	6	28	2233 3333	$\Rightarrow -a$
0	1	7	8	2333 3333	$\Rightarrow 0$
0	0	8	1	3333 3333	$\Rightarrow 2a$

Tabelle C.4: Komponenten des irreduziblen kubischen Basistensors $\mathbb{V}'^{C0}_{\langle 8 \rangle}$ [‡]

[‡]Die linear unabhängigen Komponenten für irreduzible Tensoren 8. Stufe sind grau hinterlegt.

D Weitere Beispiele für tensorielle Fourier-Reihen

Als Ergänzung zu Kapitel 5 werden hier zwei weitere Orientierungsverteilungsfunktionen in Form von tensoriellen Fourier-Reihen dargestellt. Wird z.B. die Verteilung von kurzen unidirektionalen Fasern, münzenförmigen Mikrorissen oder sphäroidalen Einschlüssen betrachtet, dann ist die Orientierungsverteilungsfunktion anstatt auf $SO(3)$ wie in (5.10) im ebenen Fall auf dem Einheitskreis $S^1 \subseteq R^2$ und im räumlichen Fall auf der Einheitssphäre $S^2 \subseteq R^3$ definiert. Alle diese Objekte sind axialsymmetrisch, so dass ihre Verteilungsdichte nur durch eine Orientierungsachse $n \in S^{1,2}$ beschrieben werden kann: $f(n) : S^{1,2} \to R$

$$f(n) = f_0 + \sum_{\beta=1}^{\infty} f_\beta(n), \quad f_\beta(n) = \widehat{\mathbb{V}}'_{\langle\beta\rangle} \cdot \widehat{\mathbb{F}}'_{\langle\beta\rangle}(n). \tag{D.1}$$

Die Tensoren $\widehat{\mathbb{F}}'_{\langle\beta\rangle}(n)$ sind die Basistensoren und $\widehat{\mathbb{V}}'_{\langle\beta\rangle}$ heißen Momententensoren oder tensorielle Fourier-Koeffizienten. Die Basistensoren der Stufe β werden durch β-fache Dyaden von n konstruiert und besitzen die transversale Isotropie

$$\widehat{\mathbb{F}}'_{\langle\beta\rangle}(n) = (n^{\otimes\beta})', \qquad n \in S^{1,2}. \tag{D.2}$$

Für den Sonderfall $f(n) = f(-n)$ reduziert sich die Darstellung (D.1) auf eine Darstellung irreduzibler Tensoren nur gerader Stufen β.

Für den ebenen Fall (Seibert, 1991; Kanatani, 1984b) lassen sich die Momententensoren durch die Orientierungsverteilungsfunktion und den Mittelwert über den Einheitskreis S^1 berechnen

$$\widehat{\mathbb{V}}'_{\langle\beta\rangle} = \frac{2^{\beta-1}}{\pi} \int_{S^1} f(n)\widehat{\mathbb{F}}'_{\langle\beta\rangle}(n)\,\mathrm{d}n, \qquad n \in S^1. \tag{D.3}$$

Die Einheitsvektoren $n \in S^1$ können durch einen polaren Winkel $\varphi \in [0, 2\pi]$ parametrisiert werden

$$n = \cos(\varphi)e_1 + \sin(\varphi)e_2, \qquad n \in S^1. \tag{D.4}$$

Damit ist das Flächenelement $\mathrm{d}n = \mathrm{d}\varphi$. Für den ebenen Fall erhält man aus (D.1) mit (D.4) in Abhängigkeit vom Polarwinkel φ die bereits bekannte trigonometrische Fourier-Reihe. Für eine Funktion mit der Periode 2π ist diese durch

$$f(\varphi) = \frac{a_0}{2} + \sum_{\beta=1}^{n} (a_\beta \cos(\beta\varphi) + b_\beta \sin(\beta\varphi)) \tag{D.5}$$

gegeben. a_β und b_β sind die entsprechenden Fourier-Koeffizienten. Für $\beta = 2$ gilt für die irreduziblen Tensoren in (D.1) mit a_2 und b_2

$$f_2(\boldsymbol{n}) = \widehat{\boldsymbol{V}}' \cdot \widehat{\boldsymbol{F}}'(\boldsymbol{n}) = a_2 \cos(2\varphi) + b_2 \sin(2\varphi), \tag{D.6}$$

$$\widehat{\boldsymbol{F}}'(\boldsymbol{n}) \cong \begin{bmatrix} \cos^2(\varphi) - 1/2 & \cos(\varphi)\sin(\varphi) \\ \cos(\varphi)\sin(\varphi) & \sin^2(\varphi) - 1/2 \end{bmatrix}, \qquad \widehat{\boldsymbol{V}}' \cong \begin{bmatrix} a_2 & b_2 \\ b_2 & -a_2 \end{bmatrix}. \tag{D.7}$$

Bei einer Beschreibung der Orientierungsverteilung über die Einheitskugel S^2 werden die Einheitsvektoren $\boldsymbol{n} \in S^2$ durch die zwei sphärischen Koordinaten $\varphi \in [0, 2\pi]$ und $\vartheta \in [0, \pi]$ wie folgt dargestellt (Seibert, 1991; Onat, 1984; Onat und Leckie, 1988; Kanatani, 1984a; Svendsen und Hutter, 1996)

$$\boldsymbol{n} = \sin(\vartheta)\cos(\varphi)\boldsymbol{e}_1 + \sin(\vartheta)\sin(\varphi)\boldsymbol{e}_2 + \cos(\vartheta)\boldsymbol{e}_3, \quad \boldsymbol{n} \in S^2. \tag{D.8}$$

Die Basistensoren werden analog wie im ebenen Fall nach (D.2) konstruiert. Die Fourier-Koeffizienten werden durch das Flächenelement $\mathrm{d}n = \sin(\vartheta)\,\mathrm{d}\varphi\,\mathrm{d}\vartheta$ berechnet

$$\widehat{\mathbb{V}}'_{\langle\beta\rangle} = \frac{1}{4\pi}\frac{2\beta + 1}{2^\beta}\binom{2\beta}{\beta}\int_{S^2} f(\boldsymbol{n})\widehat{\mathbb{F}}'_{\langle\beta\rangle}(\boldsymbol{n})\,\mathrm{d}n, \qquad \boldsymbol{n} \in S^2. \tag{D.9}$$

Der Binomialkoeffizient für eine nicht negative ganze Zahl n mit $n \geq k$ ist wie folgt definiert

$$\binom{n}{k} = \frac{n!}{k!(n - k)!}. \tag{D.10}$$

E Exakte Darstellung der Koeffizienten der Matrix $\underline{A}$

Im Folgenden werden die analytischen Ausdrücke der von null verschiedenen Koeffizienten der linken Seite $\underline{A}$ (6.82) des linearen Gleichungssystems (6.73) gegeben. Die Komponenten der symmetrischen Untermatrizen ($\underline{A}^{\langle 4\rangle}$, $\underline{A}^{\langle 6\rangle}$, $\underline{A}^{\langle 8\rangle}$) für die Approximation 4., 6. und 8. Stufe werden zunächst als Polynome in Abhängigkeit von ξ dargestellt.

Die Ausdrücke der Koeffizienten können auch in Abhängigkeit von III^* (III^*_τ oder III^*_D) umgerechnet werden. Da III^* in (6.23) eine kubische Funktion in ξ ist, existieren drei Umkehrabbildungen ($I^2 = -1$)

$$\xi_1(III^*) = \frac{1}{2}\left(p + \frac{1}{p}\right), \qquad \xi_{2,3}(III^*) = -\frac{1}{4}\left(p + \frac{1}{p}\right) \pm I\frac{\sqrt{3}}{4}\left(p - \frac{1}{p}\right) \tag{E.1}$$

$$p = \left(3\sqrt{6}III^* + \sqrt{-1 + 54III^{*2}}\right)^{1/3}. \tag{E.2}$$

Alle drei Funktionen $\xi_i(III^*)$, $i = 1\ldots 3$ liegen für den betrachteten Definitionsbereich von $III^* \in [-\sqrt{6}/18, +\sqrt{6}/18]$ im reellen Bereich

$$\xi_1 \in [+1/2, +1], \qquad \xi_2 \in [-1, -1/2], \qquad \xi_3 \in [-1/2, +1/2]. \tag{E.3}$$

Für die Umrechnung der Koeffizienten des linearen Gleichungssystems wird die Funktion $\xi_3(III^*)$ verwendet, da diese dem gewünschten Definitionsbereich für $\xi \in [-1/2, +1/2]$ entspricht.

Abb. E.1-E.3 zeigen die Grafiken der drei Determinanten von $\underline{A}^{\langle 4\rangle}$, $\underline{A}^{\langle 6\rangle}$ und $\underline{A}^{\langle 8\rangle}$. Die Berechnung der isotropen Materialfunktionen der Approximation ist mit Hilfe einer doppelten Genauigkeit und einer adaptiven Integration trotz der kleinen Werte der Determinante möglich.

Komponenten der Koeffizientenmatrix des linearen Gleichungssystems für die Berechnung von $\kappa_{4\lambda}$ ($\lambda = 1, \ldots, 3$):

- Polynome in Abhängigkeit von ξ

$$A_{11}^{\langle 4\rangle} = \frac{2}{35} \tag{E.4}$$

$$A_{12}^{\langle 4\rangle} = \left(-\frac{1}{35}\xi + \frac{4}{105}\xi^3\right)\sqrt{6} \tag{E.5}$$

$$A_{13}^{\langle 4\rangle} = \frac{1}{630} + \frac{1}{14}\xi^2 - \frac{4}{21}\xi^4 + \frac{8}{63}\xi^6 \tag{E.6}$$

$$A_{22}^{\langle 4 \rangle} = \frac{1}{252} + \frac{1}{20}\xi^2 - \frac{2}{15}\xi^4 + \frac{4}{45}\xi^6 \tag{E.7}$$

$$A_{23}^{\langle 4 \rangle} = \left(-\frac{1}{210}\xi + \frac{2}{315}\xi^3\right)\sqrt{6} \tag{E.8}$$

$$A_{33}^{\langle 4 \rangle} = \frac{1}{630} \tag{E.9}$$

- Polynome in Abhängigkeit von III^* (für $A_{11,33}^{\langle 4 \rangle}$ siehe (E.4) und (E.9))

$$A_{12}^{\langle 4 \rangle} = \frac{6}{35}III^* \tag{E.10}$$

$$A_{13}^{\langle 4 \rangle} = \frac{1}{630} + \frac{3}{7}III^{*2} \tag{E.11}$$

$$A_{22}^{\langle 4 \rangle} = \frac{1}{252} + \frac{3}{10}III^{*2} \tag{E.12}$$

$$A_{23}^{\langle 4 \rangle} = \frac{1}{35}III^* \tag{E.13}$$

- Determinante von $\underline{\underline{A}}^{\langle 4 \rangle}$

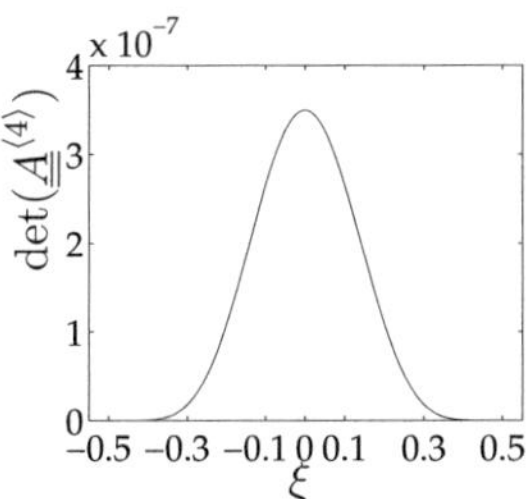

Abbildung E.1: Determinante der Koeffizientenmatrix $\underline{\underline{A}}^{\langle 4 \rangle}$

Komponenten der Koeffizientenmatrix des linearen Gleichungssystems für die Berechnung von $\kappa_{6\mu}$ ($\mu = 1, \ldots, 4$):

- Polynome in Abhängigkeit von ξ

$$A_{11}^{\langle 6 \rangle} = \frac{14}{715} - \frac{72}{5005}\xi^2 + \frac{192}{5005}\xi^4 - \frac{128}{5005}\xi^6 \tag{E.14}$$

$$A_{12}^{\langle 6 \rangle} = \left(-\frac{9}{1001}\xi + \frac{12}{1001}\xi^3\right)\sqrt{6} \tag{E.15}$$

$$A_{13}^{\langle 6\rangle} = \frac{1}{4290} + \frac{249}{10010}\,\xi^2 - \frac{332}{5005}\,\xi^4 + \frac{664}{15015}\,\xi^6 \tag{E.16}$$

$$A_{14}^{\langle 6\rangle} = \left(-\frac{29}{60060}\xi - \frac{1531}{180180}\xi^3 + \frac{183}{5005}\xi^5 - \frac{244}{5005}\xi^7 + \frac{976}{45045}\xi^9\right)\sqrt{6} \tag{E.17}$$

$$A_{22}^{\langle 6\rangle} = \frac{2}{3003} + \frac{3}{143}\,\xi^2 - \frac{8}{143}\,\xi^4 + \frac{16}{429}\,\xi^6 \tag{E.18}$$

$$A_{23}^{\langle 6\rangle} = \left(-\frac{1}{1092}\xi - \frac{145}{36036}\xi^3 + \frac{3}{143}\xi^5 - \frac{4}{143}\xi^7 + \frac{16}{1287}\xi^9\right)\sqrt{6} \tag{E.19}$$

$$A_{24}^{\langle 6\rangle} = \frac{1}{12012} + \frac{15}{4004}\,\xi^2 - \frac{10}{1001}\,\xi^4 + \frac{20}{3003}\,\xi^6 \tag{E.20}$$

$$A_{33}^{\langle 6\rangle} = \frac{1}{6435} + \frac{31}{10010}\,\xi^2 - \frac{124}{15015}\,\xi^4 + \frac{248}{45045}\,\xi^6 \tag{E.21}$$

$$A_{34}^{\langle 6\rangle} = \left(-\frac{53}{180180}\xi + \frac{107}{135135}\xi^3 - \frac{8}{5005}\xi^5 + \frac{32}{15015}\xi^7 - \frac{128}{135135}\xi^9\right)\sqrt{6} \tag{E.22}$$

$$A_{44}^{\langle 6\rangle} = \frac{1}{12012} + \frac{4}{15015}\,\xi^2 - \frac{4}{1287}\,\xi^4 + \frac{256}{19305}\,\xi^6 - \frac{128}{5005}\,\xi^8$$
$$+ \frac{1024}{45045}\,\xi^{10} - \frac{1024}{135135}\,\xi^{12} \tag{E.23}$$

- Polynome in Abhängigkeit von III^*

$$A_{11}^{\langle 6\rangle} = \frac{14}{715} - \frac{432}{5005}III^{*2} \tag{E.24}$$

$$A_{12}^{\langle 6\rangle} = \frac{54}{1001}III^{*} \tag{E.25}$$

$$A_{13}^{\langle 6\rangle} = \frac{1}{4290} + \frac{747}{5005}III^{*2} \tag{E.26}$$

$$A_{14}^{\langle 6\rangle} = \frac{29}{10010}III^{*} + \frac{1647}{5005}III^{*3} \tag{E.27}$$

$$A_{22}^{\langle 6\rangle} = \frac{2}{3003} + \frac{18}{143}III^{*2} \tag{E.28}$$

$$A_{23}^{\langle 6\rangle} = \frac{1}{182}III^{*} + \frac{27}{143}III^{*3} \tag{E.29}$$

$$A_{24}^{\langle 6\rangle} = \frac{1}{12012} + \frac{45}{2002}III^{*2} \tag{E.30}$$

$$A_{33}^{\langle 6\rangle} = \frac{1}{6435} + \frac{93}{5005}III^{*2} \tag{E.31}$$

$$A_{34}^{\langle 6\rangle} = \frac{53}{30030}III^{*} - \frac{72}{5005}III^{*3} \tag{E.32}$$

$$A_{44}^{\langle 6\rangle} = \frac{1}{12012} + \frac{8}{5005}III^{*2} - \frac{432}{5005}III^{*4} \tag{E.33}$$

- Determinante von $\underline{\underline{A}}^{\langle 6\rangle}$

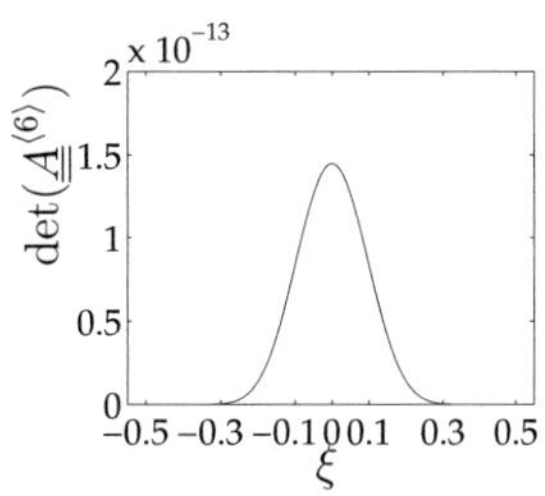

Abbildung E.2: Determinante der Koeffizientenmatrix $\underline{\underline{A}}^{\langle 6\rangle}$

Komponenten der Koeffizientenmatrix des linearen Gleichungssystems für die Berechnung von $\kappa_{8\nu}$ $(\nu = 1,\ldots,5)$:

- Polynome in Abhängigkeit von ξ

$$A_{11}^{\langle 8\rangle} = \frac{632}{85085} - \frac{1152}{85085}\xi^2 + \frac{3072}{85085}\xi^4 - \frac{2048}{85085}\xi^6 \tag{E.34}$$

$$A_{12}^{\langle 8\rangle} = \left(-\frac{268}{85085}\xi + \frac{1504}{255255}\xi^3 - \frac{576}{85085}\xi^5 + \frac{768}{85085}\xi^7 - \frac{1024}{255255}\xi^9\right)\sqrt{6} \tag{E.35}$$

$$A_{13}^{\langle 8\rangle} = \frac{2}{51051} + \frac{66}{7735}\xi^2 - \frac{176}{7735}\xi^4 + \frac{352}{23205}\xi^6 \tag{E.36}$$

$$A_{14}^{\langle 8\rangle} = \left(-\frac{23}{255255}\xi - \frac{2689}{765765}\xi^3 + \frac{1236}{85085}\xi^5 - \frac{1648}{85085}\xi^7 + \frac{6592}{765765}\xi^9\right)\sqrt{6} \tag{E.37}$$

$$A_{15}^{\langle 8\rangle} = \frac{1}{145860} + \frac{103}{170170}\xi^2 + \frac{49}{8580}\xi^4 - \frac{4156}{109395}\xi^6 + \frac{6648}{85085}\xi^8$$
$$- \frac{17728}{255255}\xi^{10} + \frac{17728}{765765}\xi^{12} \tag{E.38}$$

$$A_{22}^{\langle 8\rangle} = \frac{71}{510510} + \frac{1299}{170170}\xi^2 - \frac{1732}{85085}\xi^4 + \frac{3464}{255255}\xi^6 \tag{E.39}$$

$$A_{23}^{\langle 8\rangle} = \left(-\frac{97}{510510}\xi - \frac{3797}{1531530}\xi^3 + \frac{186}{17017}\xi^5 - \frac{248}{17017}\xi^7\right.$$
$$\left.+ \frac{992}{153153}\xi^9\right)\sqrt{6} \tag{E.40}$$

$$A_{24}^{\langle 8\rangle} = \frac{3}{272272} + \frac{667}{680680}\xi^2 + \frac{241}{240240}\xi^4 - \frac{2687}{153153}\xi^6 + \frac{3282}{85085}\xi^8$$
$$- \frac{8752}{255255}\xi^{10} + \frac{8752}{765765}\xi^{12} \tag{E.41}$$

$$A_{25}^{\langle 8\rangle} = \left(-\frac{47}{1531530}\xi - \frac{389}{918918}\xi^3 + \frac{158}{85085}\xi^5 - \frac{632}{255255}\xi^7 \right.$$
$$\left. + \frac{2528}{2297295}\xi^9\right)\sqrt{6} \tag{E.42}$$

$$A_{33}^{\langle 8\rangle} = \frac{127}{6126120} + \frac{5}{5236}\xi^2 + \frac{61}{120120}\xi^4 - \frac{11174}{765765}\xi^6 + \frac{36}{1105}\xi^8$$
$$- \frac{32}{1105}\xi^{10} + \frac{32}{3315}\xi^{12} \tag{E.43}$$

$$A_{34}^{\langle 8\rangle} = \left(-\frac{29}{612612}\xi - \frac{2309}{9189180}\xi^3 + \frac{107}{85085}\xi^5 - \frac{428}{255255}\xi^7 \right.$$
$$\left. + \frac{1712}{2297295}\xi^9\right)\sqrt{6} \tag{E.44}$$

$$A_{35}^{\langle 8\rangle} = \frac{1}{218790} + \frac{137}{510510}\xi^2 - \frac{28}{21879}\xi^4 + \frac{8}{2295}\xi^6 - \frac{512}{85085}\xi^8$$
$$+ \frac{4096}{765765}\xi^{10} - \frac{4096}{2297295}\xi^{12} \tag{E.45}$$

$$A_{44}^{\langle 8\rangle} = \frac{1}{136136} + \frac{71}{291720}\xi^2 - \frac{929}{765765}\xi^4 + \frac{7906}{2297295}\xi^6 - \frac{512}{85085}\xi^8$$
$$+ \frac{4096}{765765}\xi^{10} - \frac{4096}{2297295}\xi^{12} \tag{E.46}$$

$$A_{45}^{\langle 8\rangle} = \left(-\frac{29}{1531530}\xi + \frac{94}{2297295}\xi^3 + \frac{8}{36465}\xi^5 - \frac{1376}{765765}\xi^7 + \frac{34304}{6891885}\xi^9 \right.$$
$$\left. - \frac{1024}{153153}\xi^{11} + \frac{2048}{459459}\xi^{13} - \frac{8192}{6891885}\xi^{15}\right)\sqrt{6} \tag{E.47}$$

$$A_{55}^{\langle 8\rangle} = \frac{1}{218790} + \frac{32}{765765}\xi^2 - \frac{32}{65637}\xi^4 + \frac{2048}{984555}\xi^6 - \frac{1024}{255255}\xi^8$$
$$+ \frac{8192}{2297295}\xi^{10} - \frac{8192}{6891885}\xi^{12} \tag{E.48}$$

- Polynome in Abhängigkeit von III^*

$$A_{11}^{\langle 8\rangle} = \frac{632}{85085} - \frac{6912}{85085}III^{*2} \tag{E.49}$$

$$A_{12}^{\langle 8\rangle} = \frac{1608}{85085}III^{*} - \frac{5184}{85085}III^{*3} \tag{E.50}$$

$$A_{13}^{\langle 8\rangle} = \frac{2}{51051} + \frac{396}{7735}III^{*2} \tag{E.51}$$

$$A_{14}^{\langle 8\rangle} = \frac{46}{85085}III^{*} + \frac{11124}{85085}III^{*3} \tag{E.52}$$

$$A_{15}^{\langle 8\rangle} = \frac{1}{145860} + \frac{309}{85085}III^{*2} + \frac{22437}{85085}III^{*4} \tag{E.53}$$

$$A_{22}^{\langle 8 \rangle} = \frac{71}{510510} + \frac{3897}{85085} III^{*2} \qquad (E.54)$$

$$A_{23}^{\langle 8 \rangle} = \frac{97}{85085} III^{*} + \frac{1674}{17017} III^{*3} \qquad (E.55)$$

$$A_{24}^{\langle 8 \rangle} = \frac{3}{272272} + \frac{2001}{340340} III^{*2} + \frac{44307}{340340} III^{*4} \qquad (E.56)$$

$$A_{25}^{\langle 8 \rangle} = \frac{47}{255255} III^{*} + \frac{1422}{85085} III^{*3} \qquad (E.57)$$

$$A_{33}^{\langle 8 \rangle} = \frac{127}{6126120} + \frac{15}{2618} III^{*2} + \frac{243}{2210} III^{*4} \qquad (E.58)$$

$$A_{34}^{\langle 8 \rangle} = \frac{29}{102102} III^{*} + \frac{963}{85085} III^{*3} \qquad (E.59)$$

$$A_{35}^{\langle 8 \rangle} = \frac{1}{218790} + \frac{137}{85085} III^{*2} - \frac{1728}{85085} III^{*4} \qquad (E.60)$$

$$A_{44}^{\langle 8 \rangle} = \frac{1}{136136} + \frac{71}{48620} III^{*2} - \frac{1728}{85085} III^{*4} \qquad (E.61)$$

$$A_{45}^{\langle 8 \rangle} = \frac{29}{255255} III^{*} - \frac{48}{85085} III^{*3} - \frac{5184}{85085} III^{*5} \qquad (E.62)$$

$$A_{55}^{\langle 8 \rangle} = \frac{1}{218790} + \frac{64}{255255} III^{*2} - \frac{1152}{85085} III^{*4} \qquad (E.63)$$

- Determinante von $\underline{\underline{A}}^{\langle 8 \rangle}$

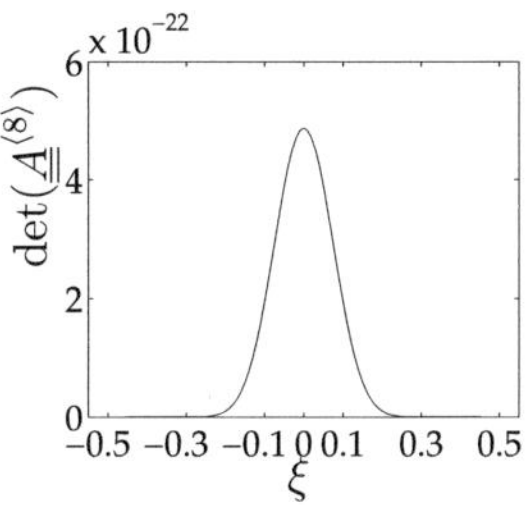

Abbildung E.3: Determinante der Koeffizientenmatrix $\underline{\underline{A}}^{\langle 8 \rangle}$

F Irreduzible Darstellung von isotropen, polynomialen Skalarfunktionen eines symmetrischen Tensors 2. Stufe

Isotrope und polynomiale Skalarfunktionen eines symmetrischen Tensors $A \in Sym$ lassen sich irreduzibel durch Polynome der Integritätsbasis darstellen (Boehler (1987)). Die folgenden Tabellen geben die Darstellungen solcher Polynomialfunktionen mit Homogenitätsgrad 1 bis 5 in Abhängigkeit von A und seinem Richtungsdeviator N'_A an.

	Frame	Partition		Polynome von A	Polynome von N'_A
1	(1)	$\square$		$\mathrm{tr}^1(A)$	0

Tabelle F.1: Irreduzible Darstellung einer isotropen Skalarfunktion eines symmetrischen Tensors A und seines Richtungsdeviators N'_A, homogen vom Grade 1

	Frame	Partition		Polynome von A	Polynome von N'_A
1	$(1,1)$			$\mathrm{tr}^2(A)$	0
2	(2)			$\mathrm{tr}^1(A^2)$	1

Tabelle F.2: Irreduzible Darstellung einer isotropen Skalarfunktion eines symmetrischen Tensors A und seines Richtungsdeviators N'_A, homogen vom Grade 2

	Frame	Partition		Polynome von A	Polynome von N'_A
1	$(1,1,1)$			$\mathrm{tr}^3(A)$	0
2	$(2,1)$			$\mathrm{tr}^1(A)\mathrm{tr}^1(A^2)$	0
3	(3)			$\mathrm{tr}^1(A^3)$	$\mathrm{tr}^1(N'^{3}_A)$

Tabelle F.3: Irreduzible Darstellung einer isotropen Skalarfunktion eines symmetrischen Tensors A und seines Richtungsdeviators N'_A, homogen vom Grade 3

	Frame	Partition	Polynome von $\boldsymbol{A}$	Polynome von $\boldsymbol{N}'_A$
1	$(1,1,1,1)$		$\operatorname{tr}^4(\boldsymbol{A})$	0
2	$(2,1,1)$		$\operatorname{tr}^2(\boldsymbol{A})\operatorname{tr}^1(\boldsymbol{A}^2)$	0
3	$(2,2)$		$\operatorname{tr}^2(\boldsymbol{A}^2)$	1
4	$(3,1)$		$\operatorname{tr}^1(\boldsymbol{A})\operatorname{tr}^1(\boldsymbol{A}^3)$	0

Tabelle F.4: Irreduzible Darstellung einer isotropen Skalarfunktion eines symmetrischen Tensors $\boldsymbol{A}$ und seines Richtungsdeviators $\boldsymbol{N}'_A$, homogen vom Grade 4

	Frame	Partition	Polynome von $\boldsymbol{A}$	Polynome von $\boldsymbol{N}'_A$
1	$(1,1,1,1,1)$		$\operatorname{tr}^5(\boldsymbol{A})$	0
2	$(2,1,1,1)$		$\operatorname{tr}^3(\boldsymbol{A})\operatorname{tr}^1(\boldsymbol{A}^2)$	0
3	$(2,2,1)$		$\operatorname{tr}^1(\boldsymbol{A})\operatorname{tr}^2(\boldsymbol{A}^2)$	0
4	$(3,1,1)$		$\operatorname{tr}^2(\boldsymbol{A})\operatorname{tr}^1(\boldsymbol{A}^3)$	0
5	$(3,2)$		$\operatorname{tr}^1(\boldsymbol{A}^2)\operatorname{tr}^1(\boldsymbol{A}^3)$	$\operatorname{tr}^1(\boldsymbol{N}'^3_A)$

Tabelle F.5: Irreduzible Darstellung einer isotropen Skalarfunktion eines symmetrischen Tensors $\boldsymbol{A}$ und seines Richtungsdeviators $\boldsymbol{N}'_A$, homogen vom Grade 5

G Berechnung der linear unabhängigen Isomere 4. Stufe

Die Gesamtanzahl der Isomere 4. Stufe ($\beta = 4$) ist gleich der Anzahl der linear unabhängigen isotropen Tensoren nach Formeln (6.95) und (6.96)

$$Q_4 = N_4 = 3. \tag{G.1}$$

Die Auswahl der Menge der linear unabhängigen Isomere Q_β aus der Gesamtmenge N_β erfolgt im Allgemeinen durch Konstruieren von Standard-Tableaus mit Hilfe des Young'schen Schemas (Smith, 1968; Andrews und Thirunamachandran, 1977; Fulton und Harris, 1991), wobei die gerade Zahl β in Partitionen $(\beta_1, \beta_2, \ldots, \beta_r)$ unterteilt wird. Alle β_i sind gerade Zahlen mit der Eigenschaft $\beta_1 \geq \beta_2 \geq \ldots \geq \beta_r$ und der Summe $\sum_{i=1}^{r} \beta_i = \beta$.

Die folgenden Regeln müssen für die Konstruktion der Young'schen Schemata beachtet werden:

- *Regel 1:* Die Anzahl der Zeilen darf die Dimension des Raumes nicht überschreiten, d.h. im dreidimensionalen Raum darf die Anzahl der Zeilen bzw. r maximal drei sein.

- *Regel 2:* Die Spalten erscheinen nur paarweise mit gleicher Länge, d.h. für gerades β sind die einzelnen Partitionen nur gerade Zahlen.

Für den Sonderfall $\beta = 4$ sind die folgenden zwei Frames möglich:

	Frame	Partition	Tableau
1	(4)		1 2 3 4
2	(2, 2)		1 2 1 3 3 4 2 4

Tabelle G.1: Frames für $\beta = 4$

Die Anzahl der Standard-Tableaus, die zu einem Frame $(\beta_1, .., \beta_r)$ gehören, wird im Allgemeinen durch die irreduzible Darstellung $d_{\beta_1,\ldots,\beta_r}$

$$d_{\beta_1,\ldots,\beta_r} = \beta! \frac{\prod_{j<k} a_j - a_k}{a_1!\, a_2! \ldots a_r!}, \quad a_j = \beta_j + r - j \tag{G.2}$$

berechnet (Smith, 1968). Für Tensoren 4. Stufe folgt:

- Frame 1: $(\beta_1) = (4), \quad r = 1$

$$a_1 = \beta_1 + r - 1 = 4 + 1 - 1 = 4, \tag{G.3}$$

$$d_4 = 4!\frac{1}{4!} = 1; \tag{G.4}$$

- Frame 2: $(\beta_1, \beta_2) = (2, 2), \quad r = 2$

$$a_1 = \beta_1 + r - 1 = 2 + 2 - 1 = 3, \tag{G.5}$$

$$a_2 = \beta_2 + r - 2 = 2 + 2 - 2 = 2, \tag{G.6}$$

$$d_{2,2} = 4!\frac{(a_1 - a_2)}{a_1! a_2!} = 4!\frac{(3 - 2)}{3!2!} = 2. \tag{G.7}$$

Die Summe aller irreduziblen Darstellungen $d_{\beta_1,...,\beta_r}$ ist gleich der Summe der linear unabhängigen Isomere. Für $\beta = 4$ folgt

$$d_4 + d_{2,2} = 3 = Q_4. \tag{G.8}$$

Damit die Isomere für Tensorstufe β identifiziert werden können, werden die einzelnen Frames mit den natürlichen Zahlen von 1 bis β ausgefüllt. Dabei sind die folgenden Regeln zu berücksichtigen:

- *Regel 3:* Die Integer der Einträge innerhalb einer Zeile müssen von links nach rechts in den Standard-Tableaus strikt steigen.

- *Regel 4:* Die Integer der Einträge innerhalb einer Spalte müssen von oben nach unten in den Standard-Tableaus strikt steigen

Nach den obigen Regeln entspricht Frame 1 für $\beta = 4$ einer einzigen Konfiguration

$$\boxed{1}\,\boxed{2}\,\boxed{3}\,\boxed{4}.$$

Aus allen zwölf möglichen Kombinationen für Frame 2

$$\begin{array}{cc} 1 & 2 \\ 3 & 4 \end{array}, \quad \begin{array}{cc} 1 & 2 \\ 4 & 3 \end{array}, \quad \begin{array}{cc} 1 & 3 \\ 2 & 4 \end{array}, \quad \begin{array}{cc} 1 & 3 \\ 4 & 2 \end{array}, \quad \begin{array}{cc} 1 & 4 \\ 2 & 3 \end{array}, \quad \begin{array}{cc} 1 & 4 \\ 3 & 2 \end{array}, \quad \begin{array}{cc} 2 & 3 \\ 1 & 4 \end{array}, \quad \begin{array}{cc} 2 & 3 \\ 4 & 1 \end{array}, \quad \begin{array}{cc} 2 & 4 \\ 1 & 3 \end{array}, \quad \begin{array}{cc} 2 & 4 \\ 3 & 1 \end{array}, \quad \begin{array}{cc} 3 & 4 \\ 1 & 2 \end{array}, \quad \begin{array}{cc} 3 & 4 \\ 2 & 1 \end{array},$$

erfüllen nur die folgenden zwei die gewünschten Regeln

$$\begin{array}{cc} 1 & 2 \\ 3 & 4 \end{array}, \quad \begin{array}{cc} 1 & 3 \\ 2 & 4 \end{array}.$$

Jedem Paar von Spalten entspricht ein generalisiertes Kronecker-Delta

$$\delta^{i_\kappa \dots i_\lambda}_{i_\mu \dots i_\nu} = \det \begin{vmatrix} \delta_{i_\kappa i_\mu} & \cdots & \delta_{i_\kappa i_\nu} \\ \vdots & & \vdots \\ \delta_{i_\lambda i_\mu} & \cdots & \delta_{i_\lambda i_\nu} \end{vmatrix}. \tag{G.9}$$

Indizes i_κ bis i_λ sind die Einträge in der ersten Spalte des Frames, abgelesen von oben nach unten und i_μ bis i_ν sind die Einträge in der benachbarten Spalte gleicher Länge, wieder abgelesen von oben nach unten.

Damit folgt δ^1_2 für die ersten zwei Spalten und δ^3_4 für die dritte und vierte Spalte für $\beta = 4$, Frame 1

$$\delta^1_2 \delta^3_4 = \delta_{12}\delta_{34}. \tag{G.10}$$

Frame 2 für $\beta = 4$ wird mit den folgenden generalisierten Kronecker-Delta assoziiert*

$$\delta^{13}_{24} = \det \begin{vmatrix} \delta_{12} & \delta_{14} \\ \delta_{32} & \delta_{34} \end{vmatrix} = \delta_{12}\delta_{34} - \delta_{14}\delta_{32}, \tag{G.11}$$

$$\delta^{12}_{34} = \det \begin{vmatrix} \delta_{13} & \delta_{14} \\ \delta_{23} & \delta_{24} \end{vmatrix} = \delta_{13}\delta_{24} - \delta_{14}\delta_{23}. \tag{G.12}$$

Die Kronecker-Delta-Tensoren 4. Stufe, die in (G.10), (G.11) und (G.12) verwendet werden

$$\mathbb{F}^{(1)}_{\langle 4 \rangle} = \boldsymbol{I} \otimes \boldsymbol{I}, \quad \mathbb{F}^{(2)}_{\langle 4 \rangle} = (\boldsymbol{I} \square \boldsymbol{I})^{\mathsf{TR}}, \quad \mathbb{F}^{(3)}_{\langle 4 \rangle} = \boldsymbol{I} \square \boldsymbol{I}, \tag{G.13}$$

bilden eine linear unabhängige Basis für isotrope Tensoren 4. Stufe.

Die quadratische Matrix $\underline{\underline{S}}^{(4)}$ wird durch die Skalarprodukte der linear unabhängigen Isomere 4. Stufe gebildet

$$S^{(4)}_{uv} = \mathbb{F}^{(u)}_{\langle 4 \rangle} \cdot \mathbb{F}^{(v)}_{\langle 4 \rangle}, \qquad u,v = 1, \dots, 3, \tag{G.14}$$

$$\underline{\underline{S}}^{(4)} = \begin{bmatrix} \mathbb{F}^{(1)}_{\langle 4 \rangle} \cdot \mathbb{F}^{(1)}_{\langle 4 \rangle} & \mathbb{F}^{(1)}_{\langle 4 \rangle} \cdot \mathbb{F}^{(2)}_{\langle 4 \rangle} & \mathbb{F}^{(1)}_{\langle 4 \rangle} \cdot \mathbb{F}^{(3)}_{\langle 4 \rangle} \\ \mathbb{F}^{(2)}_{\langle 4 \rangle} \cdot \mathbb{F}^{(1)}_{\langle 4 \rangle} & \mathbb{F}^{(2)}_{\langle 4 \rangle} \cdot \mathbb{F}^{(2)}_{\langle 4 \rangle} & \mathbb{F}^{(2)}_{\langle 4 \rangle} \cdot \mathbb{F}^{(3)}_{\langle 4 \rangle} \\ \mathbb{F}^{(3)}_{\langle 4 \rangle} \cdot \mathbb{F}^{(1)}_{\langle 4 \rangle} & \mathbb{F}^{(3)}_{\langle 4 \rangle} \cdot \mathbb{F}^{(2)}_{\langle 4 \rangle} & \mathbb{F}^{(3)}_{\langle 4 \rangle} \cdot \mathbb{F}^{(3)}_{\langle 4 \rangle} \end{bmatrix} = \begin{bmatrix} 9 & 3 & 3 \\ 3 & 9 & 3 \\ 3 & 3 & 9 \end{bmatrix}. \tag{G.15}$$

---

*Für eine bessere Veranschaulichung der Konstruktion der generalisierten Kronecker-Delta-Tensoren wird noch ein Beispiel für $\beta = 6$ und das Young'sche Schema $\begin{array}{|c|c|c|c|} \hline 1 & 2 & 3 & 5 \\ \hline 4 & 6 \\ \cline{1-2} \end{array}$ angegeben. Dieses Tableau wird mit den folgenden zwei Isomeren identifiziert:

$$\delta^{14}_{26}\delta^3_5 = \det \begin{vmatrix} \delta_{12} & \delta_{16} \\ \delta_{42} & \delta_{46} \end{vmatrix} \delta_{35} = \delta_{12}\delta_{46}\delta_{35} - \delta_{16}\delta_{42}\delta_{35}.$$

Die Inverse von $\underline{\underline{S}}^{(4)}$ ist

$$\underline{\underline{M}}^{(4)} = \left(\underline{\underline{S}}^{(4)}\right)^{-1} = \frac{1}{30} \begin{bmatrix} 4 & -1 & -1 \\ -1 & 4 & -1 \\ -1 & -1 & 4 \end{bmatrix}. \tag{G.16}$$

Damit ist der Orientierungsmittelwert gleich

$$\mathbb{I}_{\langle 8 \rangle} = \sum_{r,s=1}^{Q_4=3} M_{rs} \mathbb{F}_{\langle 4 \rangle}^{(r)} \otimes \mathbb{F}_{\langle 4 \rangle}^{(s)}, \qquad r,s = 1,\ldots,3. \tag{G.17}$$

H Numerische Beispiele

In diesem Teil des Anhangs wird eine Übersicht numerischer Beispiele der Äquidissipationslinien des Spannungs- und Dehnratenpotentials für Ein- und Polykristalle (Zug- und Walztextur), für verschiedene Belastungsarten und Ratensensitivitätsparameter gegeben (vgl. Tabelle H.1). Zu allen numerischen Beispielen werden die folgenden Materialparameter verwendet

$$\dot{\gamma}_0 = 0,001\,\mathrm{s}^{-1}, \quad \tau^C = 20\,\mathrm{MPa}.$$

	Potential	m	Anhang	Textur
Einkristalle	$\Psi^\tau(\boldsymbol{\tau}')$	1	H.1	
		3	H.2	
		5	H.3	
	$\sqrt[m+1]{\Psi^\tau(\boldsymbol{\tau}')}$	100	H.4	
	$\Psi^D(\boldsymbol{D}')$	1	H.5	
		3	H.6	
		5	H.7	
		100	H.8	
Polykristalle	$\bar{\Psi}^R(\bar{\boldsymbol{\tau}}')$	3	H.9	Zugtextur
			H.10	Walztextur
		5	H.11	Zugtextur
			H.12	Walztextur
	$\langle \sqrt[m+1]{\Psi^\tau(\bar{\boldsymbol{\tau}}')} \rangle$	100	H.13	Zugtextur
			H.14	Walztextur
	$\bar{\Psi}^V(\bar{\boldsymbol{D}}')$	3	H.15	Zugtextur
			H.16	Walztextur
		5	H.17	Zugtextur
			H.18	Walztextur
		100	H.19	Zugtextur
			H.20	Walztextur

Tabelle H.1: Übersichtstabelle der Beispiele in Anhang H

H.1 Spannungspotential für einen Einkristall mit $m = 1^*$

*Grafische Darstellung von $\sqrt[m+1]{\Psi^\tau}$

$\tau = \tau_{ij} e_i \otimes e_j$	$\Psi^\tau(\tau')$	Isotrope Appr.	Appr. 4. Stufe	Appr. 6. Stufe	Appr. 8. Stufe
1 $\begin{bmatrix} \tau_{11} & 0 & 0 \\ 0 & \tau_{22} & 0 \\ 0 & 0 & 0 \end{bmatrix}$	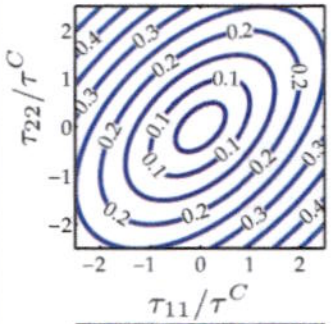	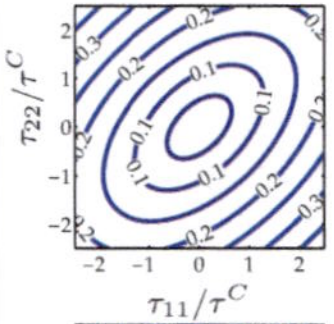	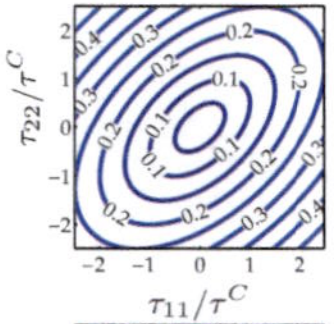		
2 $\begin{bmatrix} \tau_{11} & 0 & \tau_{13} \\ 0 & -\tau_{11} & 0 \\ \tau_{11} & 0 & 0 \end{bmatrix}$	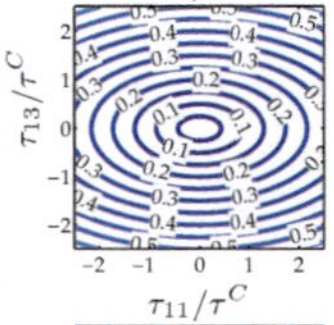	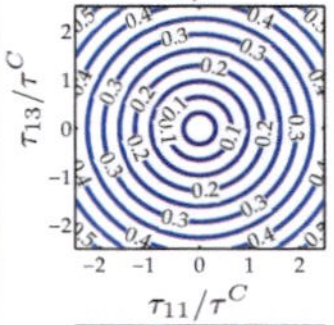	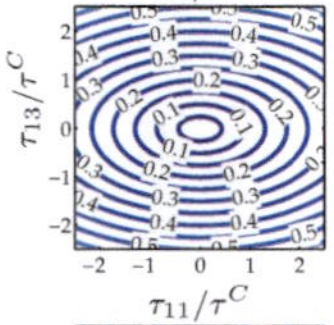		
3 $\begin{bmatrix} 0 & \tau_{12} & \tau_{13} \\ \tau_{12} & 0 & 0 \\ \tau_{13} & 0 & 0 \end{bmatrix}$	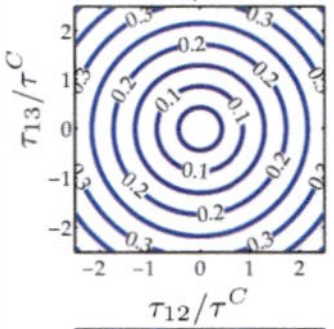	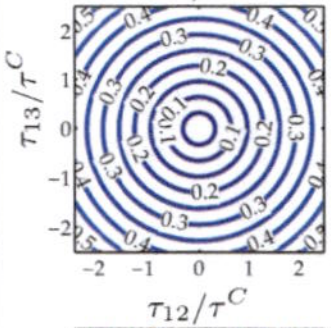	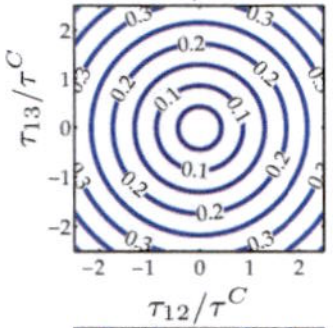		
4 $\begin{bmatrix} \tau_{11} & \tau_{12} & 0 \\ \tau_{12} & 0 & 0 \\ 0 & 0 & 0 \end{bmatrix}$	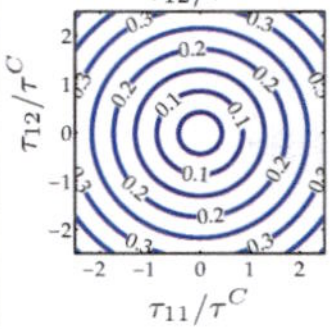	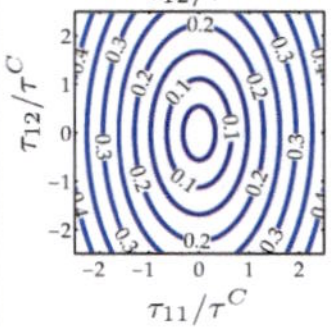	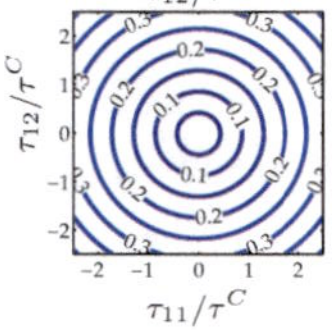		

H.2 Spannungspotential für einen Einkristall mit $m = 3$*

*Grafische Darstellung von $\sqrt[m+1]{\Psi^\tau}$

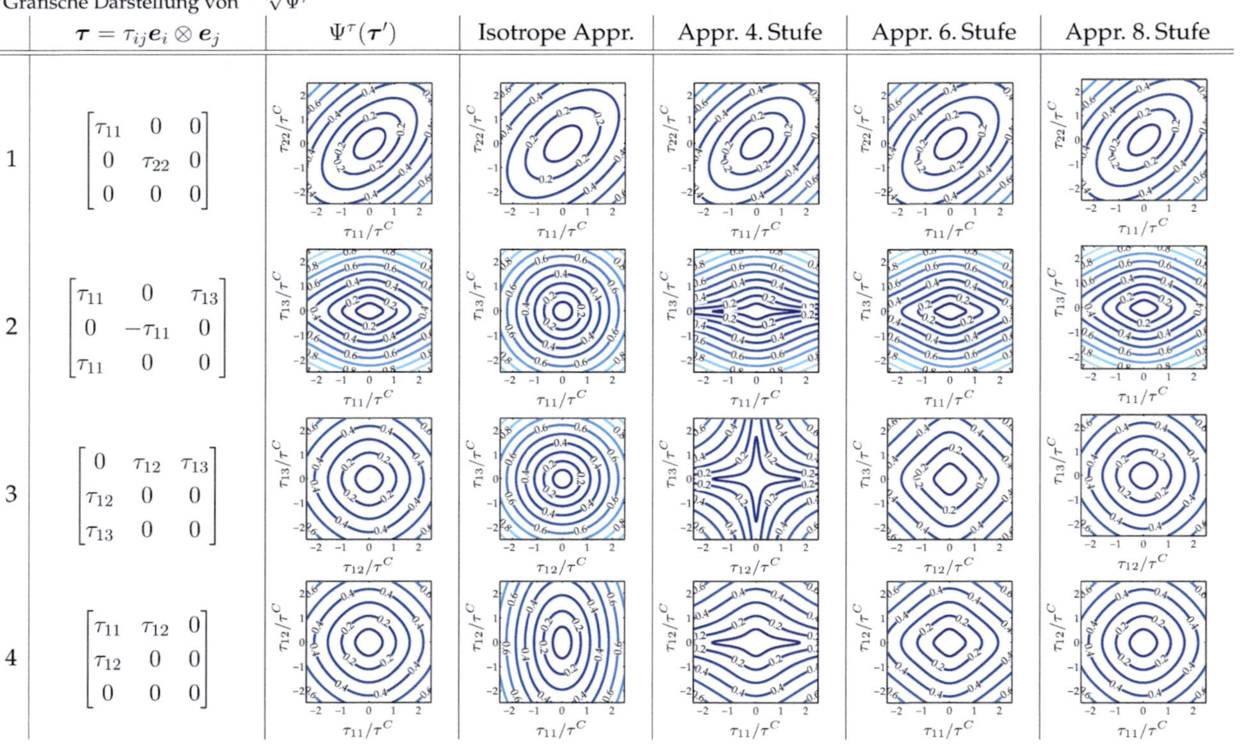

$\boldsymbol{\tau} = \tau_{ij}\boldsymbol{e}_i \otimes \boldsymbol{e}_j$	$\Psi^\tau(\boldsymbol{\tau}')$	Isotrope Appr.	Appr. 4. Stufe	Appr. 6. Stufe	Appr. 8. Stufe
1 $\begin{bmatrix} \tau_{11} & 0 & 0 \\ 0 & \tau_{22} & 0 \\ 0 & 0 & 0 \end{bmatrix}$					
2 $\begin{bmatrix} \tau_{11} & 0 & \tau_{13} \\ 0 & -\tau_{11} & 0 \\ \tau_{11} & 0 & 0 \end{bmatrix}$					
3 $\begin{bmatrix} 0 & \tau_{12} & \tau_{13} \\ \tau_{12} & 0 & 0 \\ \tau_{13} & 0 & 0 \end{bmatrix}$					
4 $\begin{bmatrix} \tau_{11} & \tau_{12} & 0 \\ \tau_{12} & 0 & 0 \\ 0 & 0 & 0 \end{bmatrix}$					

H.3 Spannungspotential für einen Einkristall mit $m = 5^\dagger$

†Grafische Darstellung von $\operatorname{sgn}\left(\Psi^\tau(\boldsymbol{\tau}')\right)\ ^{m+1}\!\sqrt{|\Psi^\tau(\boldsymbol{\tau}')|}$

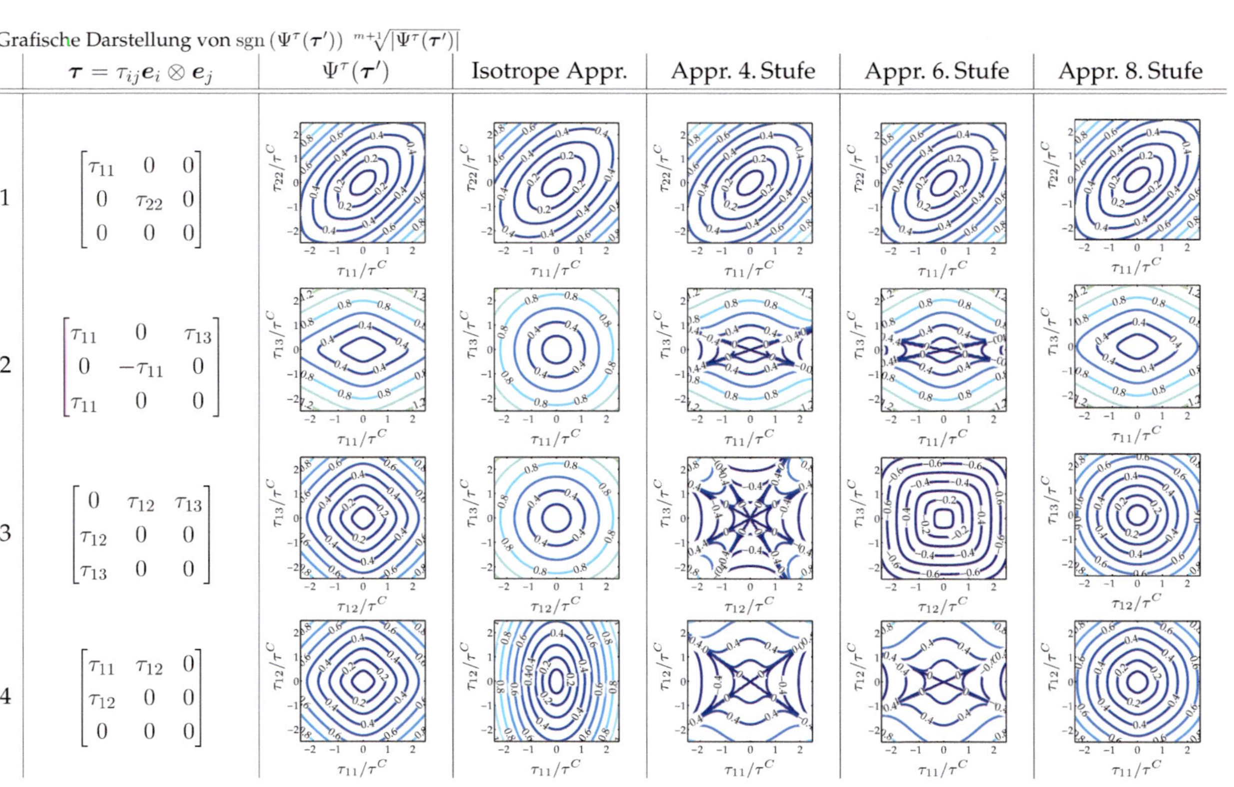

$\boldsymbol{\tau} = \tau_{ij}\boldsymbol{e}_i \otimes \boldsymbol{e}_j$	$\Psi^\tau(\boldsymbol{\tau}')$	Isotrope Appr.	Appr. 4. Stufe	Appr. 6. Stufe	Appr. 8. Stufe
1 $\begin{bmatrix} \tau_{11} & 0 & 0 \\ 0 & \tau_{22} & 0 \\ 0 & 0 & 0 \end{bmatrix}$					
2 $\begin{bmatrix} \tau_{11} & 0 & \tau_{13} \\ 0 & -\tau_{11} & 0 \\ \tau_{11} & 0 & 0 \end{bmatrix}$					
3 $\begin{bmatrix} 0 & \tau_{12} & \tau_{13} \\ \tau_{12} & 0 & 0 \\ \tau_{13} & 0 & 0 \end{bmatrix}$					
4 $\begin{bmatrix} \tau_{11} & \tau_{12} & 0 \\ \tau_{12} & 0 & 0 \\ 0 & 0 & 0 \end{bmatrix}$					

H.4 Spannungspotential für einen Einkristall mit $m = 100$[‡]

‡Approximation von $\sqrt[m+1]{\Psi^\tau(\tau')}$

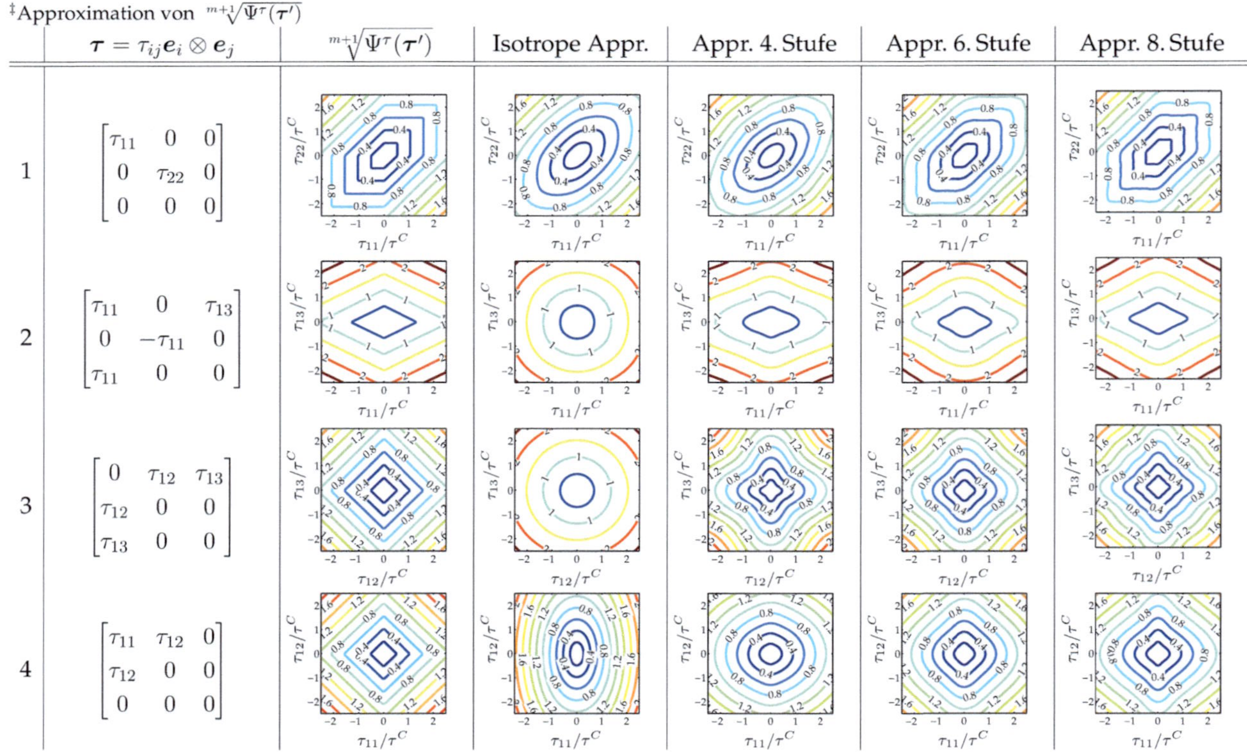

$\tau = \tau_{ij}\boldsymbol{e}_i \otimes \boldsymbol{e}_j$	$\sqrt[m+1]{\Psi^\tau(\tau')}$	Isotrope Appr.	Appr. 4. Stufe	Appr. 6. Stufe	Appr. 8. Stufe
1 $\begin{bmatrix} \tau_{11} & 0 & 0 \\ 0 & \tau_{22} & 0 \\ 0 & 0 & 0 \end{bmatrix}$					
2 $\begin{bmatrix} \tau_{11} & 0 & \tau_{13} \\ 0 & -\tau_{11} & 0 \\ \tau_{11} & 0 & 0 \end{bmatrix}$					
3 $\begin{bmatrix} 0 & \tau_{12} & \tau_{13} \\ \tau_{12} & 0 & 0 \\ \tau_{13} & 0 & 0 \end{bmatrix}$					
4 $\begin{bmatrix} \tau_{11} & \tau_{12} & 0 \\ \tau_{12} & 0 & 0 \\ 0 & 0 & 0 \end{bmatrix}$					

H.5 Dehnratenpotential für einen Einkristall mit $m = 1$

$\boldsymbol{D} = D_{ij}\boldsymbol{e}_i \otimes \boldsymbol{e}_j$	$\Psi^D(\boldsymbol{D}')$	Isotrope Appr.	Appr. 4. Stufe	Appr. 6. Stufe	Appr. 8. Stufe
1 $\begin{bmatrix} D_{11} & 0 & 0 \\ 0 & D_{22} & 0 \\ 0 & 0 & 0 \end{bmatrix}$	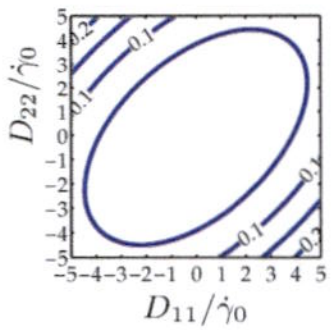	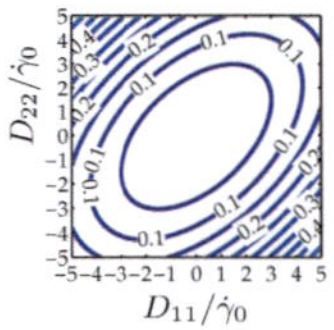	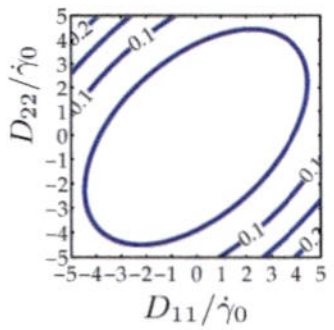		
2 $\begin{bmatrix} D_{11} & 0 & D_{13} \\ 0 & -D_{11} & 0 \\ D_{11} & 0 & 0 \end{bmatrix}$	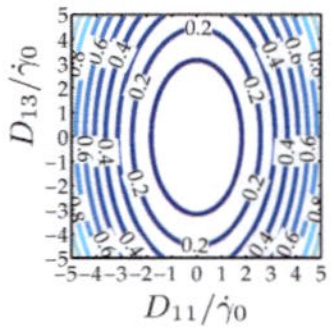	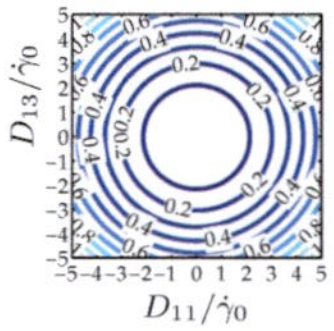	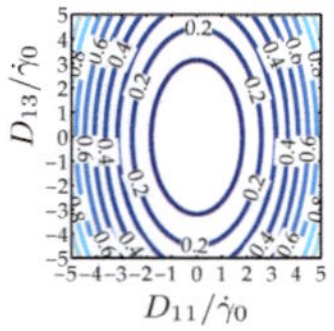		
3 $\begin{bmatrix} 0 & D_{12} & D_{13} \\ D_{12} & 0 & 0 \\ D_{13} & 0 & 0 \end{bmatrix}$	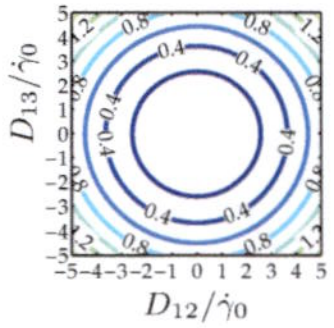	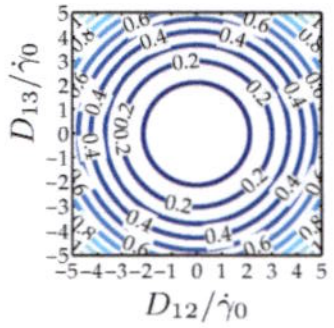	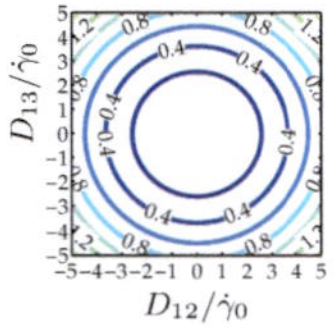		
4 $\begin{bmatrix} D_{11} & D_{12} & 0 \\ D_{12} & 0 & 0 \\ 0 & 0 & 0 \end{bmatrix}$	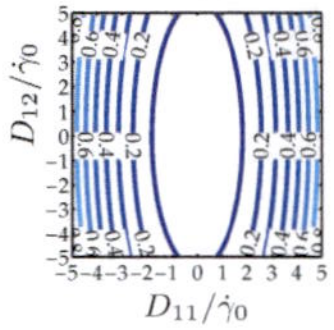	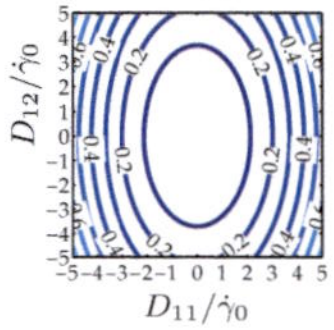	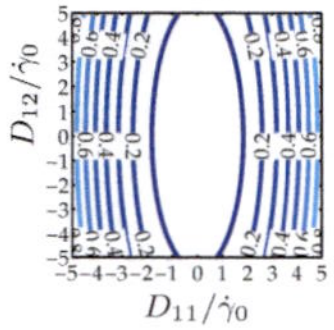		

H.6 Dehnratenpotential für einen Einkristall mit $m = 3$

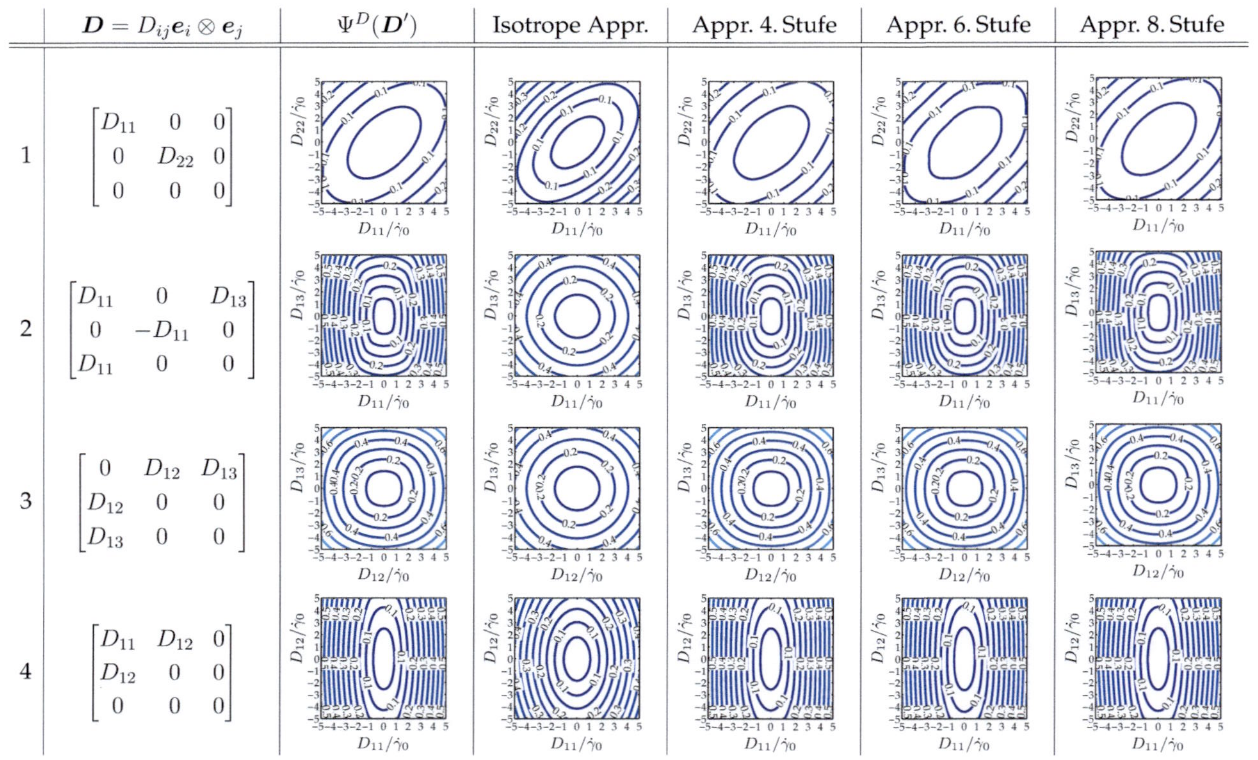

	$D = D_{ij}e_i \otimes e_j$	$\Psi^D(D')$	Isotrope Appr.	Appr. 4. Stufe	Appr. 6. Stufe	Appr. 8. Stufe
1	$\begin{bmatrix} D_{11} & 0 & 0 \\ 0 & D_{22} & 0 \\ 0 & 0 & 0 \end{bmatrix}$					
2	$\begin{bmatrix} D_{11} & 0 & D_{13} \\ 0 & -D_{11} & 0 \\ D_{11} & 0 & 0 \end{bmatrix}$					
3	$\begin{bmatrix} 0 & D_{12} & D_{13} \\ D_{12} & 0 & 0 \\ D_{13} & 0 & 0 \end{bmatrix}$					
4	$\begin{bmatrix} D_{11} & D_{12} & 0 \\ D_{12} & 0 & 0 \\ 0 & 0 & 0 \end{bmatrix}$					

H.7 Dehnratenpotential für einen Einkristall mit $m = 5$

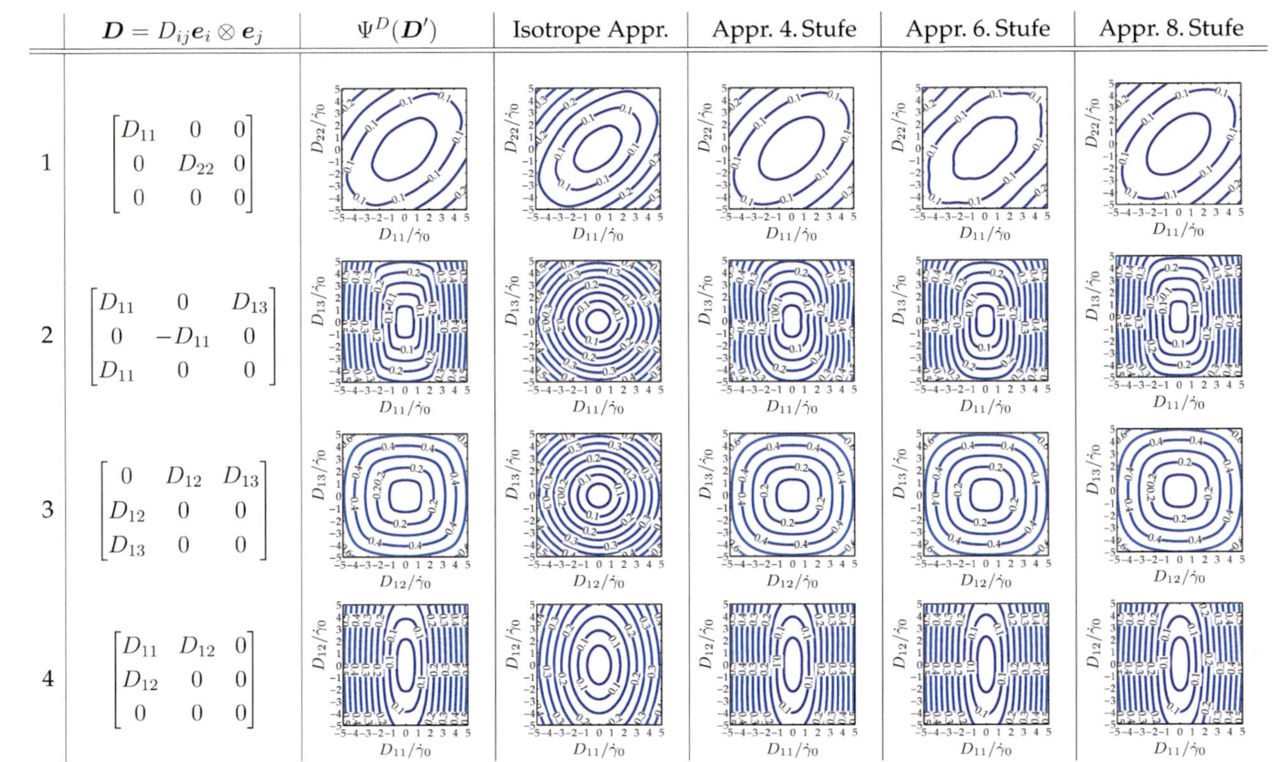

$\boldsymbol{D} = D_{ij}\boldsymbol{e}_i \otimes \boldsymbol{e}_j$	$\Psi^D(\boldsymbol{D}')$	Isotrope Appr.	Appr. 4. Stufe	Appr. 6. Stufe	Appr. 8. Stufe
1 $\begin{bmatrix} D_{11} & 0 & 0 \\ 0 & D_{22} & 0 \\ 0 & 0 & 0 \end{bmatrix}$					
2 $\begin{bmatrix} D_{11} & 0 & D_{13} \\ 0 & -D_{11} & 0 \\ D_{11} & 0 & 0 \end{bmatrix}$					
3 $\begin{bmatrix} 0 & D_{12} & D_{13} \\ D_{12} & 0 & 0 \\ D_{13} & 0 & 0 \end{bmatrix}$					
4 $\begin{bmatrix} D_{11} & D_{12} & 0 \\ D_{12} & 0 & 0 \\ 0 & 0 & 0 \end{bmatrix}$					

H.8 Dehnratenpotential für einen Einkristall mit $m = 100$

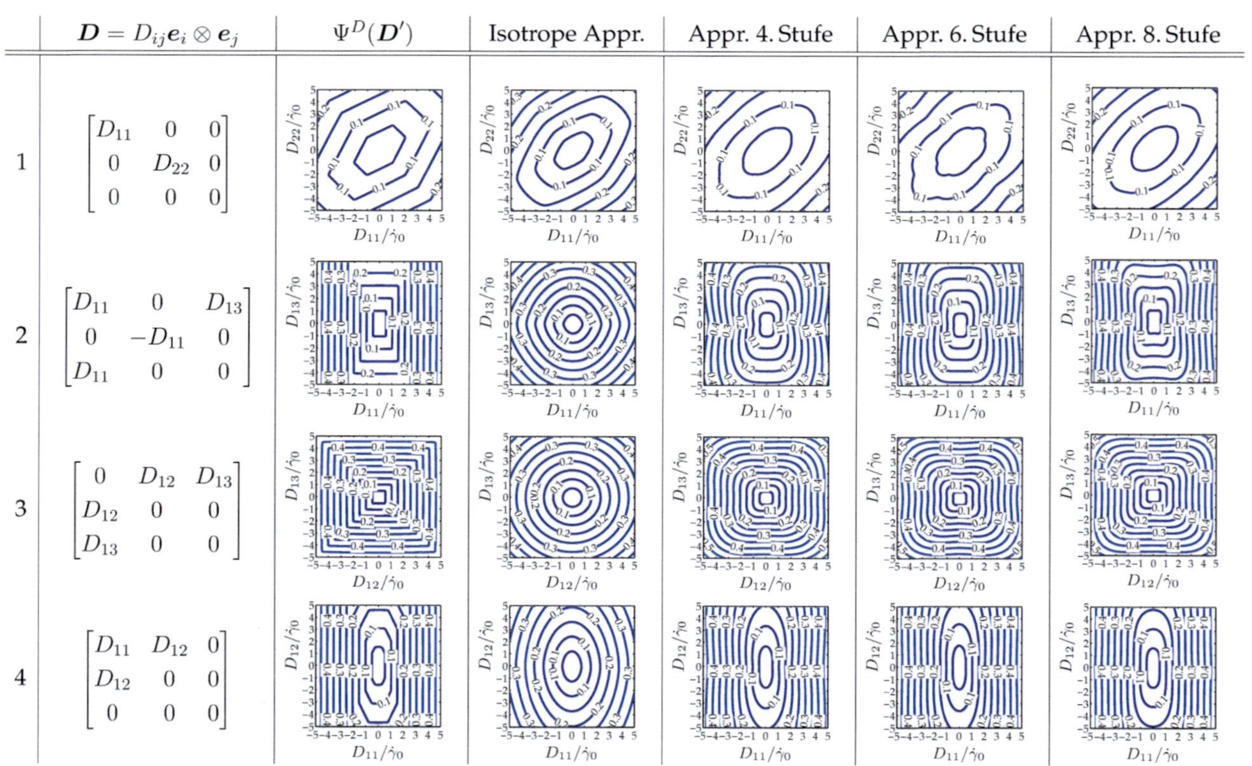

H.9 Reuss-Schranke für die Zugtextur mit $m = 3$*

*Grafische Darstellung von $^{m+1}\!\sqrt{\bar{\Psi}^R(\bar{\tau}')}$

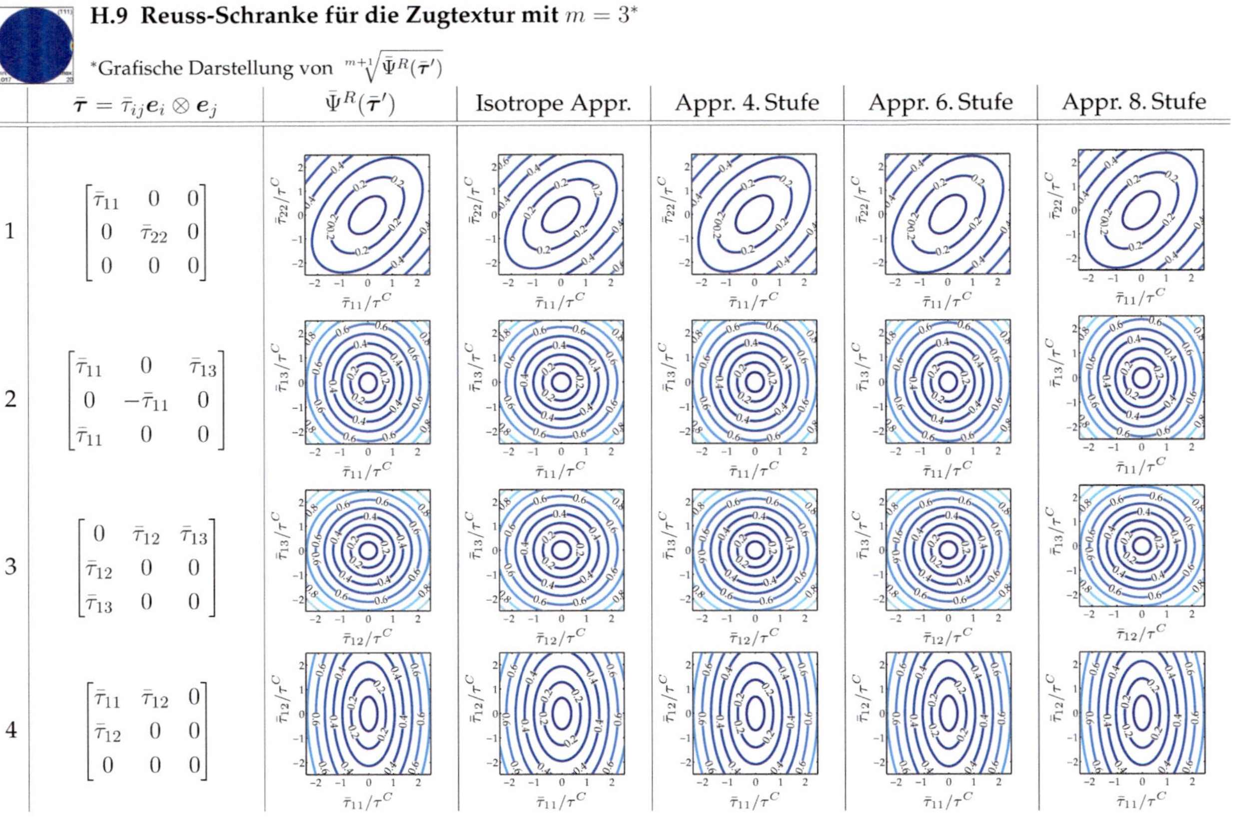

$\bar{\tau} = \bar{\tau}_{ij}\boldsymbol{e}_i \otimes \boldsymbol{e}_j$	$\bar{\Psi}^R(\bar{\tau}')$	Isotrope Appr.	Appr. 4. Stufe	Appr. 6. Stufe	Appr. 8. Stufe

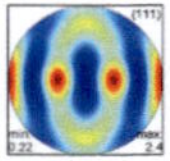

H.10 Reuss-Schranke für die Walztextur mit $m = 3$*

*Grafische Darstellung von $^{m+1}\!\sqrt{\bar{\Psi}^R(\bar{\tau}')}$

$\bar{\tau} = \bar{\tau}_{ij}\, e_i \otimes e_j$

$\bar{\tau} = \bar{\tau}_{ij}\, e_i \otimes e_j$	$\bar{\Psi}^R(\bar{\tau}')$	Isotrope Appr.	Appr. 4. Stufe	Appr. 6. Stufe	Appr. 8. Stufe
1 $\begin{bmatrix} \bar{\tau}_{11} & 0 & 0 \\ 0 & \bar{\tau}_{22} & 0 \\ 0 & 0 & 0 \end{bmatrix}$	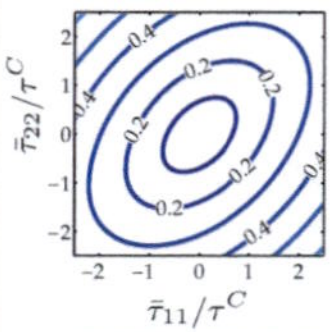	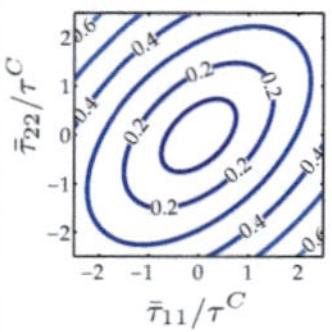	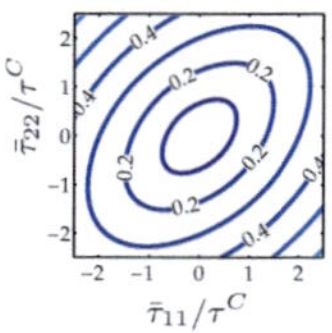	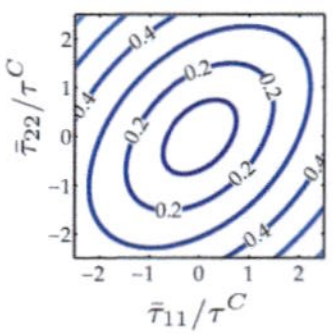	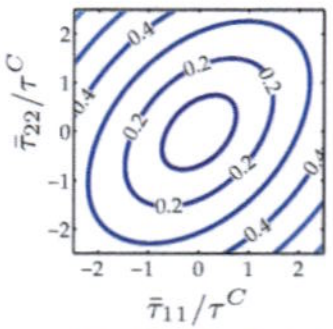
2 $\begin{bmatrix} \bar{\tau}_{11} & 0 & \bar{\tau}_{13} \\ 0 & -\bar{\tau}_{11} & 0 \\ \bar{\tau}_{13} & 0 & 0 \end{bmatrix}$	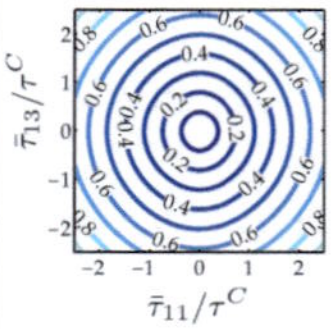	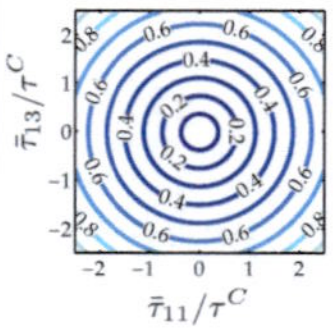	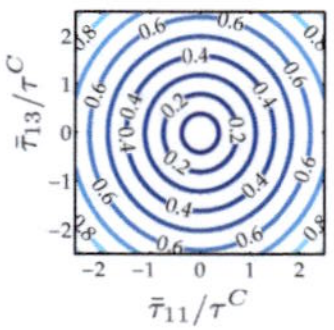	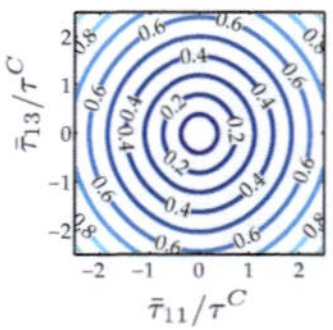	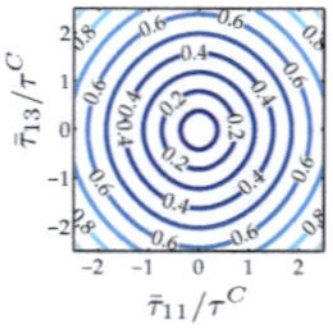
3 $\begin{bmatrix} 0 & \bar{\tau}_{12} & \bar{\tau}_{13} \\ \bar{\tau}_{12} & 0 & 0 \\ \bar{\tau}_{13} & 0 & 0 \end{bmatrix}$	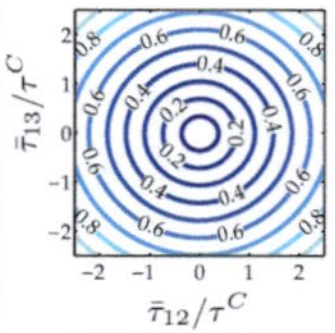	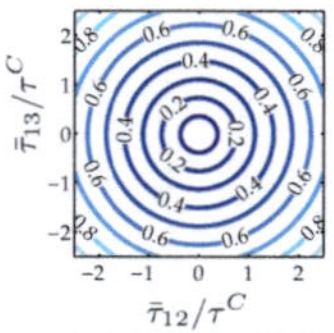	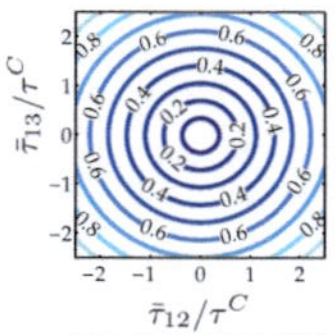	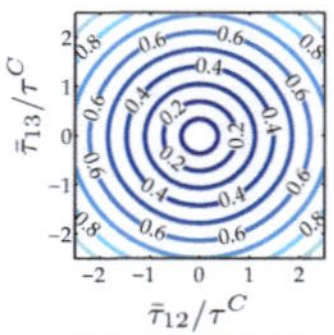	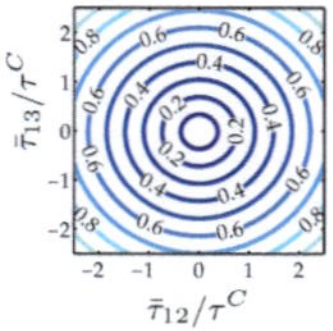
4 $\begin{bmatrix} \bar{\tau}_{11} & \bar{\tau}_{12} & 0 \\ \bar{\tau}_{12} & 0 & 0 \\ 0 & 0 & 0 \end{bmatrix}$	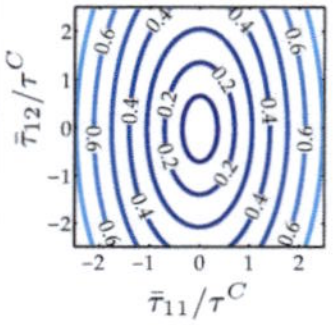	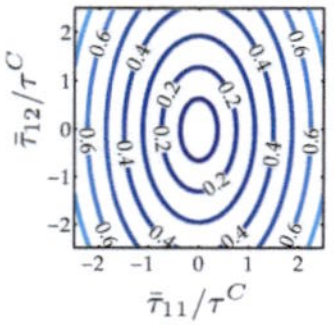	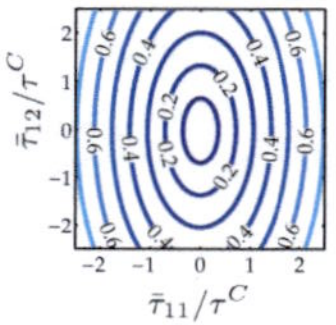	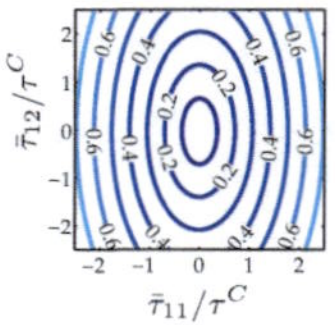	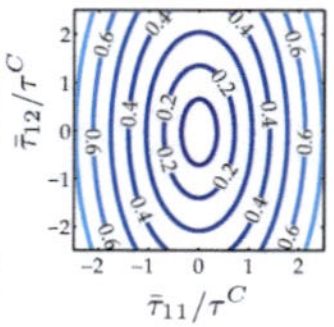

H.11 Reuss-Schranke für die Zugtextur mit $m = 5$[*]

*Grafische Darstellung von $\sqrt[m+1]{\bar{\Psi}^R(\bar{\tau}')}$

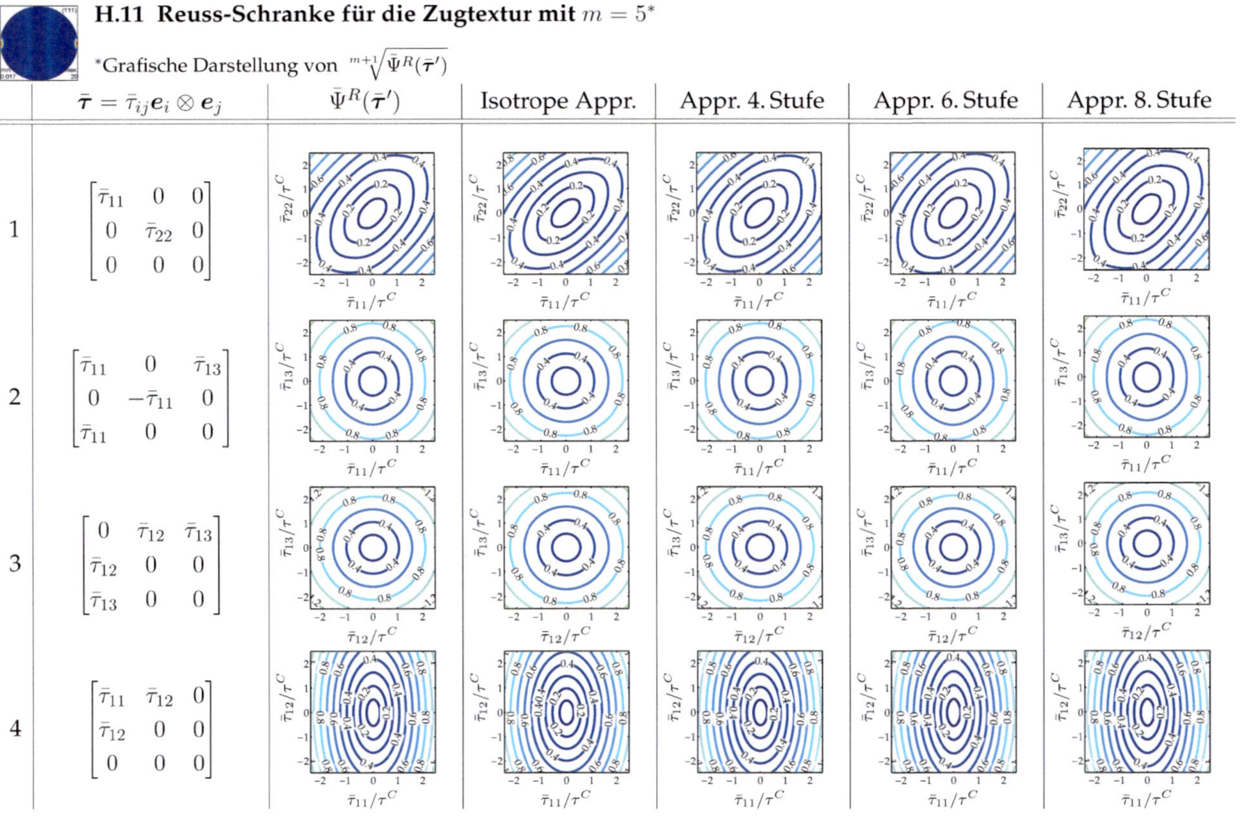

$\bar{\tau} = \bar{\tau}_{ij}\boldsymbol{e}_i \otimes \boldsymbol{e}_j$	$\bar{\Psi}^R(\bar{\tau}')$	Isotrope Appr.	Appr. 4. Stufe	Appr. 6. Stufe	Appr. 8. Stufe
1 $\begin{bmatrix} \bar{\tau}_{11} & 0 & 0 \\ 0 & \bar{\tau}_{22} & 0 \\ 0 & 0 & 0 \end{bmatrix}$					
2 $\begin{bmatrix} \bar{\tau}_{11} & 0 & \bar{\tau}_{13} \\ 0 & -\bar{\tau}_{11} & 0 \\ \bar{\tau}_{11} & 0 & 0 \end{bmatrix}$					
3 $\begin{bmatrix} 0 & \bar{\tau}_{12} & \bar{\tau}_{13} \\ \bar{\tau}_{12} & 0 & 0 \\ \bar{\tau}_{13} & 0 & 0 \end{bmatrix}$					
4 $\begin{bmatrix} \bar{\tau}_{11} & \bar{\tau}_{12} & 0 \\ \bar{\tau}_{12} & 0 & 0 \\ 0 & 0 & 0 \end{bmatrix}$					

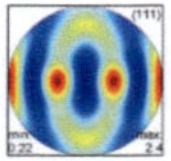

H.12 Reuss-Schranke für die Walztextur mit $m = 5^*$

*Grafische Darstellung von $\sqrt[m+1]{\bar{\Psi}^R(\bar{\tau}')}$

$\bar{\tau} = \bar{\tau}_{ij}\boldsymbol{e}_i \otimes \boldsymbol{e}_j$	$\bar{\Psi}^R(\bar{\tau}')$	Isotrope Appr.	Appr. 4. Stufe	Appr. 6. Stufe	Appr. 8. Stufe
1 $\begin{bmatrix} \bar{\tau}_{11} & 0 & 0 \\ 0 & \bar{\tau}_{22} & 0 \\ 0 & 0 & 0 \end{bmatrix}$	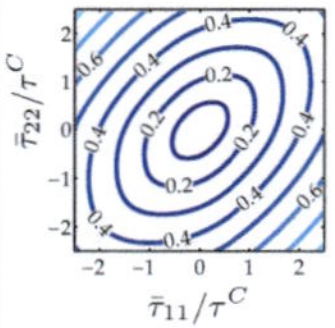	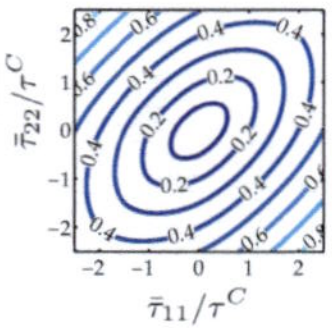	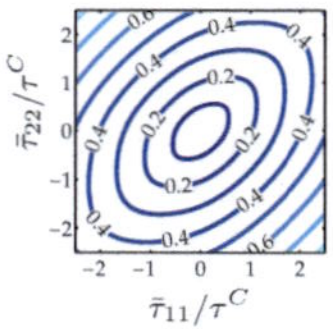	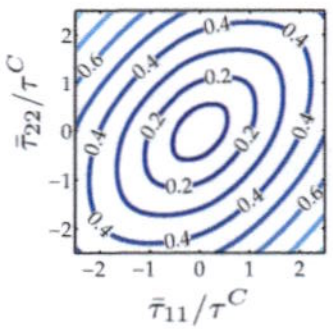	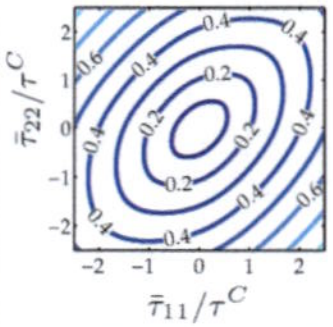
2 $\begin{bmatrix} \bar{\tau}_{11} & 0 & \bar{\tau}_{13} \\ 0 & -\bar{\tau}_{11} & 0 \\ \bar{\tau}_{11} & 0 & 0 \end{bmatrix}$	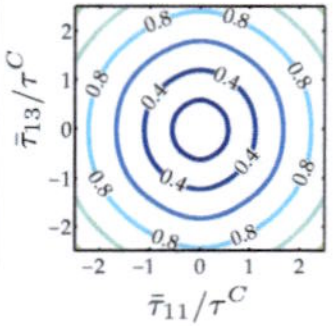	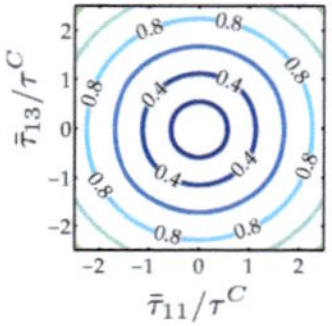	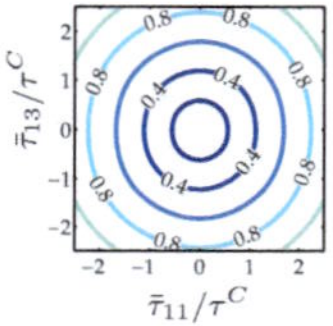	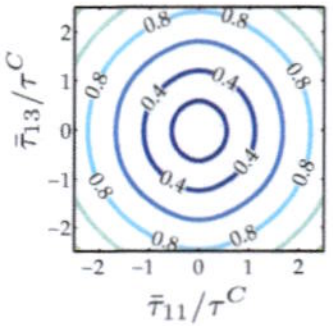	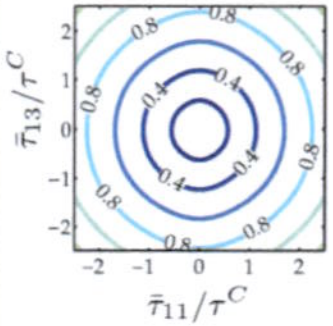
3 $\begin{bmatrix} 0 & \bar{\tau}_{12} & \bar{\tau}_{13} \\ \bar{\tau}_{12} & 0 & 0 \\ \bar{\tau}_{13} & 0 & 0 \end{bmatrix}$	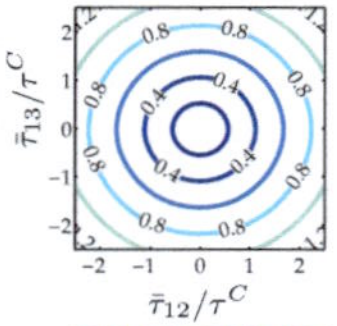	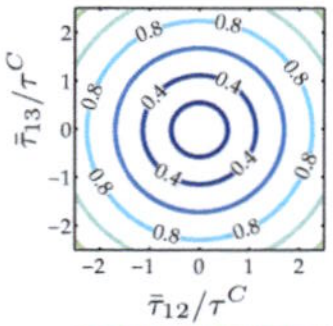	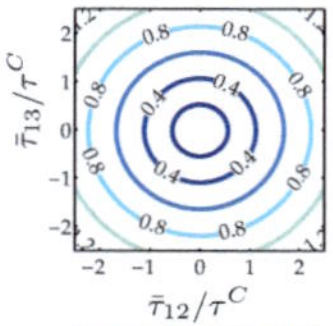	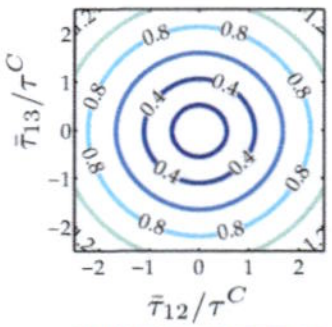	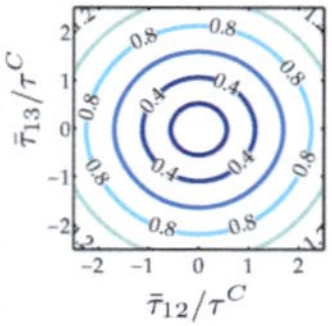
4 $\begin{bmatrix} \bar{\tau}_{11} & \bar{\tau}_{12} & 0 \\ \bar{\tau}_{12} & 0 & 0 \\ 0 & 0 & 0 \end{bmatrix}$	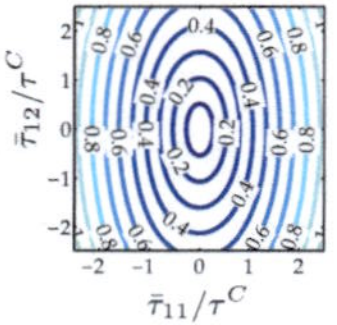	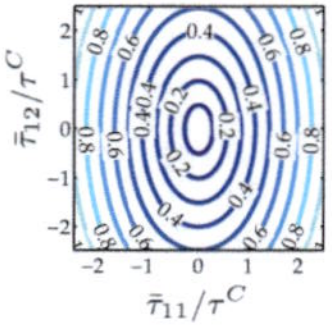	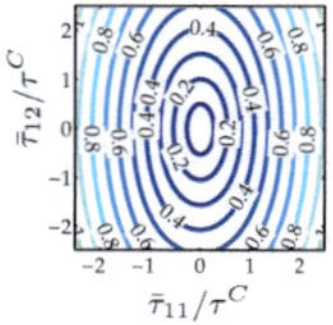	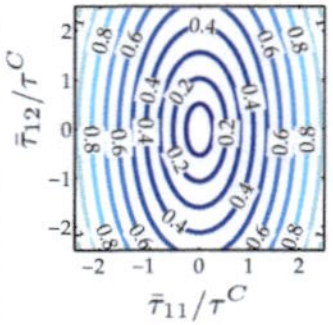	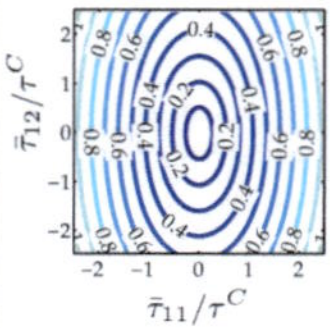

H.13 Volumenmittelwert für die Zugtextur mit $m = 100$[†]

[†]Isolinien des Volumenmittelwerts des normierten Spannungspotentials $\left\langle\sqrt[m+1]{\Psi^\tau}\right\rangle$

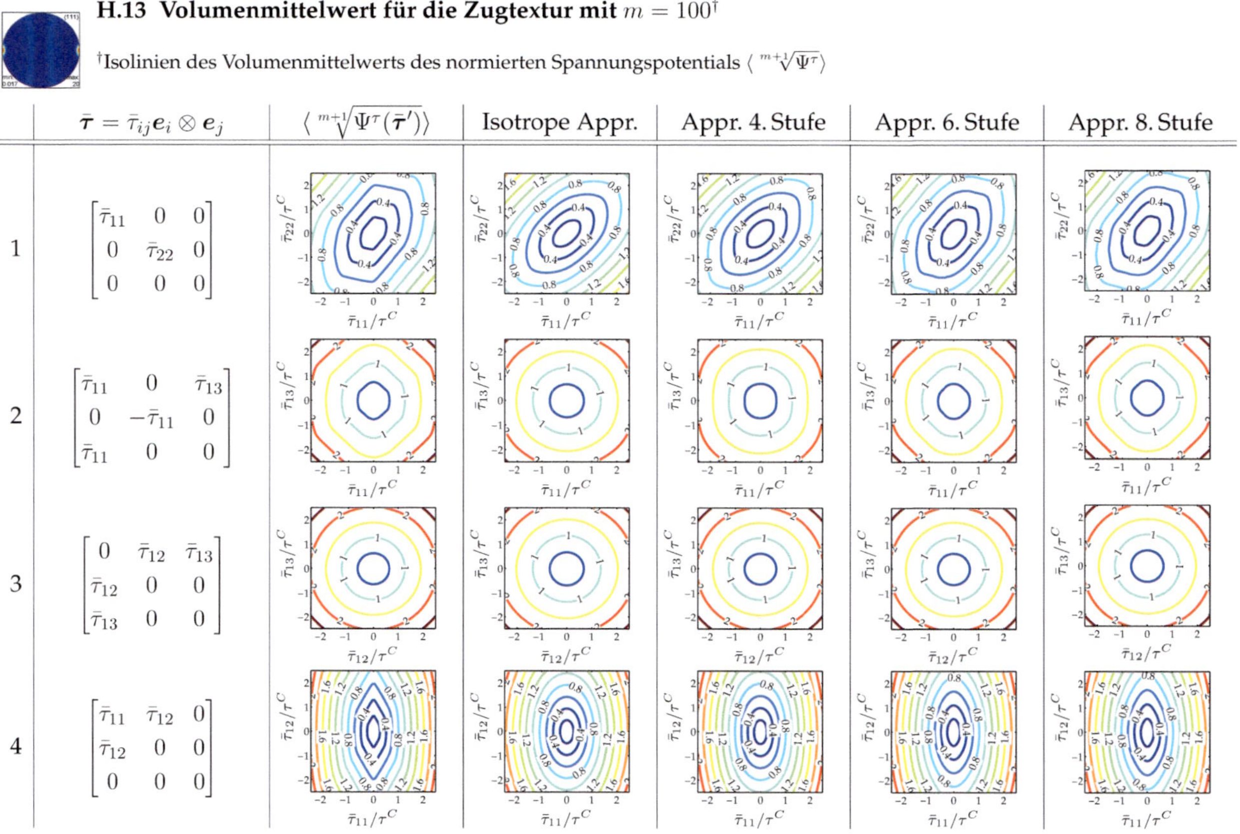

| $\bar{\boldsymbol{\tau}} = \bar{\tau}_{ij}\boldsymbol{e}_i \otimes \boldsymbol{e}_j$ | $\left\langle\sqrt[m+1]{\Psi^\tau(\bar{\boldsymbol{\tau}}')}\right\rangle$ | Isotrope Appr. | Appr. 4. Stufe | Appr. 6. Stufe | Appr. 8. Stufe |

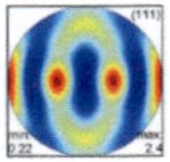

H.14 Volumenmittelwert für die Walztextur mit $m = 100^{\dagger}$

†Isolinien des Volumenmittelwerts des normierten Spannungspotentials $\langle \sqrt[m+1]{\Psi^\tau} \rangle$

$\bar{\boldsymbol{\tau}} = \bar{\tau}_{ij} \boldsymbol{e}_i \otimes \boldsymbol{e}_j$	$\langle \sqrt[m+1]{\Psi^\tau(\bar{\boldsymbol{\tau}}')} \rangle$	Isotrope Appr.	Appr. 4. Stufe	Appr. 6. Stufe	Appr. 8. Stufe
1 $\begin{bmatrix} \bar{\tau}_{11} & 0 & 0 \\ 0 & \bar{\tau}_{22} & 0 \\ 0 & 0 & 0 \end{bmatrix}$	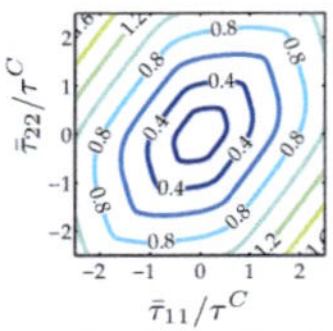	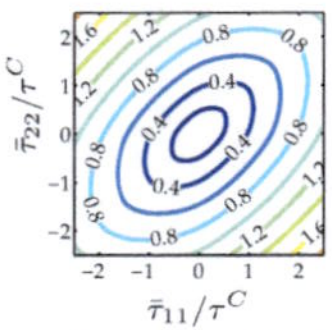	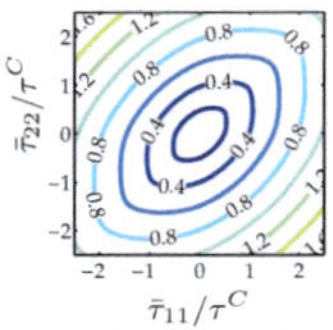	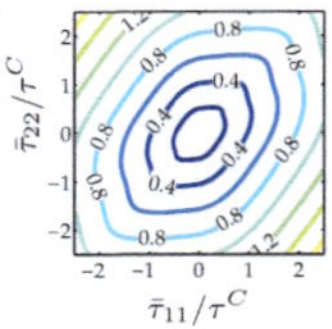	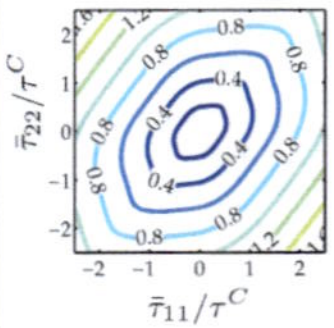
2 $\begin{bmatrix} \bar{\tau}_{11} & 0 & \bar{\tau}_{13} \\ 0 & -\bar{\tau}_{11} & 0 \\ \bar{\tau}_{11} & 0 & 0 \end{bmatrix}$	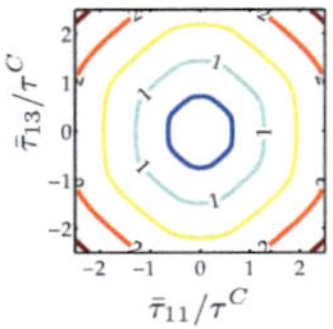	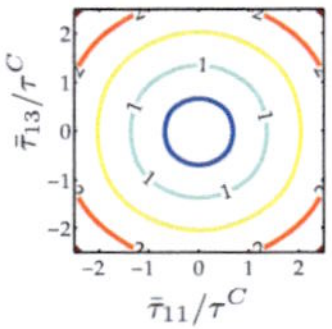	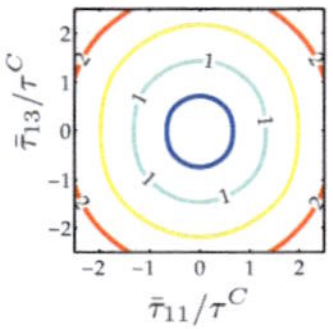	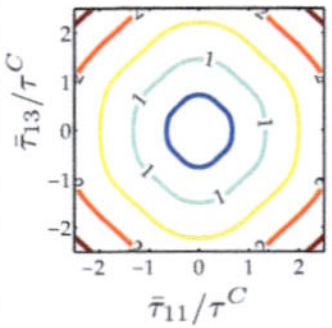	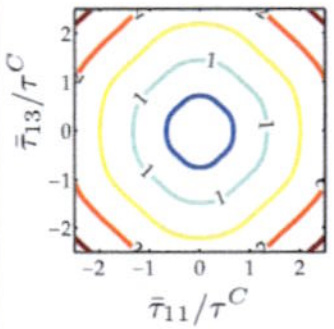
3 $\begin{bmatrix} 0 & \bar{\tau}_{12} & \bar{\tau}_{13} \\ \bar{\tau}_{12} & 0 & 0 \\ \bar{\tau}_{13} & 0 & 0 \end{bmatrix}$	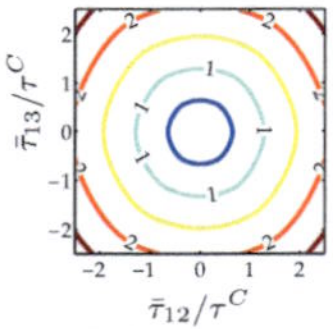	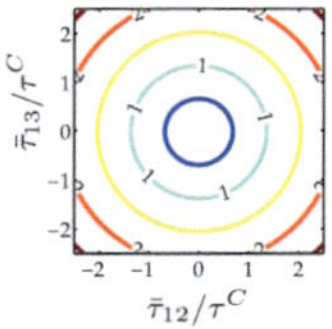	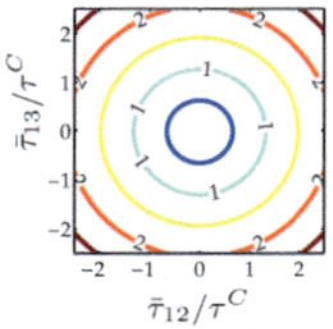	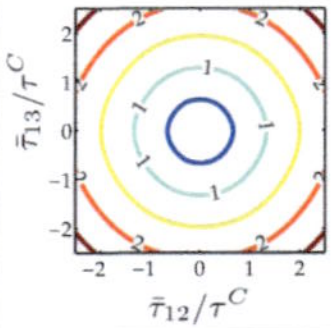	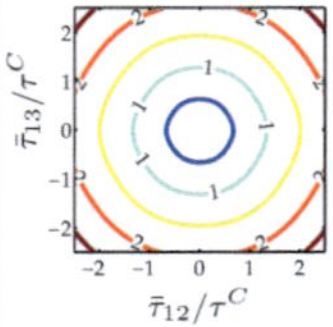
4 $\begin{bmatrix} \bar{\tau}_{11} & \bar{\tau}_{12} & 0 \\ \bar{\tau}_{12} & 0 & 0 \\ 0 & 0 & 0 \end{bmatrix}$	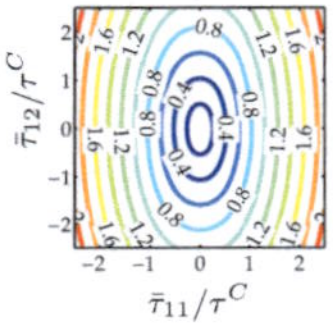	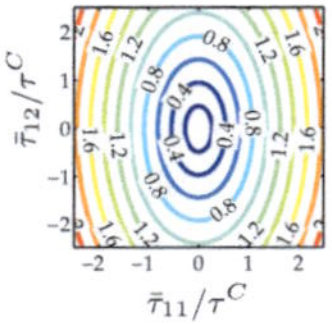	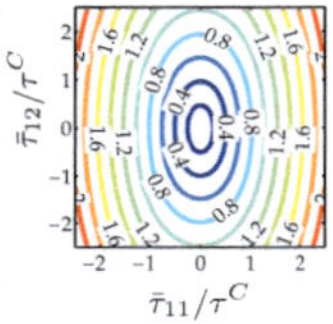	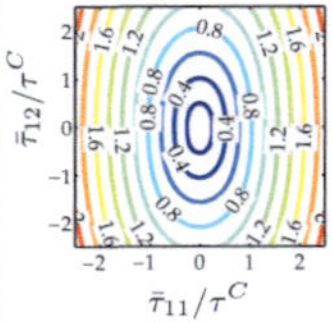	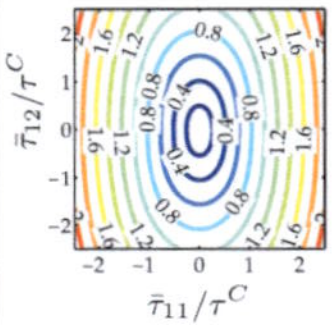

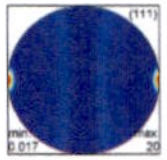

H.15 Voigt-Schranke für die Zugtextur mit $m = 3$

$\bar{D} = \bar{D}_{ij} e_i \otimes e_j$	$\bar{\Psi}^V(\bar{D}')$	Isotrope Appr.	Appr. 4. Stufe	Appr. 6. Stufe	Appr. 8. Stufe
1 $\begin{bmatrix} \bar{D}_{11} & 0 & 0 \\ 0 & \bar{D}_{22} & 0 \\ 0 & 0 & 0 \end{bmatrix}$	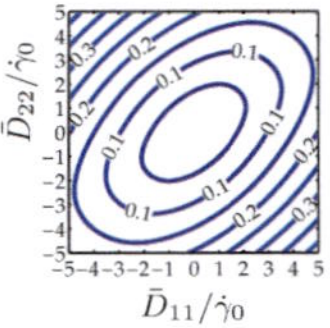	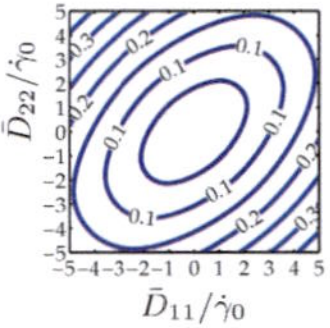	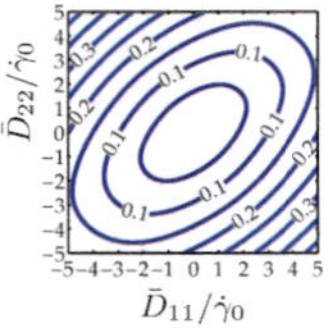	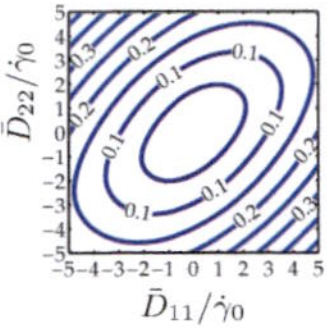	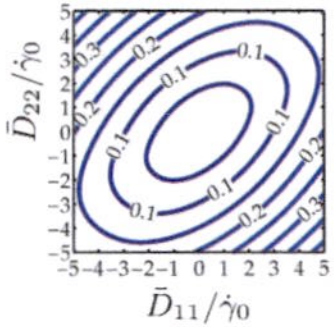
2 $\begin{bmatrix} \bar{D}_{11} & 0 & \bar{D}_{13} \\ 0 & -\bar{D}_{11} & 0 \\ \bar{D}_{11} & 0 & 0 \end{bmatrix}$	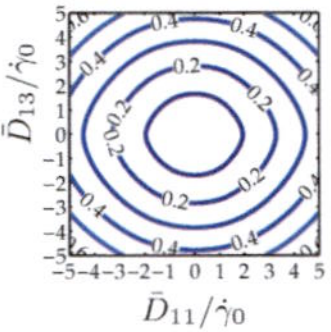	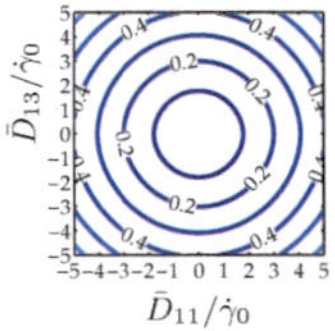	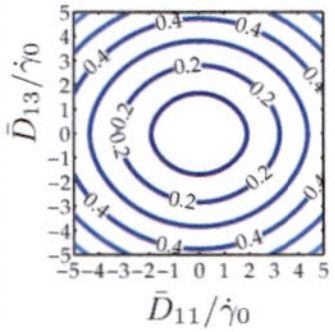	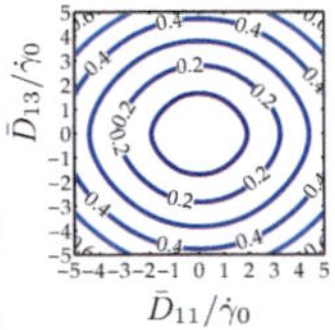	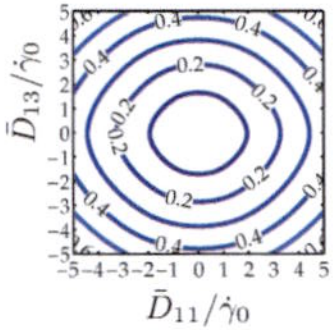
3 $\begin{bmatrix} 0 & \bar{D}_{12} & \bar{D}_{13} \\ \bar{D}_{12} & 0 & 0 \\ \bar{D}_{13} & 0 & 0 \end{bmatrix}$	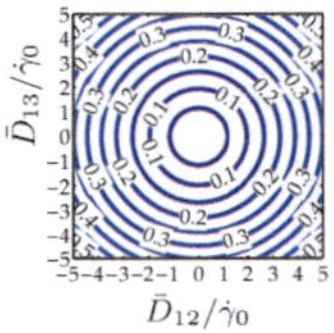	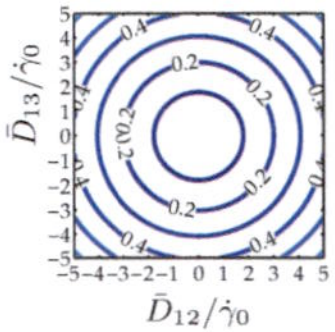	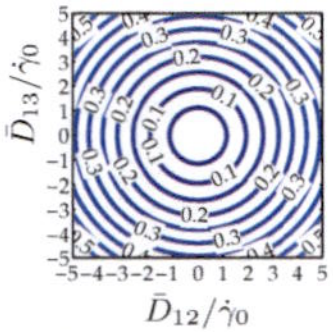	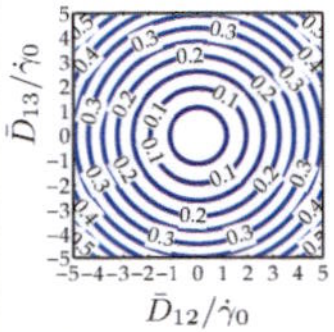	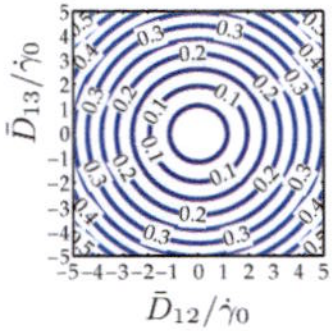
4 $\begin{bmatrix} \bar{D}_{11} & \bar{D}_{12} & 0 \\ \bar{D}_{12} & 0 & 0 \\ 0 & 0 & 0 \end{bmatrix}$	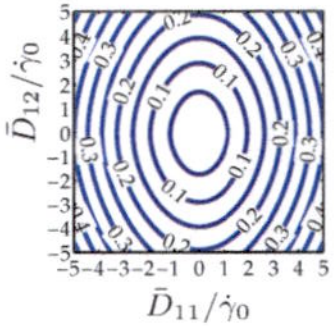	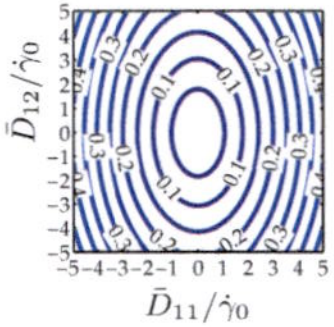	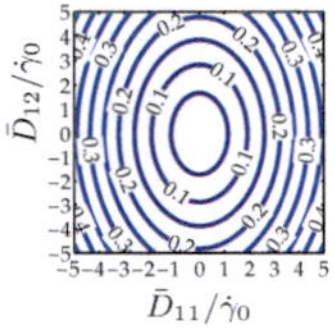	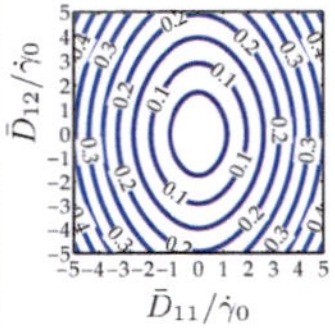	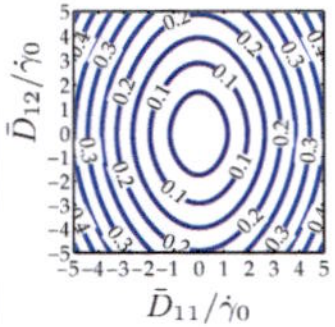

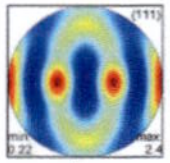

H.16 Voigt-Schranke für die Walztextur mit $m = 3$

$\bar{D} = \bar{D}_{ij}\, e_i \otimes e_j$	$\bar{\bar{\Psi}}^V(\bar{D}')$	Isotrope Appr.	Appr. 4. Stufe	Appr. 6. Stufe	Appr. 8. Stufe
1 $\begin{bmatrix} \bar{D}_{11} & 0 & 0 \\ 0 & \bar{D}_{22} & 0 \\ 0 & 0 & 0 \end{bmatrix}$	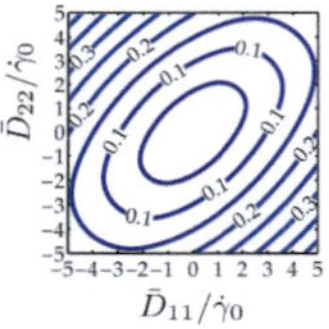	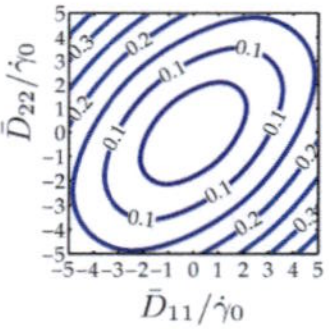	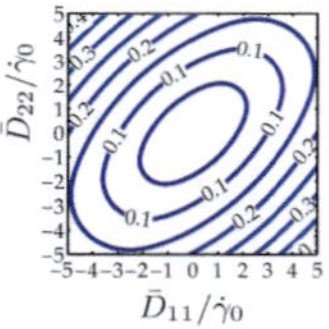	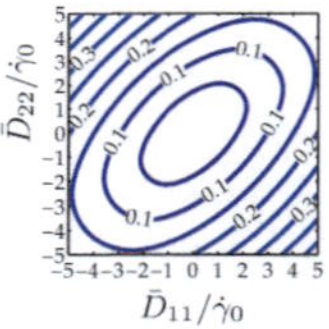	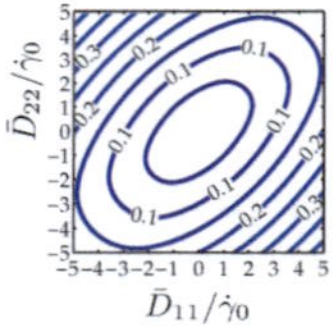
2 $\begin{bmatrix} \bar{D}_{11} & 0 & \bar{D}_{13} \\ 0 & -\bar{D}_{11} & 0 \\ \bar{D}_{11} & 0 & 0 \end{bmatrix}$	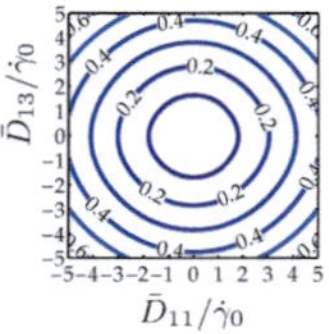	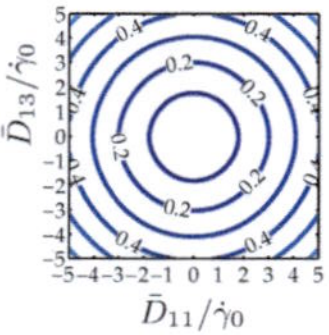	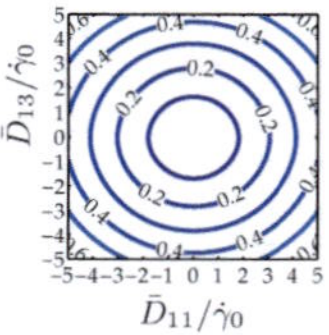	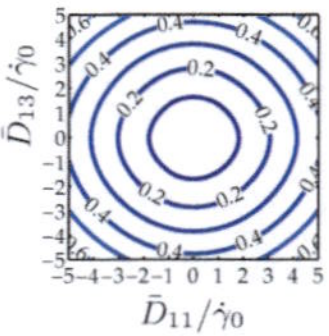	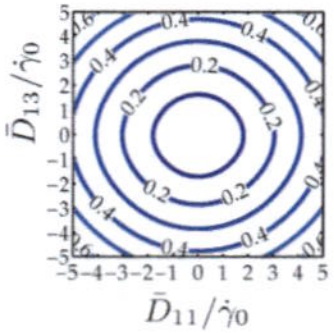
3 $\begin{bmatrix} 0 & \bar{D}_{12} & \bar{D}_{13} \\ \bar{D}_{12} & 0 & 0 \\ \bar{D}_{13} & 0 & 0 \end{bmatrix}$	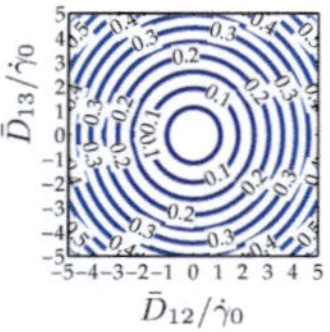	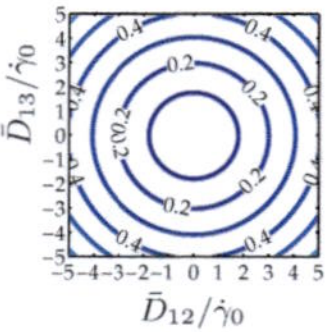	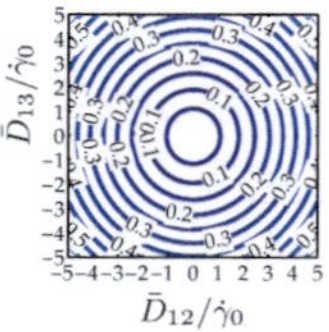	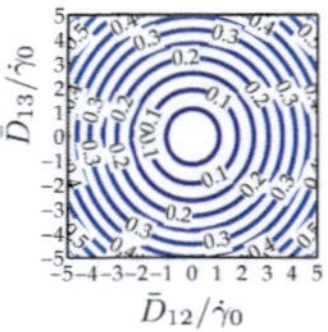	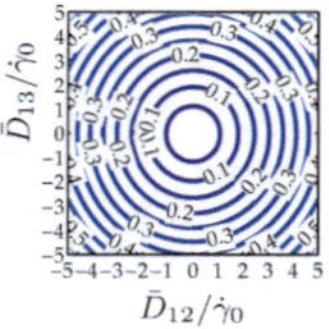
4 $\begin{bmatrix} \bar{D}_{11} & \bar{D}_{12} & 0 \\ \bar{D}_{12} & 0 & 0 \\ 0 & 0 & 0 \end{bmatrix}$	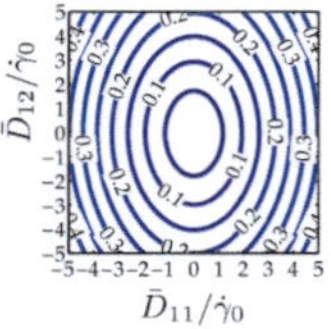	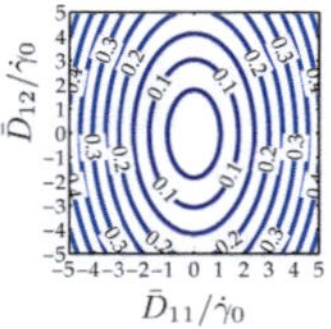	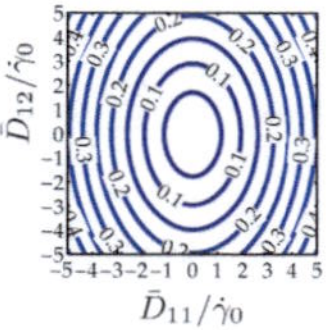	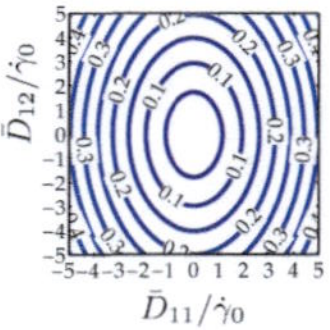	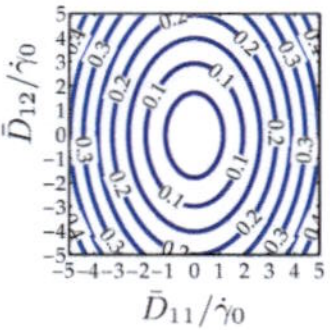

H.17 Voigt-Schranke für die Zugtextur mit $m = 5$

$\bar{D} = \bar{D}_{ij}\, e_i \otimes e_j$	$\bar{\Psi}^V(\bar{D}')$	Isotrope Appr.	Appr. 4. Stufe	Appr. 6. Stufe	Appr. 8. Stufe
1 $\begin{bmatrix} \bar{D}_{11} & 0 & 0 \\ 0 & \bar{D}_{22} & 0 \\ 0 & 0 & 0 \end{bmatrix}$					
2 $\begin{bmatrix} \bar{D}_{11} & 0 & \bar{D}_{13} \\ 0 & -\bar{D}_{11} & 0 \\ \bar{D}_{11} & 0 & 0 \end{bmatrix}$					
3 $\begin{bmatrix} 0 & \bar{D}_{12} & \bar{D}_{13} \\ \bar{D}_{12} & 0 & 0 \\ \bar{D}_{13} & 0 & 0 \end{bmatrix}$					
4 $\begin{bmatrix} \bar{D}_{11} & \bar{D}_{12} & 0 \\ \bar{D}_{12} & 0 & 0 \\ 0 & 0 & 0 \end{bmatrix}$					

H.18 Voigt-Schranke für die Walztextur mit $m = 5$

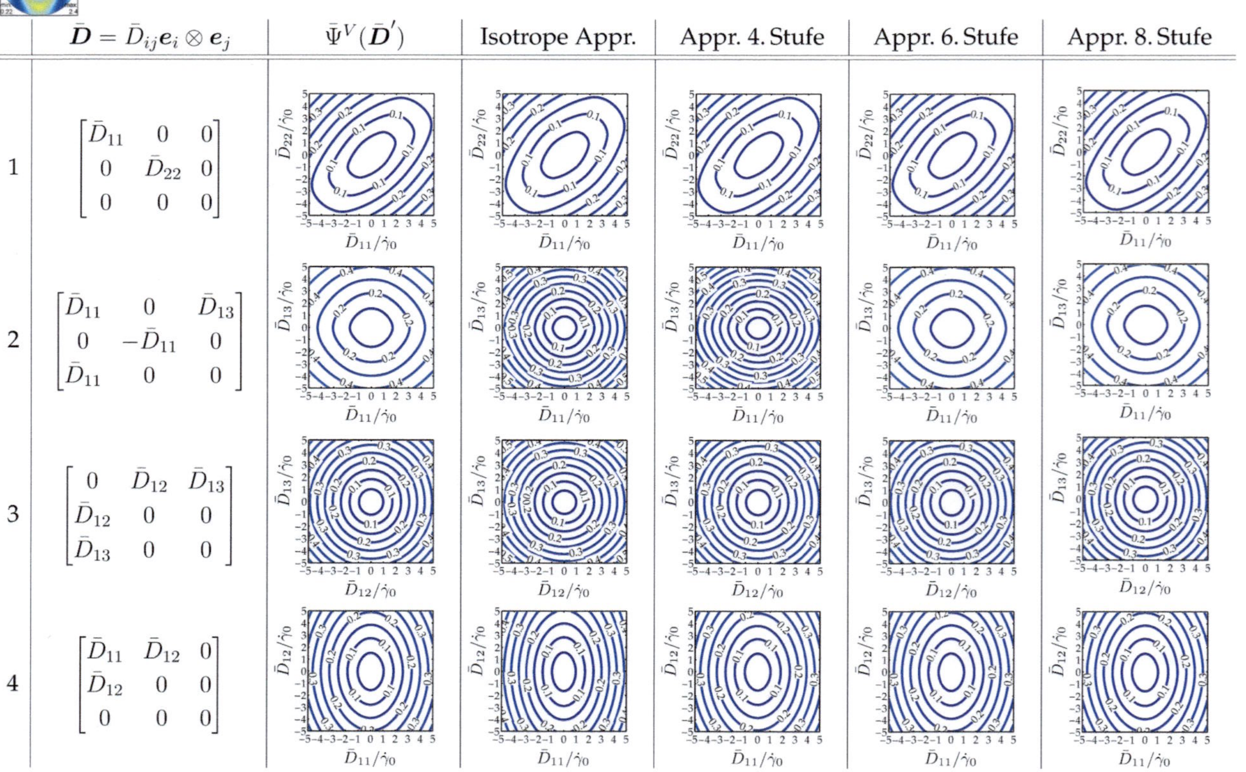

$\bar{D} = \bar{D}_{ij}\, e_i \otimes e_j$	$\bar{\bar{\Psi}}^V(\bar{D}')$	Isotrope Appr.	Appr. 4. Stufe	Appr. 6. Stufe	Appr. 8. Stufe
1 $\begin{bmatrix} \bar{D}_{11} & 0 & 0 \\ 0 & \bar{D}_{22} & 0 \\ 0 & 0 & 0 \end{bmatrix}$					
2 $\begin{bmatrix} \bar{D}_{11} & 0 & \bar{D}_{13} \\ 0 & -\bar{D}_{11} & 0 \\ \bar{D}_{11} & 0 & 0 \end{bmatrix}$					
3 $\begin{bmatrix} 0 & \bar{D}_{12} & \bar{D}_{13} \\ \bar{D}_{12} & 0 & 0 \\ \bar{D}_{13} & 0 & 0 \end{bmatrix}$					
4 $\begin{bmatrix} \bar{D}_{11} & \bar{D}_{12} & 0 \\ \bar{D}_{12} & 0 & 0 \\ 0 & 0 & 0 \end{bmatrix}$					

H.19 Voigt-Schranke für die Zugtextur mit $m = 100$

$\bar{D} = \bar{D}_{ij} e_i \otimes e_j$

	$\bar{\Psi}^V(\bar{D}')$	Isotrope Appr.	Appr. 4. Stufe	Appr. 6. Stufe	Appr. 8. Stufe

1   $\begin{bmatrix} \bar{D}_{11} & 0 & 0 \\ 0 & \bar{D}_{22} & 0 \\ 0 & 0 & 0 \end{bmatrix}$

2   $\begin{bmatrix} \bar{D}_{11} & 0 & \bar{D}_{13} \\ 0 & -\bar{D}_{11} & 0 \\ \bar{D}_{11} & 0 & 0 \end{bmatrix}$

3   $\begin{bmatrix} 0 & \bar{D}_{12} & \bar{D}_{13} \\ \bar{D}_{12} & 0 & 0 \\ \bar{D}_{13} & 0 & 0 \end{bmatrix}$

4   $\begin{bmatrix} \bar{D}_{11} & \bar{D}_{12} & 0 \\ \bar{D}_{12} & 0 & 0 \\ 0 & 0 & 0 \end{bmatrix}$

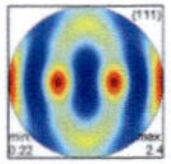

H.20 Voigt-Schranke für die Walztextur mit $m = 100$

$\bar{D} = \bar{D}_{ij} e_i \otimes e_j$	$\bar{\bar{\Psi}}^V(\bar{D}')$	Isotrope Appr.	Appr. 4. Stufe	Appr. 6. Stufe	Appr. 8. Stufe
1 $\begin{bmatrix} \bar{D}_{11} & 0 & 0 \\ 0 & \bar{D}_{22} & 0 \\ 0 & 0 & 0 \end{bmatrix}$	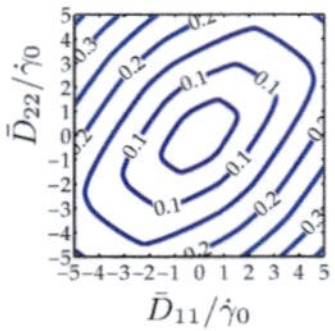	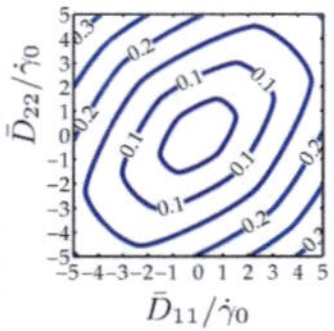	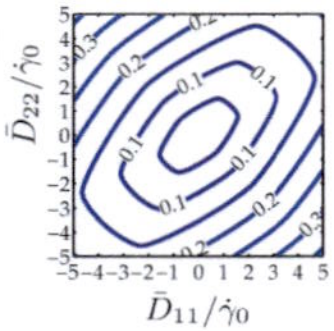	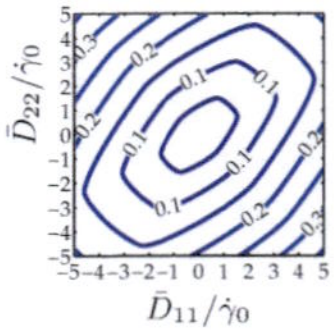	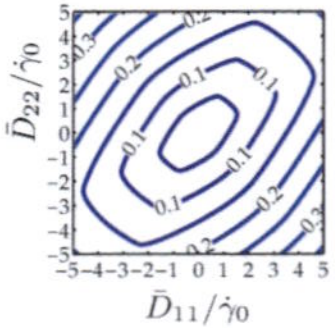
2 $\begin{bmatrix} \bar{D}_{11} & 0 & \bar{D}_{13} \\ 0 & -\bar{D}_{11} & 0 \\ \bar{D}_{11} & 0 & 0 \end{bmatrix}$	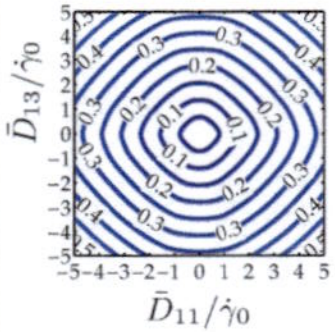	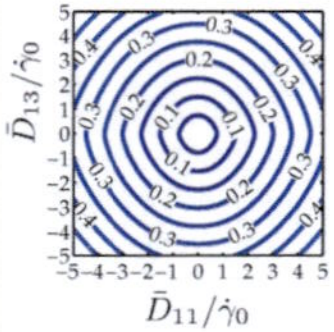	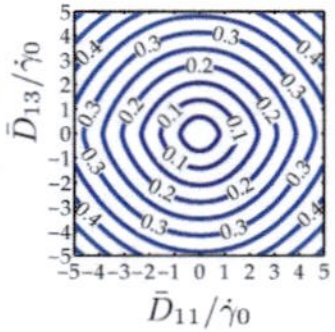	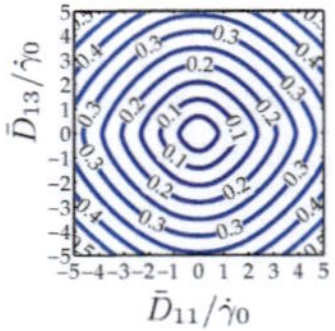	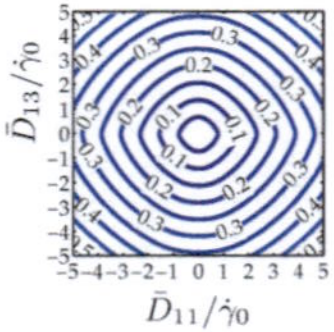
3 $\begin{bmatrix} 0 & \bar{D}_{12} & \bar{D}_{13} \\ \bar{D}_{12} & 0 & 0 \\ \bar{D}_{13} & 0 & 0 \end{bmatrix}$	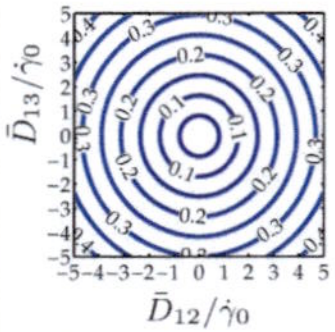	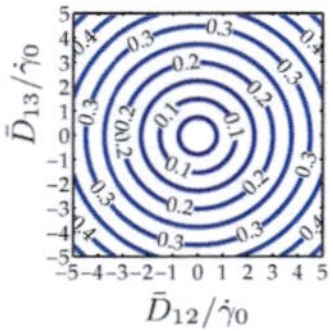	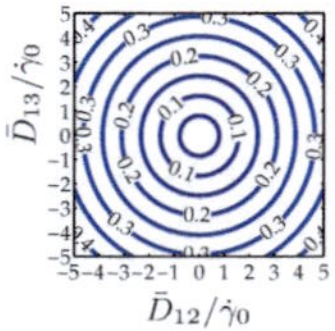	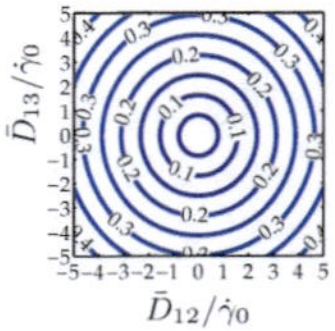	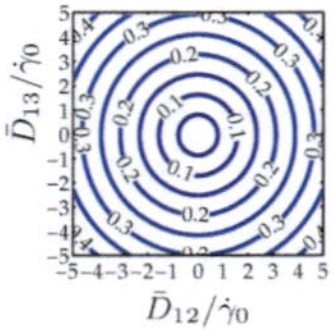
4 $\begin{bmatrix} \bar{D}_{11} & \bar{D}_{12} & 0 \\ \bar{D}_{12} & 0 & 0 \\ 0 & 0 & 0 \end{bmatrix}$	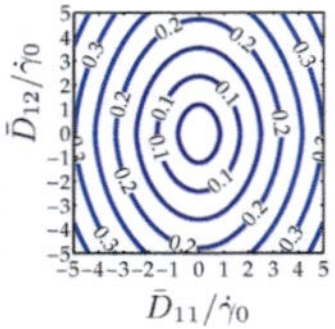	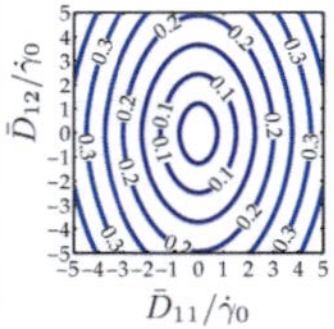	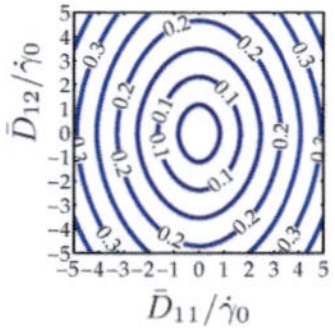	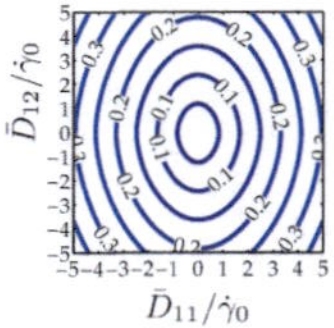	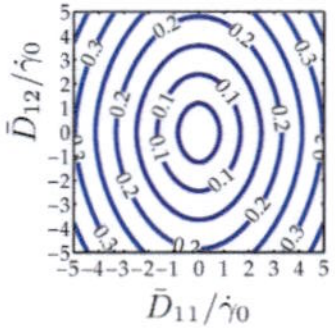

I Weitere Beispiele von Tucker (1961)

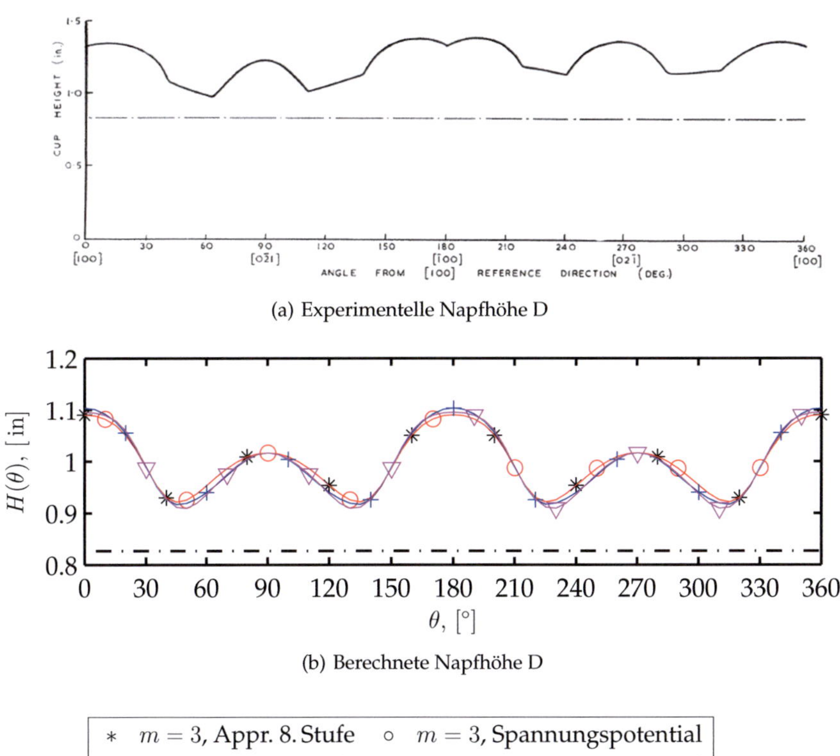

(a) Experimentelle Napfhöhe D

(b) Berechnete Napfhöhe D

$*$ $m = 3$, Appr. 8. Stufe	$\circ$	$m = 3$, Spannungspotential
$+$ $m = 5$, Appr. 8. Stufe	$\triangledown$	$m = 5$, Spannungspotential

Abbildung I.1: Experimentelle und berechnete Napfhöhe für Orientierung D aus Tucker (1961)

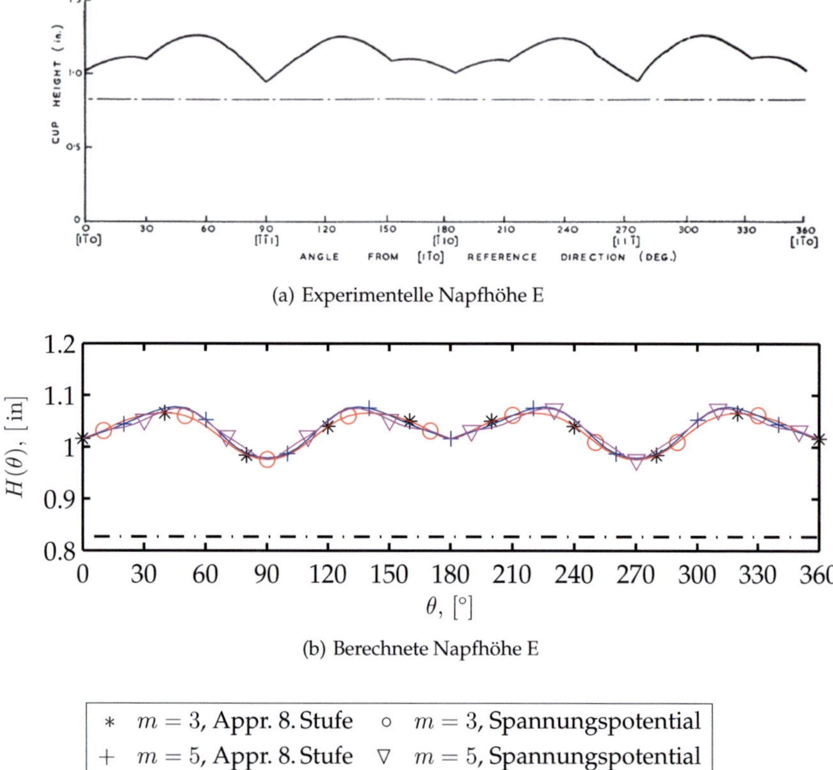

(a) Experimentelle Napfhöhe E

(b) Berechnete Napfhöhe E

$*$ $m = 3$, Appr. 8. Stufe	$\circ$ $m = 3$, Spannungspotential
$+$ $m = 5$, Appr. 8. Stufe	$\triangledown$ $m = 5$, Spannungspotential

Abbildung I.2: Experimentelle und berechnete Napfhöhe für Orientierung E aus Tucker (1961)

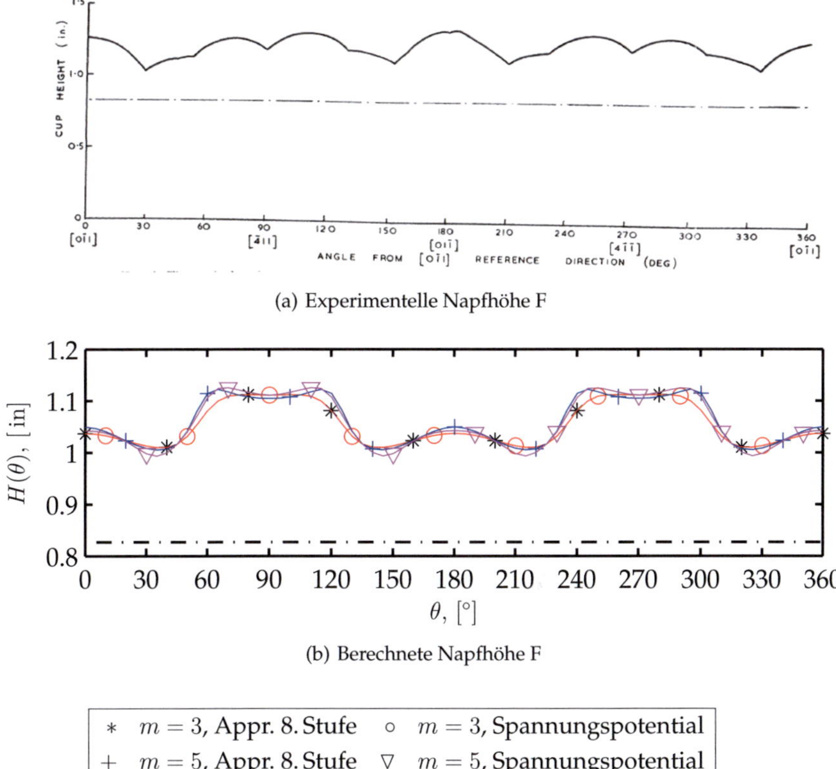

(a) Experimentelle Napfhöhe F

(b) Berechnete Napfhöhe F

$*$	$m = 3$, Appr. 8. Stufe	$\circ$	$m = 3$, Spannungspotential
$+$	$m = 5$, Appr. 8. Stufe	$\triangledown$	$m = 5$, Spannungspotential

Abbildung I.3: Experimentelle und berechnete Napfhöhe für Orientierung F aus Tucker (1961)

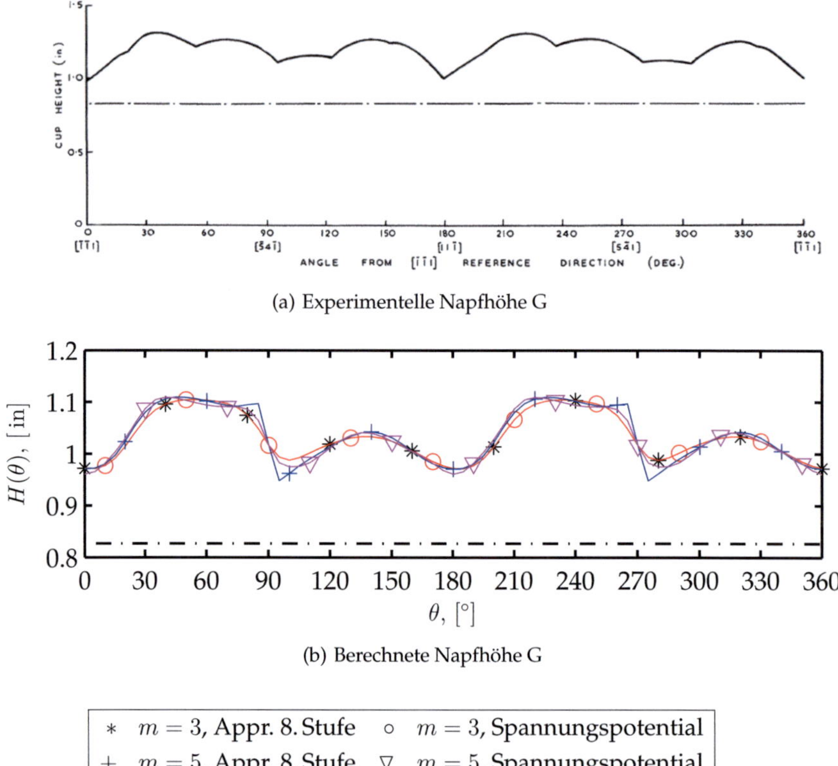

(a) Experimentelle Napfhöhe G

(b) Berechnete Napfhöhe G

$*$ $m = 3$, Appr. 8. Stufe	$\circ$	$m = 3$, Spannungspotential
$+$ $m = 5$, Appr. 8. Stufe	$\triangledown$	$m = 5$, Spannungspotential

Abbildung I.4: Experimentelle und berechnete Napfhöhe für Orientierung G aus Tucker (1961)

Literaturverzeichnis

Adams, B., Boehler, J., Guidi, M., Onat, E., 1992. Group theory and representation of microstructure and mechanical behavior of polycrystals. J. Mech. Phys. Solids 40 (4), 723–737.

Adams, B., Morris, P., Wang, T., Willden, K., Wright, S., 1987. Description of orientation coherence in polycrystalline materials. Acta metall. 35 (12), 2935–2946.

Adams, B., Olson, T., 1998. The mesostructure-properties linkage in polycrystals. Progr. Mat. Sci. 43, 1–88.

Adjiman, C., Androulakis, I., Floudas, C., 1998a. A global optimization method, αBB, for general twice-differentiable constrained NLPs - II. Implementation and computational results. Computers Chem. Engng. 22 (9), 1159–1179.

Adjiman, C., Dallwig, S., Floudas, C., Neumaier, A., 1998b. A global optimization method, αBB, for general twice-differentiable constrained NLPs - I. Theoretical advances. Computers Chem. Engng. 22 (9), 1137–1158.

Anand, L., 2004. Single-crystal elasto-viscoplasticity: application to texture evolution in polycrystalline metals at large strains. Comput. Methods Appl. Mech. Engrg. 193 (5359–5383).

Andrews, D., Ghoul, W., 1981. Eighth rank isotropic tensors and rotational averages. J. Phys. A: Math. Gen. 14, 1281–1290.

Andrews, D., Thirunamachandran, T., 1977. On three-dimensional rotational averages. J. Chem. Phys. 67 (11), 5026–5033.

Aretz, H., 2003. Modellierung des anisotropen Materialverhaltens von Blechen mit Hilfe der Finite-Elemente-Methode. No. 106 in Umformtechnische Schriften. Shaker Verlag, Aachen.

Arminjon, M., 1991. A regular form of the Schmid law. Application to the ambiguity problem. Textures and Microstructures 14-18, 1121–1128.

Arminjon, M., Bacroix, B., 1990. On plastic potentials for anisotropic metals and their derivation from the texture function. Acta Mechanica 88, 219–243.

Arminjon, M., Bacroix, B., Imbault, D., Raphanel, J., 1994. A fourth-order plastic potential for anisotropic metals and its analytical calculation from the texture function. Acta Mechanica 107, 33–51.

Asaro, R. J., Needleman, A., 1985. Overview no. 42: Texture development and strain hardening in rate dependent polycrystals. Acta metall. 33 (6), 923–953.

Bacroix, B., Gilormini, P., 1995. Finite-element simulations of earing in poly-crystalline materials using a texture-adjusted strain-rate potential. Modelling Simul. Mater. Sci. Eng. 3, 1–21.

Banabic, D., Bunge, H.-J., Pöhlandt, K., Tekkaya, A., 2000. Formability of Metallic Materials. Engineering materials. Springer, Berlin.

Barlat, F., Aretz, H., Yoon, J., Karabin, M., Brem, J., Dick, R., 2005. Linear transformation-based aisotropic yield functions. Int. J. Plast. 21, 1009–1039.

Barlat, F., Becker, R., Hayashida, Y., Maeda, Y., Yanagawa, M., Chung, K., Brem, J., Lege, D., Matsui, K., Murtha, S., Hattori, S., 1997a. Yielding description for solution strengthened aluminum alloys. Int. J. Plast. 13 (4), 385–401.

Barlat, F., Lege, D., Brem, J., 1991a. A six-component yield function for anisotro-pic materials. Int. J. Plast. 7, 693–712.

Barlat, F., Lian, J., 1989. Plastic behavior and stretchability of sheet metals. Part I: A yield function for orthotropic sheets under plane stress conditions. Int. J. Plast. 5, 51–66.

Barlat, F., Maeda, Y., Chung, K., Yanagawa, M., Brem, J., Hayashida, Y., Lege, D., Matsui, K., Murtha, S., Hattori, S., Becker, R., Makosey, S., 1997b. Yield function development for aluminum alloy sheets. J. Mech. Phys. Solids 45 (11/12), 1727–1763.

Barlat, F., Panchanadeeswaran, S., Richmond, O., 1991b. Earing in Cup Drawing Face-Centered Cubic Single Crystals and Polycrystals. Metallurgical Transactions A 22, 1525–1534.

Beausir, B., Toth, L., Neale, K., 2007. Role of strain-rate sensitivity in the crystal plasticity of hexagonal structures. Int. J. Plast. 23 (2), 227 – 243.

Becker, R., Panchanadeeswaran, S., 1989. Crystal Rotations Represented by Rodrigues Vectors. Textures and Microstructures 10, 167–194.

Berntsen, J., Espelid, T., 1991a. An Adaptive Algorithm for the Approximate Calculation of Multiple Integrals. ACM Transactions on Mathematical Software 17 (4), 437–451.

Berntsen, J., Espelid, T., 1991b. Algorithm 698: DCUHRE: An Adaptive Multidimensional Integration Routine for a Vector of Integrals. ACM Transactions on Mathematical Software 17 (4), 452–456.

Bertram, A., 1992. Description of finite inelastic deformations. In: Benallal, A., Billardon, R., Marquis, D. (Eds.), Proceedings of MECAMAT'92, International Seminar on Multiaxial Plasticity.

Bertram, A., 2005. Elasticity and Plasticity of Large Deformations. Springer-Verlag, Berlin.

Betten, J., 1993. Kontinuumsmechanik: Elasto-, Plasto- und Kriechmechanik. Springer-Verlag, Berlin.

Bishop, J., Hill, R., 1951. A theoretical derivation of the plastic properties of a polycrystalline face-centered metal. Phil. Mag. 42 (414), 1298–1307.

Boehler, J. (Ed.), 1987. Applications of Tensor Functions in Solid Mechanics. No. 292 in CISM Courses and Lectures. Springer-Verlag, Wien.

Böhlke, T., 2001. Crystallographic Texture Evolution and Elastic Anisotropy: Simulation, Modeling, and Applications. Shaker Verlag, Aachen, Dissertation, Fakultät für Maschinenbau, Otto-von-Guericke-Universität Magdeburg.

Böhlke, T., 2004. The Voigt Bound of the Stress Potential of Isotropic Viscoplastic FCC Polycrystals. Archive of Mechanics 56 (6), 425–445.

Böhlke, T., 2005. Application of the maximum entropy method in texture analysis. Comput. Mater. Sci. 32, 276–283.

Böhlke, T., 2006. Texture simulation based on tensorial Fourier coefficients. Computers and Structures 84, 1086–1094.

Böhlke, T., Bertram, A., 2001a. The evolution of Hooke's law due to texture development in FCC polycrystals. Int. J. Solids Struct. 38, 9437–9459.

Böhlke, T., Bertram, A., 2001b. Isotropic orientation distributions of cubic crystals. J. Mech. Phys. Solids 49 (11), 2459–2470.

Böhlke, T., Bertram, A., 2003. The Reuss Bound of the Strain Rate Potential of Viscoplastic FCC Polycrystals. Technische Mechanik 23 (2–4), 184–194.

Böhlke, T., Jöchen, K., Kraft, O., Löhe, D., Schulze, V., 2010. Elastic properties of polycrystalline microcomponents. Mechanics of Materials 42 (1), 11–23.

Böhlke, T., Risy, G., Bertram, A., 2005. A texture component model for anisotropic polycrystal plasticity. Comput. Mater. Sci. 32, 284–293.

Böhlke, T., Risy, G., Bertram, A., 2006. Finite element simulation of metal forming operations with texture based material models. Modelling Simul. Mater. Sci. Eng. 14, 365–387.

Böhlke, T., Risy, G., Bertram, A., 2008. A micro-mechanically based quadratic yield condition for textured polycrystals. Z. Angew. Math. Mech. 88 (5), 379–387.

Bröcker, T., Dieck, T., 1985. Representation of Compact Lie Groups. Springer-Verlag, Berlin.

Bronkhorst, C., Kalidindi, S., Anand, L., 1992. Polycrystalline Plasticity and the Evolution of Crystallographic Texture in FCC Metals. Phil. Trans. R. Soc. Lond. A341 (1662), 443–477.

Bronstein, I., Semendjajew, K., Musiol, G., Mühlig, H., 2001. Taschenbuch der Mathematik, 5th Edition. Harri Deutsch Verlag, Berlin Heidelberg.

Bunge, H., Esling, C., 1982. Reproducible Textures. Textures and Microstructures 5, 87–94.

Bunge, H.-J., 1965. Zur Darstellung allgemeiner Texturen. Z. Metallkde. 56 (12), 872–874.

Bunge, H.-J., 1969. Mathematische Methoden der Texturanalyse. Akademie-Verlag Berlin.

Bunge, H.-J., 1970. Some Applications of the Taylor Theory of Polycrystal Plasticity. Kristall und Technik 5 (1), 145–175.

Darrieulat, M., Montheillet, F., 2003. A texture based continuum approach for predicting the plastic behaviour of rolled sheet. Int. J. Plast. 19, 517–546.

Dawson, P., MacEwen, S., Wu, P.-D., 2003. Advances in sheet metal forming analyses: dealing with mechanical anisotropy from crystallographic texture. Int. Mater. Rev. 48 (2), 86–122.

DeBotton, G., Ponte Castañeda, P., 1995. Variational estimates for the creep behaviour of polycrystals. Proc. R. Soc. Lond. A448, 121–142.

Dendievel, R., Bonnet, G., Willis, J., 1991. Bounds for the Creep Behaviour of Polycrystalline Materials. In: Dvorak, G. (Ed.), IUTAM Symposium: Inelastic Deformations of Composite Materials. Springer-Verlag, New-York.

Ehrentraut, H., Muschik, W., 1998. On symmetric irreducible tensors in d-dimensions. ARI 51, 149–159.

Engler, O., Kalz, S., 2004. Simulation of earing profiles from texture data by means of a visco-plastic self-consistent polycrystal plasticity approach. Materials Science and Engineering A 373, 350–362.

Etingof, P., Adams, B., 1993. Representations of polycrystalline microstructure by n-point correlation tensors. Textures and Microstructures 21, 17–37.

Federov, F., 1968. Theory of Elastic Waves in Crystals. Plenum Press, New York.

Forte, S., Vianello, M., 1996. Symmetry Classes for Elasticity Tensors. J. Elast. 43, 81–108.

Fulton, W., Harris, J., 1991. Representation Theory: A First Course. Vol. 129 of Graduate Texts in Mathematics, Readings in Mathematics. Springer-Verlag, New-York.

Gambin, W., 1992. Refined analysis of elastic-plastic crystals. Int. J. Solids Struct. 29 (16), 2013–2021.

Gambin, W., 2001. Plasticity and Textures. Kluwer Academic Publishers.

Gawad, J., Van Bael, A., Yerra, S., Samaey, G., Van Houtte, P., Roose, D., 2010. A Coupled Multiscale Model of Texture Evolution and Plastic Anisotropy. In: Barlat, F., Moon, Y., Lee, M. (Eds.), Proc. of the 10th International Conference NUMIFORM 2010.

Geary, J., Onat, E., 1974. Representation of non-linear hereditary mechanical behavior. Oak Ridge Natl. Lab. [Rep.] ORNL-TM (U.S.) ORNL-TM-4525 .

Gel'fand, I., Minlos, R., Shapiro, Z., 1963. Representations of the rotation and Lorentz groups and their applications. Pergamon Press, Oxford.

Green, A., Naghdi, P., 1965. A General Theory of an Elastic-Plastic Continuum. Arch. Rat. Mech. Anal. 18, 251–281.

Guidi, M., Adams, B., Onat, E., 1992. Tensorial representation of the orientation distribution function in cubic polycrystals. Textures and Microstructures 19, 147–167.

Habraken, A., 2004. Modelling the Plastic Anisotropy of Metals. Arch. Comput. Meth. Engng. 11 (1), 3–96.

Halmos, P., 1958. Finite-Dimensional Vector Spaces, 2nd Edition. The University Series in Undergraduate Mathematics. D. van Nostrand Company, Inc., New York.

Han, W., Reddy, D., 1999. Plasticity. Interdisciplinary Applied Mathematics. Springer-Verlag, New York.

Harder, J., 1997. Simulation lokaler Fließvorgänge in Polykristallen. In: Braunschweiger Schriften zur Mechanik Nr. 28. Institut für Allgemeine Mechanik und Festigkeitslehre, TU Braunschweig.

Harren, S., Lowe, T., Asaro, R., Needleman, A., 1989. Analysis of large-strain shear in rate-dependent face-centered cubic polycrystals: Correlation of micro- and macromechanics. Phil. Trans. R. Soc. Lond. A328, 443–500.

Hashin, Z., Shtrikman, S., 1962a. On some variational principles in anisotropic and nonhomogeneous elasticity. J. Mech. Phys. Solids 10, 335–342.

Hashin, Z., Shtrikman, S., 1962b. A variational approach to the theory of the elastic behaviour of polycrystals. J. Mech. Phys. Solids 10, 343–352.

Hess, S., Köhler, W., 1980. Formeln zur Tensorrechnung. Palm & Enke, Erlangen.

Hill, R., 1948. A theory of the yielding and plastic flow of anisotropic metals. Proc. R. Soc. Lond. A193 (1033), 281–297.

Hill, R., 1952. The Elastic Behaviour of a Crystalline Aggregate. Proc. Phys. Soc. Lond. A65 (5), 349–354.

Hill, R., 1965. Continuum micro-mechanics of elastoplastic polycrystals. J. Mech. Phys. Solids 13, 89–101.

Hill, R., 1979. Theoretical plasticity of textured aggregates. Math. Proc. Camb. Phil. Soc. 85, 179–191.

Hill, R., 1987. Constitutive dual potentials in classical plasticity. J. Mech. Phys. Solids 35 (1), 23–33.

Hill, R., 1990. Constitutive modelling of orthotropic plasticity in sheet metals. J. Mech. Phys. Solids 38, 405–417.

Hill, R., 1993. A user-friendly theory of orthotropic plasticity in sheet metals. Int. J. Mech. Sci. 35 (1), 19–25.

Hosford, F., 1993. The Mechanics of Crystals and Textured Polycrystals. Oxford University Press.

Hosford, W., 1972. A generalized isotropic yield criteria. J. Appl. Mech. Trans. ASME 39 (2), 607–609.

Hutchinson, J., 1976. Bounds and self-consistent estimates for creep of polycrystalline materials. Proc. R. Soc. Lon. A 348, 101–127.

Jordan, E., Walker, K., 1992. A Viscoplastic Model for Single Crystals. J. Eng. Mater. Tech. 114, 19–26.

Kalidindi, S., Bronkhorst, C., Anand, L., 1992. Crystallographic texture evolution in bulk deformation processing of fcc metals. J. Mech. Phys. Solids 40 (3), 537–569.

Kanatani, K.-I., 1984a. Distribution of directional data and fabric tensors. Int. J. Engng. Sci. 22 (2), 149–164.

Kanatani, K.-I., 1984b. Stereological determination of structural anisotropy. Int. J. Engng. Sci. 22 (5), 531–546.

Karafillis, A., Boyce, M., 1993. A general anisotropic yield criterion using bounds and a transformation weighting tensor. J. Mech. Phys. Solids 41 (12), 1859–1886.

Kim, D., Barlat, F., Bouvier, S., Rabahallah, M., Balan, T., Chung, K., 2007. Non-quadratic anisotropic potentials based on linear transformation of plastic strain rate. Int. J. Plast. 23, 1380–1399.

Kraska, M., Doig, M., Tikhomirov, D., Raabe, D., Roters, F., 2009. Virtual material testing for stamping simulations based on polycrystal plasticity. Comput. Mater. Sci. 46 (2), 383 – 392.

Krawietz, A., 1986. Materialtheorie. Springer-Verlag, Berlin.

Kröner, E., 1961. Zur plastischen Verformung des Vielkristalls. Acta. metall. 9, 155–161.

Kumar, A., Dawson, P., 1996a. The simulation of texture evolution with finite elements over orientation space I. Development. Comput. Methods Appl. Mech. Engrg. 130, 227–246.

Kumar, A., Dawson, P., 1996b. The simulation of texture evolution with finite elements over orientation space II. Application to planar crystals. Comput. Methods Appl. Mech. Engrg. 130, 247–261.

Kumar, A., Dawson, P., 2009. Dynamics of texture evolution in face-centered cubic polycrystals. J. Mech. Phys. Solids 57 (3), 422 – 445.

Lange, C., Bron, F., Hänggi, P., Möller, T., Friebe, H., Gese, H., Daniel, D., Leppin, C., 2010. Forming simulation of aluminum car body sheet with different yield models and comparison with experiment. In: Proc. of the 50th IDDRG Conference, Graz.

Lankford, W., Snyder, S., Bauscher, J., 1950. New criteria for predicting the press performance of deep drawing steels. Trans. ASM 42, 1197–1232.

Lebensohn, R., Canova, G., 1997. A self-consistent approach for modelling texture development of two-phase polycrystals: application to titanium alloys. Acta Materialia 45 (9), 3687–9694.

Lee, E., 1969. Elastic-Plastic Deformation at Finite Strains. ASME J. Appl. Mech. 36, 1–6.

Lequeu, P., Gilormini, P., Montheillet, F., Bacroix, B., Jonas, J., 1987. Yield surfaces for textured polycrytstals-I. Crystallographic approach. Acta metall. 35 (2), 439–451.

Les, P., Zehetbauer, M., Rauch, E., Kopacz, I., 1999. Cold work hardening of Al from shear deformation up to large strains. Scripta Materialia 41 (5), 523–528.

Mason, J., Schuh, C., 2008. Hyperspherical harmonics for the representation of crystallographic texture. Acta Materialia 56 (20), 6141–6155.

Mason, J., Schuh, C., 2009. Representations of Textures. In: Schwartz, A., Kumar, M., Adams, B., Field, D. (Eds.), Electron Backscatter Diffraction in Materials Science, 2nd Edition. Springer-Verlag, New York, pp. 35–51.

Mecking, H., 2001. Work Hardening of Single-Phase Polycrystals. In: Encyclopedia of Materials: Science and Technology. Vol. 10. Elsevier Science Ltd., pp. 9785–9795.

Mehrabadi, M., Cowin, S., 1990. Eigentensors of linear anisotropic elastic materials. Q. J. Mech. appl. Math. 43, 15–41.

Méric, L., Cailletaud, G., Gaspérini, M., 1994. F.E. calculations of copper bicrystal specimens submitted to tension–compression tests. Acta metall. mater. 42 (3), 921–935.

Miehe, C., 1996. Exponential map algorithm for stress updates in anisotropic multiplicative elastoplasticity for single crystals. Int. J. Numer. Meth. Engng. 39, 3367–3390.

Miehe, C., 2002. Strain-driven homogenization of inelastic microstructures and comsposites based on an incremental variational formulation. Int. J. Numer. Meth. Engng. 55, 1285–1322.

Miehe, C., Rosato, D., 2007. Fast texture updates in fcc polycrystal plasticity based on a linear active-set-estimate of the lattice spin. J. Mech. Phys. Solids 55, 2687–2716.

Miehe, C., Rosato, D., Frankenreiter, I., 2010. Fast estimates of evolving orientation microstructures in textured bcc polycrystals at finite plastic strains. Acta Materialia 58, 4911–4922.

Miehe, C., Schotte, J., 2004. Anisotropic finite elastoplastic analysis of shells: simulation of earing in deep-drawing of single- and polycrystalline sheets by Taylor-type micro-to-macro transitions. Comput. Methods Appl. Mech. Engrg. 193, 25–57.

Miehe, C., Schröder, J., Schotte, J., 1999. Computational homogenization analysis in finite plasticity. Simulation of texture development in polycrystalline materials. Comput. Methods Appl. Mech. Engrg. 171, 387–418.

Miller, W., 1972. Symmetry Groups and Their Applications. Academic Press, New York.

Mises, R. v., 1928. Mechanik der plastischen Formänderung bei Kristallen. Z. Angew. Math. Mech. 8 (3), 161–185.

Molinari, A., Canova, G., Ahzi, S., 1987. A self consistent approach of the large deformation polycrystal viscoplasticity. Acta metall. 35 (12), 2983–2994.

Nemat-Nasser, S., Hori, M., 1993. Micromechanics: Overall Properties of Heterogeneous Materials. Vol. 37 of North-Holland series in applied mathematics and mechanics. Elsevier Science Publishers B.V.

Onat, E., 1984. Effective properties of elastic materials that contain penny shaped voids. Int. J. Engng. Sci. 22 (8-10), 1013–1021.

Onat, E., November 1990. Finite elasticity of inhomogeneous and anisotropic materials, unpublished NASA Technical Report.

Onat, E., Leckie, F., 1988. Representation of Mechanical Behavior in the Presence of Changing Internal Structure. J. Appl. Mech. 55, 1–10.

Peirce, D., Asaro, R., Needleman, A., 1982. An analysis of nonuniform and localized deformation in ductile single crystals. Acta metall. 30, 1087–1119.

Plesek, J., Feigenbaum, H., Dafalias, Y., 2010. Convexity of Yield Surface with Directional Distortional Hardening Rules. J. Engrg. Mech. 136 (4), 477–484.

Ponte Castañeda, P., 1992. New variational principles in plasticity and their application to composite materials. J. Mech. Phys. Solids 40 (8), 1757–1788.

Ponte Castañeda, P., Suquet, P., 1998. Nonlinear Composites. In: Van der Giessen, E., Wu, T. (Eds.), Advances in Applied Mechanics. No. 34. Academic Press, pp. 171–302.

Raabe, D., Roters, F., Zhao, Z., 2002. A Texture Component Crystal Plasticity Finite Element Method for Physically-Based Metal Forming Simulations Including Texture Update. Materials Science Forum 396-402, 31–36.

Rabahallah, M., Balan, T., Barlat, F., 2009a. Application of strain rate potentials with multiple linear transformations to the description of polycrystal plasticity. Int. J. Solids Struct. 46, 1966–1974.

Rabahallah, M., Balan, T., Bouvier, S., Bacroix, B., Barlat, F., Chung, K., Theodosiu, C., 2009b. Parameter identification of advanced plastic strain rate potentials and impact on plastic anisotropy prediction. Int. J. Plast 25, 491–512.

Reuss, A., 1929. Berechnung der Fließgrenze von Mischkristallen auf Grund der Plastizitätsbedingung für Einkristalle. Z. Angew. Math. Mech. 9 (1), 49–58.

Rivlin, R., Ericksen, J., 1955. Stress-Deformation Relations for Isotropic Materials. J. Rat. Mech. Anal. 4, 323–425.

Rockafellar, R., 1970. Convex Analysis. Princeton University Press.

Roe, R., 1965. Description of Crystalline Orientation of Polycrystalline Materials. III. General Solution to Pole Figure Inversion. J. Appl. Phys. 36 (6), 2024–2031.

Rollett, A., Wright, S., 1998. Typical textures in metals. In: Kocks, U., Tome, C., Wenk, H.-R. (Eds.), Texture and Anisotropy: Preferred Orientations in

Polycrystals and their Effect on Materials Properties. Cambridge University Press, pp. 179–239.

Roters, F., Eisenlohr, P., Hantcherli, L., Tjahjanto, D., Bieler, T., Raabe, D., 2010. Overview of constitutive laws, kinematics, homogenization and multiscale methods in crystal plasticity finite-element modeling: Theory, experiments, applications. Acta Materialia 58, 1152–1211.

Roters, F., Jeon-Haurand, H., Raabe, D., 2005. A Texture Evolution Study Using The Texture Component Crystal Plasticity FEM. Materials Science Forum 495-497, 937–944.

Rousselier, G., Barlat, F., Yoon, J., 2009. A novel approach for anisotropic hardening modeling. Part I: Theory and its application to finite element analysis of deep drawing. Int. J. Plast. 25, 2383–2409.

Rousselier, G., Leclercq, S., 2006. A simplified „polycrystalline"model for visco-plastic and damage finite element analyses. Int. J. Plast. 22 (4), 685–712.

Rychlewski, J., Zhang, J., 1989. Anisotropy degree of elastic materials. Arch. Mech. 41 (5), 697–715.

Sachs, G., 1928. Zur Ableitung einer Fließbedingung. Z. Verein dt. Ing. 72, 734–736.

Savoie, J., MacEwen, S., 1996. A sixth order inverse potential function for incorporation of crystallographic texture into predictions of properties of aluminium sheet. Textures and Microstructures 26-27, 495–512.

Schur, I., 1968. Vorlesungen über Invariantentheorie. Vol. 143 of Die Grund-lehren der mathematischen Wissenschaften in Einzeldarstellungen. Springer-Verlag, Berlin.

Schwartz, A., Kumar, M., Adams, B., Field, D. (Eds.), 2009. Electron Backscatter Diffraction in Materials Science, 2nd Edition. Springer-Verlag, New York.

Seibert, D., 1991. Histogramme, Orientierungsdichtefunktionen und ihre Dar-stellung durch eine tensorielle Form der Fourierreihe. Z. Angew. Math. Mech. 71 (2), 91–97.

Šilhavý, M., 1997. The Mechanics and Thermodynamics of Continuous Media. Springer-Verlag, Berlin.

Simo, J., Hughes, T., 1997. Computational Inelasticity. Interdisciplinary Applied Mathematics. Springer-Verlag, New York.

Simo, J., Taylor, R., 1985. Consistent Tangent Operators for Rate-Independent Elastoplasticity. Comput. Methods Appl. Mech. Engrg. 48 (1), 101–118.

Smith, G., 1968. On isotropic tensors and rotation tensors of dimension m and order n. Tensor 19, 79–88.

Soare, S., Barlat, F., 2010. Convex polynomial yield functions. J. Mech. Phys. Solids 58, 1804–1818.

Spencer, A., 1970. A note on the decomposition of tensors into traceless symmetric tensors. Int. J. Engng. Sci. 8, 475–481.

Stout, M., Kocks, U., 1998. Effects of texture of plasticity. In: Kocks, U., Tome, C., Wenk, H.-R. (Eds.), Texture and Anisotropy. Cambridge University Press, pp. 420–465.

Svendsen, B., 1994. On the representation of constitutive relations using structure tensors. Int. J. Engng. Sci. 32 (12), 1889–1892.

Svendsen, B., 1998. A thermodynamic formulation of finite-deformation elastoplasticity with hardening based on the concept of material isomorphism. Int. J. Plast. 14 (6), 473–488.

Svendsen, B., Hutter, K., 1996. A continuum approach for modelling induced anisotropy in glaciers and ice sheets. Annals of Glaciology 23, 262–269.

Talbot, D., Willis, J., 1985. Variational Principles for Inhomogeneous Non-Linear Media. IMA J. Appl. Math. 35, 39–54.

Talbot, D., Willis, J., 1992. Some simple explicit bounds for the overall behaviour of nonlinear composites. Int. J. Solids Struct. 29 (14-15), 1981–1987.

Talbot, D., Willis, J., 1994. Upper and Lower Bounds for the Overall Properties of a Nonlinear Composite Dielectric. I. Random Microgeometry. Proc. R. Soc. Lond. A447, 365–384.

Taylor, G., 1938. Plastic strain in metals. J. Inst. Metals 62, 307–324.

Tikhovskiy, I., Raabe, D., Roters, F., 2007. Simulation of earing during deep drawing of an Al–3% Mg alloy (AA 5754) using a texture component crystal plasticity FEM. J. Mater. Process. Technol. 183, 169–175.

Torquato, S., 2002. Random Heterogeneous Materials: Microstructures and Macroscopic Properties. Springer-Verlag, Berlin.

Toth, L., Gilormini, P., Jonas, J., 1988. Effect of rate sensitivity on the stability of torsion textures. Acta metall. 36 (12), 3077–3091.

Truesdell, C., Noll, W., 1965. The Non-Linear Field Theories of Mechanics. Vol. III/3 of Encyclopedia of Physics. Springer-Verlag, Berlin.

Tucker, G., 1961. Texture and earing in deep drawing of aluminium. Acta metall. 9 (1961), 275–286.

Van Houtte, P., 1982. On the Equivalence of the Relaxed Taylor Theory and the Bishop-Hill Theory for Partially Constrained Plastic Deformation of Crystals. Mat. Sci. Eng. 55, 69–77.

Van Houtte, P., 1987. Calculation of the Yield Locus of Textured Polycrystals Using the Taylor and the Relaxed Taylor Theory. Textures and Microstructures 7, 29–72.

Van Houtte, P., 1994. Application of plastic potentials to strain rate sensitive and insensitive anisotropic materials. Int. J. Plast. 10 (7), 719–748.

Van Houtte, P., Clarke, P., Saimoto, S., 1993. A quantitative analysis of earing during deep drawing of aluminium alloys. In: Morris, J., Merchant, H., Westerman, E., Morris, P. (Eds.), Aliminium Alloys for Packaging.

Van Houtte, P., Delannay, L., Kalidindi, S. R., 2002. Comparison of two grain interaction models for polycrystal plasticity and deformation texture prediction. Int. J. Plast. 18, 359–377.

Van Houtte, P., Delannay, L., Samajdar, I., 1999. Quantitative prediction of cold rolling textures in low-carbon steel by means of the Lamel model. Textures and Microstructures 31, 109–149.

Van Houtte, P., Li, S., Seefeldt, M., Delannay, L., 2005. Deformation texture prediction: from the Taylor model to the advanced Lamel model. Int. J. Plast. 21, 589–624.

Van Houtte, P., Mols, K., Van Bael, A., Aernoudt, E., 1989. Application of yield loci calculated from texture data. Textures and Microstructures 11, 23–39.

Van Houtte, P., Van Bael, A., 2004. Convex plastic potentials of fourth and sixth rank for anisotropic materials. Int. J. Plast. 20, 1505–1524.

Van Houtte, P., Van Bael, A., Winters, J., 1995. The incorporation of texture-based yield loci into elasto-plastic finite element programs. Textures and Microstructures 24, 255–272.

Van Houtte, P., Yerra, S., Van Bael, A., 2009. The Facet method: A hierarchical multilevel modelling scheme for anisotropic convex plastic potentials. Int. J. Plast. 25, 332–360.

Voigt, W., 1910. Lehrbuch der Kristallphysik. Teubner Leipzig.

Weber, G., Anand, L., 1990. Finite deformation constitutive equations and a time integration procedure for isotropic, hyperelastic-viscoplastic solids. Comput. Methods Appl. Mech. Engrg. 79, 173–202.

Wiglin, A., 1960. Fisika tverdogo tela 2, 2463–2476, in Russian.

Willis, J., 1977. Bounds and self-consistent estimates for the overall properties of anisotropic composites. J. Mech. Phys. Solids 25, 185–202.

Willis, J., 1983. The Overall Elastic Response of Composite Materials. ASME J. Appl. Mech. 50, 1202–1209.

Willis, J., 1989. The Structure of Overall Constitutive Relations for a Class of Nonlinear Composites. IMA J. Appl. Math. 43, 231–242.

Woodthorpe, J., Pearce, R., 1970. The anomalous behaviour of aluminium sheet under balanced biaxial tension. Int. J. Mech. Sci. 12, 341–347.

Yerra, S., Van Bael, A., Van Houtte, P., 2009. The Facet Method for the Description of Yield Loci of Textured Materials. In: Haldar, A., Suwas, S., Bhattacharjee, D. (Eds.), Microstructure and Texture in Steels and Other Materials. Springer-Verlag, pp. 445–450.

Yoon, J., Barlat, F., Dick, R., Karabin, M., 2006. Prediction of six or eight ears in a drawn cup based on a new anisotropic yield function. Int. J. Plast. 22, 174–193.

Yoon, J., Dick, R., Barlat, F., 2008. Analytical prediction of earing for drawn and ironed cups. In: Hora, P. (Ed.), Proceedings of the 7th International Conference and Workshop on Numerical Simulation of 3D Sheet Metal Forming Processes.

Zhao, Z., Roters, F., Mao, W., Raabe, D., 2001. Introduction of a texture component crystal plasticity finite element method for anisotropy simulations. Advanced Engineering Materials 3 (12), 984–990.

Zheng, Q.-S., 1994. Theory of representation for tensor functions - A unified invariant approach to constitutive equations. Appl. Mech. Rev. 47 (11), 545–587.

Zheng, Q.-S., Fu, Y.-B., 2001. Orientation distribution functions for microstructures of heterogeneous materials (II) - Crystal distribution functions and irreducible tensors restricted by various material symmetries. Appl. Math. Mech. 22 (8), 885–903.

Zheng, Q.-S., Zou, W.-N., 2001. Orientation distribution functions for microstructures of heterogeneous materials (I) - Directional distribution functions and irreducible tensors. Appl. Math. Mech. 22 (8), 865–884.

Zlobec, S., 2003. Estimating convexifiers in continuous optimization. Math. Comm. 8, 129–137.

Abbildungsverzeichnis

Tabellenverzeichnis